AF410801

LA BOURCE DE PARIS

LE GUIDE DES BANQUIERS DE L'EUROPE,

CONTENANT

LES CHANGES RECIPROQUEMENT FAITS

De la France pour la Hollande , l'Angleterre, Hambourg & l'Italie , fuivant les differens ufages de Paris, Bordeaux , la Rochelle & Nantes.

Ceux de la Hollande faits de même pour l'Angleterre, Hambourg, Madrid , Bilboa & Venife , Cadix & Seville, Lifbonne & Port à Port, Livorne, Genes & Geneve.

Les Changes de Londres pour Hambourg , & d'Hambourg pour Londres.

La Carte gravée des Arbitrages de la France faits , divifée en fix Tables, contenant l'égalité des Changes de la France avec Londres, Amfterdam & Hambourg , calculée fur les variations qui arrivent aux Changes , par le moyen de laquelle les Banquiers & Négocians font en état de choifir la Place qui leur eft la plus avantageufe , foit pour tirer, foit pour prendre.

Quatre Tables imprimées contenant l'égalité des Changes de la France pour Genes , Livorne , Madrid & Bilboa, Cadix & Seville , dans le même ordre de la Carte gravée.

Les Ordres & Commiffions en Banque(que Paris reçoit)de tirer fur une Place Etrangere, & de prendre fur une autre Place ; executez avec le même avantage pour le Particulier qui les donne , quoique faits à des prix differens de l'ordre.

Un Tarif fervant à connoître la valeur de l'Ecu de Change en Hollande , en Angleterre, & à Hambourg ; de même que la valeur en France du Florin d'Hollande , de la Livre fterlin de Londres, & du Marc Lubs d'Hambourg , à divers prix de Change.

Avec des Inftructions pour fe fervir de cet Ouvrage, & la maniere de faire par regle les operations.

Dédié A MONSEIGNEUR LE PELETIER,
Contrôleur Général des Finances.

Par le Sieur GIRAUDEAU Neveu.

A PARIS,

Chez
- La Veuve CAVILIER, grand'Salle du Palais, à l'Ecu de France.
- ESTIENNE GANEAU, rue S. Jacques, aux Armes de Dombes.
- JACQUES ESTIENNE, rue S. Jacques, à la Vertu.
- SAUGRAIN, Quai des Auguftins, à la Fleur de Lys.
- La Veuve SAUGRAIN, au milieu du Quai de Gêvres, à la Croix Blanche.
- ANTOINE-CLAUDE BRIASSON, rue S. Jacques, à la Science.

Avec Approbation, & Privilege du Roy. 1727.

AVIS. Pour éviter & diftinguer les Editions contrefaites, on a cru devoir figner tous les Exemplaires en cet endroit.

A

MONSEIGNEUR

LE PELETIER

COMTE DE SAINT FARGEAU,

SEIGNEUR DE PONT DE REMY, MENILMONTANT;

ET AUTRES LIEUX;

CONSEILLER D'ETAT ORDINAIRE ET AU CONSEIL ROYAL;

CONTROLLEUR GENERAL DES FINANCES.

ONSEIGNEUR

La Science des Nombres & des Calculs, qui
fait partie de la Géometrie, est fondée sur des

principes si sûrs, qu'elle n'est plus susceptible d'un nouveau degré de certitude ; mais si les démonstrations arithmetiques sont des veritez inalterables, qui trouvent en elles-mêmes toutes leurs ressources & toutes leurs preuves, les differens secours qu'on en peut tirer pour le Commerce dépendent des methodes qui en facilitent l'application. C'est dans cette vûë, MONSEIGNEUR, que m'etant appliqué dès ma jeunesse à étudier par principes les connoissances propres aux Négocians, j'ai déja fait part au Public de mes travaux par quelques Ouvrages que je lui ai donnez sous differens titres; & c'est dans la même vûë que je lui presente aujourd'hui le Guide des Banquiers de l'Europe.

Quel bonheur pour moi, MONSEIGNEUR, si VOTRE GRANDEUR vouloit honorer de son approbation un Livre qui a rapport à cette partie importante du Gouvernement que votre

réputation & vos grands talens vous ont fait
confier. Vous y avez été appellé, MONSEI-
GNEUR, dans un tems où la confiance est ban-
nie du Commerce, & où le crédit, qui en est l'ame,
semble avoir disparu pour toujours. Nous espe-
rons de le voir renaître depuis votre élevation ;
parce que le Public rempli de la haute idée de
votre capacité & de vos ressources, vous regarde
comme un remede assuré dans les plus grands
maux, & qu'en vous voyant aujourd'hui dans le
haut rang où le choix du Prince vous a placé,
nous sommes persuadez que vous n'oublirez rien
pour nous faire joüir du fruit de nos conjectures
& de nos souhaits.

Mais ce n'est pas dans l'étude du Commerce
qu'on apprend à former les traits & à employer
les couleurs propres à relever de telles vertus ;
je me contente, MONSEIGNEUR, de les ad-
mirer, & de supplier VOTRE GRANDEUR

EPISTRE.

*de trouver bon que mon Ouvrage paroiſſe ſous
ſes auſpices, comme une marque de la protec-
tion que vous accordez à tout ce qui intereſſe
le Commerce, & un témoignage du profond reſ-
pect avec lequel je ſuis,*

MONSEIGNEUR,

DE VOTRE GRANDEUR

Le très-humble & très-obéiſſant
ſerviteur
GIRAUDEAU Neveu.

AVIS IMPORTANT
POUR LES FRACTIONS.

QUOIQUE l'ufage foit d'exprimer les fractions de cette maniere un feize par $\frac{1}{16}$, un huit par $\frac{1}{8}$, trois feize par $\frac{3}{16}$, un quart par $\frac{1}{4}$, cinq feize par $\frac{5}{16}$, trois huit par $\frac{3}{8}$, fept feize par $\frac{7}{16}$, demi par $\frac{1}{2}$, neuf feize par $\frac{9}{16}$, cinq huit par $\frac{5}{8}$, onze feize par $\frac{11}{16}$, trois quarts par $\frac{3}{4}$, treize feize par $\frac{13}{16}$, fept huit par $\frac{7}{8}$, quinze feize par $\frac{15}{16}$, pour rendre l'impreffion de cet Ouvrage plus aifée & plus belle, on a été obligé de les exprimer ainfi qu'on le voit ci-après, à quoi on aura la bonté de faire attention.

Un feize	par	1	fe.
Un huit	par	1	h.
Trois feize	par	3	fe.
Un quart	par	1	q.
Cinq feize	par	5	fe.
Trois huit	par	3	h.
Sept feize	par	7	fe.
Demi	par	D.	
Neuf feize	par	9	fe.
Cinq huit	par	5	h.
Onze feize	par	11	fe.
Trois quarts	par	3	q.
Treize feize	par	13	fe.
Sept huit	par	7	h.
Quinze feize	par	15	fe.

AVERTISSEMENT.

L'OUVRAGE qu'on donne aujourd'hui au Public, lui fut annoncé il y a quelques mois. On se proposoit alors de le diviser en trois Volumes in-quarto. Le premier devoit contenir les Changes de la France pour la Hollande ; le second, ceux de la France pour l'Angleterre ; & le troisiéme , ceux de la France pour Hambourg. Mais comme cet Ouvrage est très-considerable , à cause des fréquentes variations qui arrivent aux Changes de la France , auxquelles les augmentations & les rabais sur les Especes donnent lieu. Pour ne point priver plus long-tems le Public , & particulierement Messieurs les Banquiers & Négocians, tant François qu'Etrangers , du soulagement qu'on s'est proposé de leur fournir par cet Ouvrage , on a crû devoir donner ce volume , dans lequel on trouve.

Les CHANGES de la France reciproquement faits sur les cours presens pour la Hollande, l'Angleterre, Hambourg, Genes & Livorne ; suivant les differens usages de Paris, Bordeaux, la Rochelle & Nantes.

CEUX de la Hollande faits pour *toujours* pour l'Angleterre, Hambourg, Madrid, Bilboa & Venise, Cadix & Seville, Lisbonne & Port à Port, Genes, Livorne & Genêve.

Les Changes de Londres pour Hambourg & d'Hambourg pour Londres également faits pour *toujours*.

La CARTE GRAVE'E des Arbitrages de la France faits divisée en six Tables contenant l'égalité des Changes de la France avec Londres, Amsterdam & Hambourg ; calculée sur les variations qui arrivent aux Changes : par le moyen de laquelle Mrs les Banquiers & Négocians sont en état de choisir dans le *moment* la Place qui leur est la plus avantageuse, soit pour tirer, soit pour prendre.

Trois TABLES imprimées contenant l'égalité des Changes de la France pour Genes & Livorne, Madrid & Bilboa, Cadix & Seville dans le même ordre de la Carte gravée.

Six TABLES contenant les ordres & commissions en Banque que Paris reçoit de tirer sur une Place étrangere , & de prendre sur une autre Place ; executez avec le même avantage pour le Particulier qui les donne ; quoique faits à des prix differens de l'ordre.

Un TARIF servant à connoître la valeur de l'Ecu de Change en Hollande, en Angleterre & à Hambourg ; de même que la valeur en France du Florin d'Hollande, de la Livre sterlin de Londres, & du Marc Lubs de Hambourg à divers prix de Change.

INSTRUCTION *pour les Changes de la FRANCE sur la HOLLANDE.*

La France donne pour la Hollande le *Certain* pour l'*Incertain* ; c'est-à-dire un Ecu de change de 60. fols pour un nombre indéterminé de deniers de Gros, dont 40. font le florin.

On voit au haut de chaque page un prix de charge qu'on fuppofe être celui auquel on tire.

La première colonne de chaque page contient le nombre des écus de change tirez ou négociez depuis 1000. jufqu'à un denier.

La feconde colonne contient la valeur de ces écus en florins d'Hollande fuivant le prix auquel la lettre eft tirée.

La troifiéme, la valeur de ces écus en livres, fols, & deniers de Gros en Hollande.

La quatriéme colonne & les fuivantes contiennent le produit de la négociation en France qu'on fuppofe être faite à un denier de gros au-deffous du prix de la Traite, & fucceffivement en augmentant de huitiéme en huitiéme : le même ordre eft obfervé jufqu'à un denier de gros au-deffus du prix auquel la lettre qu'on négocie eft tirée : en forte que pour chaque prix fixé pour la Traite on trouve feize variations ou differens prix de négociation diftinguées par autant de colonnes.

Par l'ordre qu'on a obfervé & qu'on vient d'expliquer, il eft aifé de reconnoître l'utilité de cet Ouvrage.

QUESTION. Suppofons qu'un Banquier de Paris ait tiré fur un de fes correfpondans d'Amfterdam 1000. écus de change lorfque le change eft à 57. deniers de gros par écu, & qu'il veuille fçavoir de quel nombre de florins il fera débiteur en Hollande.

Pour trouver ce calcul fait

Cherchez à la page 1. vous trouverez au haut tiré à 57. den. Enfuite voyez à la même page la colonne qui a pour titre, Ecus de change tirez & négociez, vous verrez que 1000. écus tirez à 57. produifent 1425. fl. ou 237. liv. 10. f. de gros.

Pour faire cette operation par Regle

Multipliez les 1000. écus par 57. d. qui eft le prix du change, & divifez le produit par 40. il faut multiplier les reftans par 20. & par 16. Pour réduire les florins en livres de gros, prenez le fixiéme ; ou après avoir multiplié les 1000. Ecus par 57. divifez le produit par 240. d. de gros dont la livre de gros eft compofée ; en ce cas il faut multiplier les reftans par 20. & par 12.

Autre QUESTION. Suppofons que le Particulier qui a pris cette lettre de 1000. Ecus à 57. d. trouve occafion de négocier à 56. d. & demi, on demande quelle fomme il doit recevoir & quel benefice il y a.

Pour trouver ce calcul fait

Cherchez la page 2. au haut de laquelle il y a tiré à 57. d. voyez la co-

des Ecus tirez & négociez , vous trouverez que 1000. écus tirez à
ce prix, & négociez à 56. d. & demi, produisent 3026. l. 10. f. 11. d. Et
comme pour acquerir cette lettre on n'a payé que 3000. l. il y a 26. l. 10. f. 11. d.
de benefice.

L'operation par Regle

Eſt de multiplier les 1000. écus par 57. d. prix de la Traite & diviſer le
produit par 56. d. & demi prix de la négociation, on multipliera les reſtans
par 20. & par 12. ce qui viendra au quotien ſeront des Ecus de change qu'on
reduira en livres en les multipliant par 3.

Si la lettre eſt tirée ou négociée à d'autres prix , on obſervera le même
ordre ; & ſi le nombre des écus tirez ou négociez, eſt compoſé par exem-
ple de 1517 ℣. 9. f. 6. d. on prendra pour 1000. 500. 17. ℣ pour 9 ℣ f. & pour
6. d. le total de l'addition ſera la réponſe.

INSTRUCTION *pour les Changes de la HOLLANDE ſur la FRANCE.*

La Hollande donne pour la France l'*Incertain* pour le *Certain* ; c'eſt-à-dire
un nombre indeterminé de deniers de gros pour un écu de change.

Les Changes de la France pour la Hollande doivent ſervir pour la Hollande & la France.

Parce que ſuppoſé qu'un Banquier d'Amſterdam tire ſur un de ſes cor-
reſpondans de Paris 1000. écus à 57. d. & demi , il ſçait qu'il ſera débiteur en France de 3000. l. mais voulant ſçavoir ce qu'il doit recevoir en
argent d'Hollande de celui à qui il fournit ſa lettre.

On n'a qu'à chercher la page 17. au haut de laquelle il y a tiré à 57. d. &
demi ; enſuite la colonne des écus tirez , on trouvera à côté que pour 1000.
écus tirez ſur la France à 57. d. & demi , on doit recevoir en Hollande
1437. fl. 10. f. ou 239. l. 11. f. 8. de gros.

L'operation par regle ſe fait en multipliant le nombre des écus tirez par
le prix du change, & en diviſant le produit par 40. on multipliera les reſtans par 20. & par 16.

Si le particulier Hollandois qui a pris cette Lettre à 57. d. & demi , trouve
occaſion de la négocier à 57. d. 3. huitiémes, on demande quelle ſomme il
doit recevoir en florins, & la perte qu'il fait.

Cherchez la page 13. vous trouverez que 1000. écus à 57. d. 3. huitiémes
ne produiſent que 1434. 7. 8. & en ayant payé 1437. 10. il perd 3. florins
2. f. 8. deniers.

L'operation par regle comme la precedente.

INSTRUCTION *ſur les Changes de la FRANCE pour l'ANGLETERRE.*

La France donne pour l'Angleterre le *Certain* pour l'*Incertain* ; c'eſt-à-dire
un écu de change pour un nombre indéterminé de deniers ſterlin , dont 12.
font le fol, & 20. ſols la livre.

La premiere colonne de chaque page contient le nombre des livres ſterlin tirées ou négociées de la France fur Londres depuis 1000. jufqu'à un denier.

On voit au haut de la feconde colonne & des fuivantes un prix de change augmenté d'un feiziéme en feiziéme & au-deffous les fommes qu'on doit recevoir ou payer en France pour les livres fterlin tirées ou négociées fuivant les differens prix du change.

QVESTION. Un Banquier de Paris tire fur fon correfpondant de Londres 1000. l. fterlin lorfque le change eft à 33. d. un quart fterlin pour un écu de change, on demande quelle fomme il doit recevoir en argent de France.

Cherchez à la page 73. la colonne des livres fterlin tirées ou négociées vous trouverez que 1000. l. à 33. d. un quart produifent 2163. l. 2. 8.

Pour faire cette operation par Regle

Il faut multiplier les livres fterlin par 240. d. fterlin dont elles font compofées, & divifer le produit par le prix du change viendra au quotient des écus de change qu'on multipliera par trois pour avoir des livres de France.

INSTRUCTION *fur les Changes de l'ANGLETERRE pour la FRANCE.*

L'Angleterre donne pour la France l'*Incertain* pour le *Certain* ; c'eft-à-dire un nombre indéterminé de deniers fterlin pour un écu de change.

La premiere colonne de chaque page contient le nombre des écus de change tirez & négociez de Londres fur la France depuis 1000. jufqu'à un denier.

On voit au haut de la feconde colonne & des fuivantes un prix de change augmenté de feiziéme en feiziéme & au-deffous les fommes qu'on doit recevoir ou payer à Londres pour les écus de change tirez ou négociez fuivant les differens prix du change.

QVESTION. Un Banquier de Londres tire fur un de fes correfpondant de Paris 1000. écus de change lorfque le change eft à 33. d. fterlin par écu on demande quelle eft la fomme que le Banquier Anglois doit recevoir d celui à qui il fournit fa lettre.

Pour trouver ce calcul fait

Cherchez à la page 80. la colonne des Ecus de change tirez & négociez vous trouverez au-deffous de la colonne qui a pour titre à 33. d. que 1000. produifent 137. l. 10. f. fterlin.

L'operation par Regle

Eft de multiplier les écus tirez ou négociez par le prix du change, & divif le produit par 240. on multipliera les reftans par 20. & par 12.

INSTRUCTION *fur les Changes de PARIS pour HAMBOURG.*

Paris donne pour Hambourg l'*Incertain* pour le *Certain* ; c'eft-à-dire, un nombre indéterminé de livres tournois pour 100. marcs lubs de 16. fols lub chacun, & le fol de 12. deniers.

La premiere colonne de chaque page contient le nombre de Marcs lubs tirez ou négociez de Paris fur Hambourg depuis 1000. jufqu'à un denier.

On voit au haut de la feconde colonne & des fuivantes un prix de change augmenté de huitiéme en huitiéme & au-deffous les fommes qu'on doit payer ou recevoir à Paris pour les Marcs lubs tirez ou négociez fuivant les differens prix du change.

QUESTION. Un Banquier de Paris tire fur un de fes correfpondans d'Hambourg 1000. Marcs lubs, lorfque le change eft à 165. liv. tournois pour 100. marcs, on demande quelle eft la fomme qu'il doit recevoir de celui à qui il fournit fa lettre,

Pour trouver ce calcul fait

Cherchez la page 85. la colonne des Marcs lubs tirez ou négociez, vous trouverez à côté que 1000. à 165. pour cent produifent 1650 livres.

L'operation par Regle

Eft de multiplier le nombre des Marcs lubs par le prix du change, en retranchant du produit de cette multiplication, les deux dernieres figures à droite qu'on multipliera par 20. & les derniers reftans par 12.

INSTRUCTION pour les Changes de BORDEAUX fur HAMBOURG.

Bordeaux donne pour Hambourg le *Certain* pour l'*Incertain* ; c'eft-à-dire, un écu de change pour un nombre indéterminé de fols lubs.

On voit au haut de chaque page un prix de change qu'on fuppofe être celui auquel on tire,

La premiere colonne de chaque page contient le nombre des écus de change tirez & négociez depuis 1000. jufqu'à un denier.

La feconde colonne contient la valeur de ces écus en marcs, fols & deniers lubs à Hambourg, fuivant les differens prix auquel la lettre eft tirée.

La troifiéme colonne & les fuivantes contiennent le produit de la négociation à Bordeaux qu'on fuppofe être faite à un demi fol lubs au-deffous du prix de la Traite, & fucceffivement en augmentant de huitiéme en huitiéme : le même ordre eft obfervé jufqu'à un demi fols lubs au-deffus du prix auquel la lettre qu'on négocie eft tirée : en forte que pour chaque prix fixé pour la Traite on trouve huit variations ou differens prix de négociation diftinguées par autant de colonnes.

QUESTION. Un Banquier de Bordeaux tire fur un de fes correfpondans d'Hambourg 1000. écus de change lorfque le change eft à 27. fols lubs par écu, on demande de quelle fomme le Banquier de Bordeaux fera débiteur en marcs, fols & deniers lubs.

Pour trouver ce calcul fait

Cherchez la page 91. au haut de laquelle il y a à 27. f. voyez la colonne dès Ecus de change tirez & négociez , vous trouverez dans celle à côté que 1000. écus tirez à ce prix font 1687. marcs 8. fols.

Pour faire cette operation par Regle

Il faut multiplier les Ecus tirez par le prix du change, & diviser le produit par 16. f. lubs valeur du marc ; les reftans doivent être multipliez par 16. & par 12.

Autre QVESTION. Le Particulier qui a pris la lettre de 1000. Ecus fur Hambourg à 27. f. la négocie à 26. f. & demi, on demande quelle fomme il doit recevoir & quel benefice il y a.

Pour trouver ce calcul fait

Cherchez la page 91. vous trouverez au-deffous de la colonne qui a pour titre produit de la négociation à Bordeaux à 26. f. & demi que 1000. écus tirez à 27. f. & négociez à 26. f. & demi, produifent 3056. l. 12. f. Ainfi n'ayant débourfé que 3000. l. & en recevant 3056. 12. il y a 56. l. 12. f. de benefice.

L'operation par Regle fe fait en multipliant les Ecus tirez ou négo par le prix de la Traite & divifant le produit par le prix de la négocia , on multipliera les reftans par 20. & par 12. ce qui viendra au quotien feront des Ecus qu'on reduira en livres en les multipliant par 3.

INSTRUCTION *fur les Changes d'HAMBOURG fur la FRANCE.*

Hambourg donne pour la France l'*Incertain* pour le *Certain* ; c'eft-à-dire un nombre indéterminé de fols lubs pour un écu de change.

Les Changes de Bordeaux pour Hambourg doivent fervir pour Hambourg & la France.

Parce qu'on trouve au haut de chaque page un prix de Traite entre Hambourg & la France ; que la premiere colonne contient le nombre des écus tirez ou négociez ; & la deuxiéme la valeur de ces écus à Hambourg ; ce qui doit faire connoître aux Banquiers d'Hambourg le nombre de marcs lubs qu'ils doivent recevoir pour les écus qu'ils tirent fur la France.

QVESTION. Un Banquier d'Hambourg tire fur fon correfpondant de Paris 1000. écus de change lorfque le change eft à 27. f. lubs par écu, on demande quel nombre de marcs , fols & deniers lubs il doit recevoir de celui à qui il fournit fa lettre.

Pour trouver ce calcul fait

Cherchez la page 91. au haut de laquelle il y a à 27. f. voyez enfuite la colonne des écus de change tirez ou négociez , vous trouverez dans celle à côté que 1000. écus tirez à ce prix font 1687. marcs 8. fols.

L'operation par Regle eft la même que celle de Bordeaux fur Hambourg.

Si le Particulier qui a pris cette lettre de 1000. écus sur la France à 27. fols lubs, la négocie à 27. fols un huitiéme, on demande quelle fomme il doit recevoir, & quel eft le benefice.

Pour trouver ce calcul fait

Cherchez la page 93. au haut de laquelle il y a tiré à 27. f. un huitiéme. Voyez enfuite la colonne des écus tirez ou négociez, vous trouverez dans celle à côté que 1000. écus à ce prix font 1695. m. 5. f. & n'en ayant débourfé que 1687. 8. il y a 7. marcs 13. f. de benefice.

L'operation par regle comme la precedente.

INSTRUCTION *fur les Changes de la* FRANCE *pour l'*ITALIE.

La France donne pour Genes & pour Livorne l'*Incertain* pour le *Certain*; c'eft-à-dire un nombre indéterminé de livres, fols, & deniers tournois pour une Piaftre.

La premiere colonne de chaque page contient le nombre des Piaftres tirées ou négociées depuis 1000. jufqu'à un denier.

La feconde colonne & les fuivantes contiennent les differens prix de change augmentez de 6. en 6. d. & au-deffous la valeur à recevoir ou à payer en France fuivant les differens prix du change auxquels les négociations font faites.

QUESTION. Un Banquier de Paris qui tire fur fon correfpondant de Genes ou de Livorne 1000. Piaftres, lorfque le change eft à 4. l. 9. f. 6. d. pour piaftre, demande quelle eft la fomme qu'il doit recevoir de celui à qui il fournit fa lettre.

Pour trouver ce calcul fait

Cherchez la page 126. vous trouverez au-deffous de la colonne qui a pour titre, à 4. l. 9. f. 6. d. que 1000. piaftres à ce prix font 4475. livres. L'operation par Regle fe fait en multipliant le nombre de Piaftres tirées ou négociées par le prix du change.

INSTRUCTION *pour les Changes de l'*ITALIE *pour la* FRANCE.

Genes & Livorne donnent pour la France le *Certain* pour l'*Incertain*; c'eft-à-dire Genes une Piaftre de 5. liv. & Livorne une Piaftre de 6. liv. pour un nombre indeterminé de livres, fols & deniers tournois.

Les Changes de la France pour l'Italie doivent fervir pour l'Italie & la France.

Puifque la premiere colonne contient le nombre des Piaftres, qu'on peut tirer de l'Italie fur la France; & les autres colonnes les differens pris du change, & les fommes dont les Banquiers de Genes & de Livorne feront debiteurs envers les Banquiers de la France fur lefquels ils tirent.

La queftion qu'on pourroit faire ici, la maniere de la trouver faite; &

celle de faire l'operation par Regle , étant de même que celle de la Fr
pour l'Italie , on a cru devoir se dispenser de la repeter en cet endroit.

INSTRUCTION *sur les Changes de la ROCHELLE & NANT*
sur la HOLLANDE.

La Rochelle & Nantes donnent pour la Hollande l'*Incertain* pour le
tain ; c'est-à-dire un nombre indéterminé de livres tournois pour 100. flo
La premiere colonne contient le nombre des florins tirez ou negocie
puis 1000. jusqu'à un denier.

La seconde colonne & les suivantes contiennent en tête les differents
de change augmentez de huitiéme en huitiéme & au-dessous les somm
recevoir ou à payer à la Rochelle & Nantes suivant les prix ausquels le
gociations sont faites.

QUESTION. Un Banquier de la Rochelle ou Nantes qui a tiré su
de ses correspondans d'Amsterdam 1000. florins le change à 202. trois qu
demande quelle somme il doit recevoir de celui à qui il fournit sa le

Pour trouver ce calcul fait

Cherchez la page 133. vous trouverez que 1000. florins à 202.
quarts pour cent produisent 2027. liv. 10. s.

L'operation par Regle

Est de même que celle de Paris sur Hambourg.

INSTRUCTION *pour les Changes de la HOLLANDE sur la ROCHE*
& NANTES.

La Hollande donne pour la Rochelle & Nantes le *Certain* pour l'*Incer*
c'est-à-dire 100. florins pour un nombre indéterminé de livres tournois.

Les Changes de la Rochelle & Nantes sur la Hollande doivent servir pour
Hollande sur la Rochelle & Nantes.

Cela parce qu'on trouve dans la premiere colonne le nombre des flo
tirez ou négociéz depuis 1000. jusqu'à un denier ; dans les colonnes suiva
les differents prix du change & les sommes à recevoir ou à payer en Fra
pour les Traites faites de la Hollande sur la Rochelle & Nantes.

Les Instructions, la maniere de changer, & celle de faire les operat
par Regle des changes de la Hollande pour l'Angleterre, Hambourg,
drid, Bilboa & Venise, Cadix & Seville, Lisbonne & Port à Port, Gene
Livorne & Geneve se trouvent au bas de chaque Carte de change ; on a obse
le même ordre pour ce qui concerne les changes de toutes ces Places pou
Hollande ; ainsi que pour les changes de Londres pour Hambourg,
d'Hambourg pour Londres.

On a placé la Carte gravée des Arbitrages de la France faits entre les pages 158. & 159.

Quoiqu'on trouve dans cette Carte une explication affez étenduë, on croit devoir dire en cet endroit qu'elle eft divifée en fix Tables.

La premiere fert à connoître par les differens prix du change d'Amfterdam pour Paris, & d'Amfterdam pour Londres, quel doit être le prix d'égalité de Paris pour Londres.

La feconde fert à connoître par les differens prix du change d'Hambourg pour Paris, & d'Hambourg pour Londres, quel doit être le prix d'égalité de Paris pour Londres.

La troifiéme fert à connoître par les differens prix du change de Londres pour Paris, & de Londres pour Amfterdam, quel doit être le prix d'égalité de Paris pour Amfterdam.

La quatriéme fert à connoître par les differens prix du change de Paris pour Hambourg, & d'Hambourg pour Amfterdam, quel doit être le prix d'égalité de Paris pour Amfterdam.

La cinquiéme fert à connoître par les differens prix du change d'Amfterdam pour Paris, & d'Amfterdam pour Hambourg, quel doit être le prix d'égalité de Paris pour Hambourg.

La fixiéme fert à connoître par les differens prix du change de Londres pour Paris, & de Londres pour Hambourg, quel doit être le prix d'égalité de Paris pour Hambourg.

On trouve après cette Carte trois Tables imprimées, mais dans le même ordre de la Carte gravée; elles font précédées d'une inftruction & de la maniere de faire les operations par Regle.

La premiere fert à connoître par les differens prix du change d'Amfterdam pour Paris, & d'Amfterdam pour Genes & Livorne, quel doit être le prix d'égalité de Paris pour Genes & pour Livorne.

La deuxiéme fert à connoître par les differens prix du change d'Amfterdam pour Paris, & d'Amfterdam pour Madrid & Bilboa, quel doit être le prix d'égalité de Paris pour Madrid, &c.

La troifiéme fert à connoître par les differens prix du change d'Amfterdam pour Paris, & d'Amfterdam pour Cadix & Seville, quel doit être le prix d'égalité de Paris pour Cadix, &c.

QVESTION. Un Banquier de Paris reçoit fes lettres d'Amfterdam, on lui cotte le change de cette Place pour Paris à 57. d. fept huitiémes pour un écu de change, & celui d'Amfterdam pour Londres à 35. f. un den. de gros pour une livre fterlin; ce Banquier veut fçavoir *par ces deux prix*, quel doit être le prix d'égalité de Paris pour Londres.

Pour trouver ce calcul fait

Voyez à la Carte gravée la premiere Table, à la colonne qui a pour titre prix du change d'Amfterdam pour Paris, & au-deffous à 57. d. fept huitiéme;

ſuivez la ligne juſqu'à la neuviéme colonne qui a pour titre 35. ſ. un d. vous trouverez que le prix d'égalité eſt 32. den. quinze ſeiziémes.

On trouve la maniere de faire cet arbitrage par regle dans l'explication qu'on a miſe dans la Carte gravée.

Cette queſtion & la maniere de la trouver faite doit ſervir pour toutes les autres Places.

Les Ordres & Commiſſions en Banque faits ſont diviſez en ſix Tables; au bas deſquelles on trouve une queſtion, une inſtruction pour la trouver reſoluë, & la maniere de faire les operations par regle.

La premiere Table contient les ordres que Paris reçoit de tirer ſur Amſterdam & de prendre ſur Londres.

La deuxiéme, de tirer ſur Amſterdam, & de prendre ſur Hambourg.

La troiſiéme de titer ſur Londres, & de prendre ſur Amſterdam.

La quatriéme, de tirer ſur Londres, & de prendre ſur Hambourg.

La cinquiéme, de tirer ſur Hambourg, & de prendre ſur Amſterdam.

La ſixiéme, de tirer ſur Hambourg, & de prendre ſur Londres.

Le Volume finit par un Tarif ſervant à connoître la valeur de l'écu de change en Hollande, en Angleterre, & à Hambourg; de même que la valeur en France du florin d'Hollande, de la livre ſterlin de Londres & du marc lubs d'Hambourg à divers prix de change.

TABLE

Fin de la Table.

APPROBATION.

VU par ordre de Monseigneur le Garde des Sceaux un Manuscrit qui a pour titre: *Le Guide des Banquiers de l'Europe.* A Paris ce 25. Aoust 1725. *Signé*, SAURIN.

PRIVILEGE DU ROY.

LOUIS par la Grace de Dieu Roy de France & de Navarre: A nos amés & feaux Conseillers les Gens tenans nos Cours de Parlement, Maîtres des Requêtes ordinaires de notre Hôtel, Grand-Conseil, Prevôt de Paris, Baillifs, Senechaux, leurs Lieutenans Civils, & autres nos Justiciers qu'il appartiendra, SALUT. Notre bien amé le Sieur GIRAUDEAU Neveu, Nous aiant fait remontrer qu'il se seroit appliqué depuis plusieurs années à composer des Ouvrages touchant la Finance, Banque, Commerce, & autres Livres très-utiles au Public, qu'il a déja ci-devant donnez, & qu'il donnera par la suite, & entre autre un intitulé: *Le Guide des Banquiers, & le Commerce en détail mis en Parties doubles,* qu'il souhaiteroit faire imprimer & donner au Public. Mais craignant que quelques gens mal intentionnez ne s'avisassent de les contrefaire, & ne voulussent profiter du fruit de ses travaux, il Nous auroit en consequence très-humblement fait supplier pour l'en dédommager de vouloir bien lui accorder nos Lettres de Privilege sur ce necessaires; offrant pour cet effet de le faire imprimer en bon papier & en beaux caracteres, suivant la feuille imprimée & attachée pour modele sous le contrescel des Presentes. A CES CAUSES voulant favorablement traiter ledit Sieur Exposant, & reconnoître son zele, & lui donner les moyens de les continuer, Nous lui avons permis & permettons par cesdites Presentes de faire imprimer le Guide des Banquiers, & le Commerce en détail mis en Parties doubles, en un ou plusieurs volumes, conjointement ou séparément; & autant de fois que bon lui semblera, sur papier & caracteres conformes à ladite feuille imprimée & attachée pour modele sous le contrescel desdites Presentes, & de les faire vendre & débiter par tout notre Roïaume pendant le tems de six années consecutives, à compter du jour de la date desdites Presentes. Faisons défenses à toutes sortes de personnes de quelque qualité & condition qu'elles soient, d'en introduire d'impression étrangere dans aucun lieu de notre obeïssance: comme aussi à tous Libraires, Imprimeurs & autres d'imprimer, faire imprimer, vendre, faire vendre, débiter ni contrefaire ledit Guide des Banquiers, & le Commerce en détail mis en Parties doubles, en tout ni en partie, ni d'en faire aucuns extraits sous quelque prétexte que ce soit d'augmentation, correction, changement de titre, même en feuilles séparées, ou autrement, sans la permission expresse & par écrit dudit Sieur Exposant ou de ceux qui auront droit de lui, à peine de confiscation des Exemplaires contrefaits, de six mil livres d'amende contre chacun des contrevenans, dont un tiers à Nous, un tiers à l'Hôtel-Dieu de Paris, l'autre tiers audit Sieur Exposant, & de tous dépens, dommages & interêts. A la charge que ces Presentes seront enregistrées tout au long sur le Registre de la Communauté des Libraires & Imprimeurs de Paris, & ce dans trois mois de la datte d'icelles; que l'impression de ces Livres sera faite dans notre Roïaume & non ailleurs, & que l'Impetrant se conformera en tout aux Réglemens de la Librairie, & notamment à celui du dixiéme Avril mil sept cens vingt-cinq; & qu'avant que de les exposer en vente les Manuscrits ou Imprimés qui auront servi de copie à l'impression desdits Livres seront remis dans le même état où les Approbations y auront été données, ès mains de notre très cher & feal Chevalier Garde des Sceaux de France le Sieur Fleuriau d'Armenonville Commandeur de nos Ordres; & qu'il en sera ensuite remis deux exemplaires de chacun dans notre Bibliotheque publique, un dans celle de notre Château du Louvre, & un dans celle de notredit très-cher & feal Chevalier Garde des Sceaux de France le Sieur Fleuriau d'Armenonville Commandeur de nos Ordres; le tout à peine de nullité des Presentes: du contenu desquelles vous mandons & enjoignons de faire jouir ledit Sieur Exposant ou ses aïans cause pleinement & paisiblement, sans souffrir qu'il leur soit fait aucun trouble ou empêchement. Voulons que la copie desdites Presentes qui sera imprimée tout au long au commencement ou à la fin desdits Livres soit tenue pour duement signifiée, & qu'aux copies collationnées par l'un de nos amés & feaux Conseillers & Secrétaires, foi soit ajoutée comme à l'original. Commandons au premier notre Huissier ou Sergent de faire pour l'éxecution d'icelles tous actes requis & nécessaires sans demander autre permission; & nonobstant clameur de Hâro, Charte Normande & Lettres à ce contraires: CAR TEL EST NOTRE PLAISIR. Donné à Fontainebleau le seiziéme jour du mois de Septembre l'an de grace mil sept cens vingt-cinq, & de notre regne le onziéme. Signé par le Roi en son Conseil,

DE SAINT HILAIRE.

J'ai cédé mon entier droit en ce qui concerne l'Ouvrage intitulé: *Le Guide des Banquiers de l'Europe,* à Monsieur Jean-Baptiste Guimond, pour en jouir suivant l'accord fait entre nous. A Paris le 15. Fevrier 1726.

GIRAUDEAU Neveu.

Regiſtré ſur le Regiſtre VI. de la Communauté des Libraires & Imprimeurs de Paris, page 323. conformément aux Reglemens, & nottamment à l'Arreſt du Conſeil du 13. Aouſt 1703. A Paris le 16. Mars mil ſept cens vingt-ſix. BRUNET, Sindic.

Nous soussignez Sindic & Adjoints, certifions que le Privilege ci-dessus a été enregistré sur le Registre VI. de la Communauté des Libraires & Imprimeurs de Paris, num. 337. fol. 270. en foi dequoi nous avons signé. A Paris le 9. Avril 1726. BRUNET, Sindic. RONDET & GANEAU, Adjoints.

LA FRANCE

LA FRANCE
Tire
SUR LA HOLLANDE
à 57 den. de Gros par Ecu de change.

ECUS de change, tirez ou negociez.	VALEUR en Hollande, sur le pied de la Traite en Florins.			VALEUR en Hollande &c. en liv. de Gros.				PRODUIT de la négociation en France à 56 d.			PRODUIT de la negociation en France à 56 d. 1/8			PRODUIT de la negociation en France à 56 d. 1/4		
ECU S.	Fl.	S.	P.	L.	S.	D.	G.	L.	S.	D.	L.	S.	D.	L.	S.	D.
1000	1425			237	10			3053	11	5	3046	15	5	3040		2
900	1282	10		213	15			2748	4	3	2742	1	10	2736		1
800	1140			190				2442	17	1	2437	8	4	2432		1
700	997	10		166	5			2137	9	11	2132	14	9	2128		1
600	855			142	10			1832	2	10	1828	1	3	1824		1
500	712	10		118	15			1526	15	8	1523	7	8	1520		1
400	570			95				1221	8	6	1218	14	2	1216		
300	427	10		71	5			916	1	5	914		7	912		
200	285			47	10			610	14	3	609	7	1	608		
100	142	10		23	15			305	7	1	304	13	6	304		
90	128	5		21	7	6		274	16	4	274	4	1	273	12	
80	114			19				244	5	8	243	14	9	243	4	
70	99	15		16	12	6		213	14	11	213	5	5	212	16	
60	85	10		14	5			183	4	3	182	16	1	182	8	
50	71	5		11	17	6		152	13	6	152	6	9	152		
40	57			9	10			122	2	10	121	17	4	121	12	
30	42	15		7	2	6		91	12	1	91	8		91	4	
20	28	10		4	15			61	1	5	60	18	8	60	16	
10	14	5		2	7	6		30	10	8	30	9	4	30	8	
9	12	16	8	2	2	9		27	9	7	27	8	4	27	7	2
8	11	8	8	1	18			24	8	6	24	7	5	24	6	4
7	9	19	8	1	13	3		21	7	5	21	6	6	21	5	7
6	8	11	8	1	8	6		18	6	4	18	5	7	18	4	9
5	7	2	8	1	4	9		15	5	4	15	4	8	15	4	
4	5	14	8		19			12	4	3	12	3	8	12	3	2
3	4	5	8		14	3		9	3	2	9	2	9	9	2	4
2	2	17	8		9	6		6	2	1	6	1	10	6	1	7
1	1	8	8		4	9		3			3		11	3		
15 ſ	1	1	6		3	6		2	5	9	2	5	7	2	5	6
10		14	4		2	4		1	10	6	1	10	5	1	10	4
5		7	11		1	2			15	3		15	2		15	2
4		5	11		1	7			12	2		12	2		12	1
3		4	3		1				9	1		9	1		9	
2		2	13			9			6	1		6	1		6	
1		1	6			4			3			3			3	
9 d						3			2	3		1	3		1	3
6						2			1	6		1	6		1	1
4						1			1			1			1	
3						1									9	
2										9			9			6
1										6			6			6
										3			3			3

A

EXPLICATION LA FRANCE

Les Monoyes de change sont,
la liure Tournois qui vaut 20 Sols Tournois.
le Sol Tournois qui vaut 12 deniers Tournois.
l'Ecu de change qui vaut 60 Sols Tournois.

Paris change sur Amsterdam en donnant un Ecu de change pour y recevoir un nombre indeterminé de deniers de Gros.

sur Londres, un Ecu de change pour y recevoir un nombre indeterminé de deniers Sterlin.

sur Hambourg un nombre indeterminé de liures Tournois pour une Marc Lubs.

Bordeaux change sur Amsterdam et sur Londres de meme que Paris. sur Hambourg en donnant un Ecu de change pour y recevoir un nombre indeterminé de Sols Lubs.

pour Amsterdam de 57 d. à 39
Londres de 34 s. 6 d. à 35. ½
Hambourg de 186 ⅝ à 68 ⅝
Bordeaux pour Hambourg de 28 ¾ à 29 ½

On y tient les Escritures en liures, Sols et deniers Tournois.

LA HOLLANDE

Les Monoyes de change sont,
la Richedalle qui vaut 50 Sols communs.
le Florin 20 Sols ou 40 deniers de Gros.
la liure de Gros 20 Sols de Gros ou 6 Florins.
le Sol de Gros 6 Sols comme 12 Sols de liure.
le Sol commun 2 deniers de Gros.

Amsterdam change sur Paris en donnant un nombre indeterminé de deniers de Gros pour y recevoir un Ecu de change.

sur Londres un nombre indeterminé de Sols de Gros pour une liure Sterlin.

sur Hambourg un nombre indeterminé de Sols communs pour une Ri..dalle.

pour Paris de 57 d. à 39
Londres de 34 s. 6 d. à 35. ½ d.
Hambourg de 30 ⅜ à 32 ⅜

On y tient les Escritures en Florins, Sols et deniers communs.

L'ANGLETERRE

Les Monoyes de change sont,
la liure Sterlin qui vaut 20 Sols Sterlin.
le Sol Sterlin 12 deniers Sterlin.

Londres change sur Paris en donnant un nombre indeterminé de deniers Sterlin pour y recevoir un Ecu de change.

sur Amsterdam une liure Sterlin pour un nombre indeterminé de Sols de Gros.

sur Hambourg une liure Sterlin pour un nombre indeterminé de Sols de Gros.

pour Paris de 30 d. à 32 ½ d.
Amsterdam de 35 s. à 36 s. 6 d.
Hambourg de 33 s. à 34 s. 6 d.

On y tient les Escritures en liures, Sols et deniers Sterlin.

SUITTE de l'Explication. HAMBOURG

Les Monoyes de Change sont,
la Richedalle qui vaut 3 Marcs Lubs.
le Dalle 2 Marcs Lubs.
le Marc Lubs 16 Sols Lubs.
la liure de Gros 20 Sols de Gros.
le Sol de Gros 12 deniers de Gros ou 6 Sols Lubs.
le denier de Gros 6 deniers Lubs.

Hambourg change sur Paris et sur Bordeaux en donnant un nombre indeterminé de Sols Lubs pour y recevoir un Ecu de change.

sur Amsterdam une Dalle pour un nombre indeterminé de sols communs.

sur Londres un nombre indeterminé de Sols de Gros pour une liure Sterlin.

pour Paris de 50 ½ à 52 ½
Amsterdam de 30 ⅜ à 32 ⅜
Londres de 33 s. à 34 s. 6 d.

On y tient les Ecritures de 4 manieres, en Marcs, Sols et deniers Lubs.
Dalles.
Richedalles.
Liures de Gros.

Maniere de faire les operations des Arbitrages par regle.

Regle conjointe.

PREMIERE TABLE

Servant à connoitre par les differens prix du change entre AMSTERDAM et PARIS et AMSTERDAM et LONDRES quel doit etre le change de PARIS pour LONDRES.

Prix du change d'Amsterdam pour Paris	Divers prix du change entre AMSTERDAM et LONDRES
	34 s. 6 d. / 34 s. 7 d. / 34 s. 8 d. / 34 s. 9 d. / 34 s. 10 d. / 34 s. 11 d. / 35 s. / 35 s. 1 d. / 35 s. 2 d. / 35 s. 3 d. / 35 s. 4 d. / 35 s. 5 d. / 35 s. 6 d.

Differens prix aux quels revient le Change de PARIS pour LONDRES
(grille de valeurs numériques, de à 57 d. à à 38 — [illegible])

SECONDE TABLE

Servant à connoitre par les differens prix du change entre HAMBOURG et PARIS et HAMBOURG et LONDRES quel doit être le change de PARIS pour LONDRES.

Prix du change de Hambourg pour Paris	Divers prix du change entre HAMBOURG et LONDRES
	33 s. 6 d. / 33 s. 7 d. / 33 s. 8 d. / ... / 34 s. 6 d.

Differens prix aux quels revient le change de PARIS pour LONDRES
(de à 27 à à 29 — [illegible])

TROISIEME TABLE

Servant à connoitre par les differens prix du change entre LONDRES et PARIS et LONDRES et AMSTERDAM quel doit etre le change de PARIS pour AMSTERDAM.

Prix du change de Londres pour Paris	Divers prix du change entre LONDRES et AMSTERDAM
	35 s. 3 d. / 35 s. 4 d. / 35 s. 5 d. / 35 s. 6 d. / 35 s. 7 d. / 35 s. 8 d. / 35 s. 9 d. / 35 s. 10 d. / 35 s. 11 d. / 36 s. / 36 s. 1 d. / 36 s. 2 d. / 36 s. 3 d.

Differens prix aux quels revient le change de PARIS pour AMSTERDAM
(de à 32 à à 33 — [illegible])

QUATRIEME TABLE

Servant à connoitre par les differens prix du change entre PARIS et HAMBOURG et HAMBOURG et AMSTERDAM quel doit etre le change de PARIS pour AMSTERDAM.

Prix de change de Paris pour Hambourg	Divers prix du change entre HAMBOURG et AMSTERDAM
	32 Stuy. / 32 ⅛ / 32 ¼ / 32 ⅜ / 32 ½ / 32 ⅝ / 32 ¾ / 32 ⅞ / 33 Stuy.

Differens prix aux quels revient le change de PARIS pour AMSTERDAM
([illegible])

CINQUIEME TABLE

Servant à connoitre par les differens prix du change entre AMSTERDAM et PARIS et AMSTERDAM et HAMBOURG quel doit etre le change de PARIS pour HAMBOURG.

Prix de change d'Amsterdam pour Paris	Divers prix du change entre AMSTERDAM et HAMBOURG
	32 Stuy. ⅛ / 32 ¼ / 32 ⅜ / 32 ½ / 32 ⅝ / 32 ¾ / 32 ⅞ / 33 Stuy.

Differens prix aux quels revient le change de PARIS pour HAMBOURG
(de à 57 d. à à 58 — [illegible])

SIXIEME TABLE

Servant à connoitre par les differens prix du change entre LONDRES et PARIS et LONDRES et HAMBOURG quel doit etre le change de PARIS pour HAMBOURG.

Prix de change de Londres pour Paris	Divers prix du change entre LONDRES et HAMBOURG
	33 s. 6 d. / 33 s. 7 d. / 33 s. 8 d. / ... / 34 s. 6 d.

Differens prix aux quels revient le change de PARIS pour HAMBOURG
(de à 32 à à 33 — [illegible])

LA FRANCE
Tire
SUR LA HOLLANDE
à 57 den. de Gros par Ecu de change.

ECUS de change tirez ou negociez.	PRODUIT de la negociation en France à 56 d. 3/8			PRODUIT de la negociation en France à 56 d. 1/2			PRODUIT de la negociation en France à 56 d. 5/8			PRODUIT de la negociation en France à 56 d. 3/4			PRODUIT de la negociation en France à 56 d. 7/8		
ECUS.	L.	S.	D.	L.	S.	D.	L.	S.	D.	L.	S.	D.	L.	S.	D.
1000	3033	5	2	3026	10	11	3019	17	4	3013	4	3	3006	11	10
900	2729	18	7	2723	17	9	2717	17	7	2711	17	9	2705	18	7
800	2426	12	1	2421	4	8	2415	17	10	2410	11	4	2405	5	5
700	2123	5	7	2118	11	7	2113	18	1	2109	4	11	2104	12	3
600	1819	19	1	1815	18	6	1811	18	4	1807	18	6	1803	19	1
500	1516	12	7	1513	5	5	1509	18	8	1506	12	1	1503	5	11
400	1213	6		1210	12	4	1207	18	11	1205	5	8	1202	12	8
300	909	19	6	907	19	3	905	19	2	903	19	3	901	19	6
200	606	13		605	6	2	603	19	5	602	12	10	601	6	4
100	503	6	6	302	13	1	301	19	8	301	6	5	300	13	2
90	272	19	10	272	7	9	271	15	8	271	3	9	270	11	10
80	242	13	2	242	2	5	241	11	8	241	1	1	240	10	6
70	212	6	6	211	17	1	211	7	9	210	18	5	210	9	2
60	181	19	10	181	11	10	181	3	9	180	15	10	180	7	10
50	151	13	3	151	6	6	150	19	10	150	13	2	150	6	7
40	121	6	7	121	1	2	120	15	10	120	10	6	120	5	3
30	90	19	11	90	15	11	90	11	10	90	7	11	90	3	11
20	60	13	3	60	10	7	60	7	11	60	5	3	60	2	7
10	30	6	7	30	5	3	30	3	11	30	2	7	30	1	3
9	27	5	11	27	4	8	27	3	6	27	2	3	27	1	1
8	24	5	3	24	4	2	24	3	1	24	2		24	1	
7	21	4	7	21	3	8	21	2	8	21	1	9	21		10
6	18	3	11	18	3	1	18	2	4	18	1	6	18		9
5	15	3	3	15	2	7	15	1	11	15	1	3	15		7
4	12	2	7	12	2	1	12	1	6	12	1		12		6
3	9	1	11	9	1	6	9	1	2	9		9	9		4
2	6	1	3	6	1		6		9	6		6	6		3
1	3		7	3		6	3		4	3		3	3		2
15 ſ	2	5	4	2	5	3	2	5	3	2	5	1	2	5	
10	1	10	3	1	10	3	1	10	2	1	10	1	1	10	
5		15	1		15	1		15	1		15			15	
4		12	1		12	1		12			12			12	
3		9			9			9			9			9	
2		6			6			6			6			6	
1		3			3			3			3			3	
9 d		2	2		2	3		2	3		2	3		2	3
6		1	6		1	6		1	6		1	6		1	6
4		1			1			1			1			1	
3			9			9			9			9			9
2			6			6			6			6			6
1			3			3			3			3			3

LA FRANCE
Tire
SUR LA HOLLANDE
à 57 den. de Gros par Ecu de change.

ECUS de change tirez ou negociez.	PRODUIT de la negociation en France à 57 d. $\frac{1}{8}$			PRODUIT de la negociation en France à 57 d. $\frac{1}{4}$			PRODUIT de la negociation en France à 57 d. $\frac{3}{8}$			PRODUIT de la negociation en France à 57 d. $\frac{1}{2}$			PRODUIT de la negociation en France à 57 d. $\frac{5}{8}$		
ECUS.	L.	S.	D.	L.	S.	D.	L.	S.	D	L.	S.	D.	L.	S.	D.
1000	2995	8	8	2986	17	11	2980	7	10	2973	18	3	2967	9	2
900	2694	1	9	2688	4	1	2682	7		2676	10	5	2670	14	5
800	2394	14	11	2389	10	4	2384	6	3	2379	2	7	2373	19	4
700	2095	8		2090	16	6	2086	5	5	2081	14	9	2077	4	5
600	1796	1	2	1792	2	9	1788	4	8	1784	6	11	1780	9	6
500	1496	14	4	1493	8	11	1490	3	11	1486	19	1	1483	14	7
400	1197	7	5	1194	15	2	1192	3	1	1189	11	3	1186	19	8
300	898		7	896	1	4	894	2	4	892	3	5	890	4	9
200	598	13	8	597	7	7	596	1	6	594	15	7	593	9	10
100	299	6	10	298	13	9	298		9	297	7	9	296	14	11
90	269	8	1	268	16	4	268	4	8	267	12	11	267	1	5
80	239	9	5	238	19		238	8	7	237	18	2	237	7	11
70	209	10	9	209	1	7	208	12	6	208	3	5	207	14	5
60	179	12	1	179	4	3	178	16	5	178	8	7	178		11
50	149	13	5	149	6	10	149		4	148	13	10	148	7	5
40	119	14	8	119	9	6	119	4	3	118	19	1	118	13	11
30	89	16		89	12	1	89	8	2	89	4	3	89		5
20	59	17	4	59	14	9	59	12	1	59	9	6	59	6	11
10	29	18	8	29	17	4	29	16		29	14	9	29	13	5
9	26	18	9	26	17	7	26	16	4	26	15	3	26	14	
8	23	18	11	23	17	10	23	16	9	23	15	9	23	14	8
7	20	19		20	18	1	20	17	2	20	16	3	20	15	4
6	17	19	2	17	18	4	17	17	7	17	16	10	17	16	
5	14	19	4	14	18	8	14	18		14	17	4	14	16	8
4	11	19	5	11	18	11	11	18	4	11	17	10	11	17	4
3	8	19	7	8	19	2	8	18	9	8	18	5	8	18	
2	5	19	8	5	19	5	5	19	2	5	18	11	5	18	8
1	2	19	10	2	19	8	2	19	7	2	19	5	2	19	4
15 ʃ	2	4	10	2	4	9	2	4	7	2	4	6	2	4	6
10	1	9	11	1	9	10	1	9	9	1	9	8	1	9	8
5		14	11		14	11		14	10		14	10		14	10
4		11	11		11	11		11	11		11	10		11	10
3		8	10		8	10		8	10		8	10		8	10
2		5	11		5	11		5	11		5	11		5	11
1		2	11		2	11		2	11		2	11		2	11
9 d	2	1		2	1		2	1		2	1		2	1	
6	1	5		1	5		1	5		1	5		1	5	
4			11			11			11			11			11
3			8			8			8			8			8
2			5			5			5			5			5
1			2			2			2			2			2

LA FRANCE
Tire
SUR LA HOLLANDE
à 57 den. de Gros par Ecu de change.

ECUS de change tirez ou negociez.	PRODUIT de la negociation en France à 57 d. 3/4			PRODUIT de la negociation en France à 57 d. 7/8			PRODUIT de la negociation en France à 58 d.		
ECUS.	L.	S.	D.	L.	S.	D.	L.	S.	D.
1000	2961		9.	2954	12	11.	2948	5	6.
900	2664	18	8.	2659	3	7.	2653	8	11.
800	2368	16	7.	2363	14	4.	2358	12	4.
700	2072	14	6.	2068	5	.	2063	15	10.
600	1776	12	5.	1772	15	9.	1768	19	3.
500	1480	10	4.	1477	6	5.	1474	2	9.
400	1184	8	3.	1181	17	2.	1179	6	2.
300	888	6	2.	886	7	10.	884	9	7.
200	592	4	1.	590	18	7.	589	13	1.
100	296	2	.	295	9	3.	294	16	6.
90	266	9	9.	265	18	3.	265	6	10.
80	236	17	7.	236	7	4.	235	17	2.
70	207	5	4.	206	16	5.	206	7	6.
60	177	13	2.	177	5	6.	176	17	10.
50	148	1	.	147	14	7.	147	8	3.
40	118	8	9.	118	3	8.	117	18	7.
30	88	16	7.	88	12	9.	88	8	11.
20	59	4	4.	59	1	10.	58	19	3.
10	29	12	2.	29	10	11.	29	9	7.
9	26	12	11.	26	11	9.	26	10	7.
8	23	13	8.	23	12	8.	23	11	8.
7	20	14	6.	20	13	7.	20	12	8.
6	17	15	3.	17	14	6.	17	13	9.
5	14	16	1.	14	15	5.	14	14	9.
4	11	16	10.	11	16	4.	11	15	10.
3	8	17	7.	8	17	3.	8	16	10.
2	5	18	5.	5	18	2.	5	17	11.
1	2	19	2.	2	19	1.	2	18	11.
15 ſ	2	4	4.	2	4	3.	2	4	1.
10	1	9	7.	1	9	6.	1	9	5.
5		14	9.		14	9.		14	8.
4		11	10.		11	9.		11	9.
3		8	10.		8	9.		8	9.
2		5	11.		5	10.		5	10.
1		2	11.		2	11.		2	11.
9 d		2	1.		2	1.		2	1.
6		1	5.		1	5.		1	5.
4			11.			11.			11.
3			8.			8.			8.
2			5.			5.			5.
1			2.			2.			2.

LA FRANCE
Tire
SUR LA HOLLANDE
à 57. den. $\frac{1}{8}$ de Gros par Ecu de change.

ECUS de change tirez & négociez.

ECUS.	VALEUR en Hollande sur le pied de la traitte. en Florins.			VALEUR en Hollande, &c. en liv. de Gros.		
	Fl.	S.	P.	L.	S.	D.G
1000	1428	2	8	238		5
900	1285	6	4	214	4	4
800	1142	10		190	8	4
700	999	13	12	166	12	3
600	856	17	8	142	16	3
500	714	1	4	119		2
400	571	5		95	4	2
300	428	8	12	71	8	1
200	285	12	8	47	12	1
100	142	16	4	23	16	
90	128	10	10	21	8	4
80	114	5		19		9
70	99	19	6	16	13	2
60	85	13	12	14	5	7
50	71	8	2	11	18	
40	57	2	8	9	10	4
30	42	16	14	7	2	9
20	28	11	4	4	15	2
10	14	5	10	2	7	7
9	12	17	1	2	2	9
8	11	8	8	1	18	
7	9	19	15	1	13	3
6	8	11	6	1	8	6
5	7	2	13	1	3	9
4	5	14	4		19	
3	4	5	11		14	3
2	2	17	2		9	6
1	1	8	9		4	9
15 ſ	1	1	6		3	6
10		14	4		2	4
5		7	2		1	2
4		5	11		1	7
3		4	3		1	1
2		2	13			9
1		1	6			4
9 d.		1	1			3
6			9			2
4			6			1
3			4			1
2			3			
1			1			1

ECUS.	PRODUIT de la négociation en France à 56. d. $\frac{1}{8}$			PRODUIT de la négociation en France à 56. d. $\frac{1}{4}$			PRODUIT de la négociation en France à 56. d. $\frac{3}{8}$		
	L.	S.	D.	L.	S.	D.	L.	S.	D.
1000	3053	9		3046	13	3	3039	18	2
900	2748	2	1	2741	19	11	2735	18	4
800	2442	15	2	2437	6	7	2431	18	6
700	2137	8	3	2132	13	3	2127	18	8
600	1832	1	4	1827	19	11	1823	18	10
500	1526	14	6	1523	6	7	1519	19	1
400	1221	7	7	1218	13	3	1215	19	3
300	916		8	913	19	11	911	19	5
200	610	13	9	609	6	7	607	19	7
100	305	6	10	304	13	3	303	19	9
90	274	16	1	274	3	11	273	11	9
80	244	5	5	243	14	7	243	3	9
70	213	14	9	213	5	3	212	15	9
60	183	4	1	182	15	11	182	7	10
50	152	13	5	152	6	7	151	19	10
40	122	2	8	121	17	3	121	11	10
30	91	12		91	7	11	91	3	11
20	61	1	4	60	18	7	60	15	11
10	30	10	8	30	9	3	30	7	11
9	27	9	7	27	8	3	27	7	1
8	24	8	6	24	7	4	24	6	4
7	21	7	5	21	6	5	21	5	6
6	18	6	4	18	5	6	18	4	9
5	15	5	4	15	4	7	15	3	11
4	12	4	3	12	3	8	12	3	2
3	9	3	2	9	2	9	9	2	4
2	6	2	1	6	1	10	6	1	7
1	3	1		3		11	3		9
15 ſ	2	5	9	2	5	7	2	5	6
10	1	10	6	1	10	5	1	10	4
5		15	3		15	2		15	2
4		12	2		12	2		12	2
3		9	1		9	1		9	1
2		6	1		6	1		6	1
1		3			3			3	
9 d.		2	3		2	3		2	3
6		1	6		1	6		1	6
4		1			1			1	
3			9			9			9
2			6			6			6
1			3			3			3

LA FRANCE
Tire
SUR LA HOLLANDE
à 57. den. $\frac{1}{8}$ de Gros par Ecu de change.

ECUS de change tirez & négociez	PRODUIT de la négociation en France à 56. d. $\frac{1}{2}$			PRODUIT de la négociation en France à 56. d. $\frac{5}{8}$			PRODUIT de la négociation en France à 56. d. $\frac{3}{4}$			PRODUIT de la négociation en France à 56. d. $\frac{7}{8}$			PRODUIT de la négociation en France à 57. d.		
ECUS.	L.	S.	D.	L.	S.	D.	L.	S.	D.	L.	S.	D.	L.	S.	D.
1000	3033	3	8	3026	9	9	3019	16	5	3013	3	8	3006	11	7
900	2729	17	3	2723	16	9	2717	16	9	2711	17	3	2705	18	5
800	2426	10	11	2421	3	9	2415	17	1	2410	10	11	2405	5	3
700	2123	4	6	2118	10	9	2113	17	5	2109	4	6	2104	12	1
600	1819	18	2	1815	17	10	1811	17	10	1807	18	2	1803	18	11
500	1516	11	10	1513	4	10	1509	18	2	1506	11	10	1503	5	9
400	1213	5	5	1210	11	10	1207	18	6	1205	5	5	1202	12	7
300	909	19	1	907	18	11	905	18	11	903	19	1	901	19	5
200	606	12	8	605	5	11	603	19	3	602	12	8	601	6	3
100	303	6	4	302	12	11	301	19	7	301	6	4	300	13	1
90	272	19	8	272	7	7	271	15	7	271	3	8	270	11	9
80	242	13		242	2	4	241	11	8	241	1		240	10	5
70	212	6	5	211	17		211	7	8	210	18	5	210	9	1
60	181	19	9	181	11	9	181	3	9	180	15	9	180	7	10
50	151	13	2	151	6	5	150	19	9	150	13	2	150	6	6
40	121	6	6	121	1	2	120	15	10	120	10	6	120	5	2
30	90	19	10	90	15	10	90	11	10	90	7	10	90	3	11
20	60	13	3	60	10	7	60	7	11	60	5	3	60	2	7
10	30	6	7	30	5	3	30	3	11	30	2	7	30	1	3
9	27	5	11	27	4	8	27	3	6	27	2	3	27	1	1
8	24	5	3	24	4	2	24	3	1	24	2		24	1	
7	21	4	7	21	3	8	21	2	8	21	1	9	21		10
6	18	3	11	18	3	1	18	2	4	18	1	6	18		9
5	15	3	3	15	2	7	15	1	11	15	1	3	15		7
4	12	2	7	12	2	1	12	1	6	12	1		12		6
3	9	1	11	9	1	6	9	1	2	9		9	9		4
2	6	1	3	6	1		6		9	6		6	6		3
1	3		7	3		6	3		4	3		3	3		1
15 ſ	2	5	5	2	5	4	2	5	3	2	5	2	2	5	
10	1	10	3	1	10	3	1	10	2	1	10	1	1	10	
5		15	1		15	1		15	1		15			15	
4		12	1		12	1		12			12			12	
3		9			9			9			9			9	
2		6			6			6			6			6	
1		3			3			3			3			3	
9 d		2	3		2	3		2	3		2	3		2	3
6		1	6		1	6		1	6		1	6		1	6
4		1			1			1			1			1	
3			9			9			9			9			9
2			6			6			6			6			6
1			3			3			3			3			3

LA FRANCE
Tire
SUR LA HOLLANDE
à 57. den. $\frac{1}{8}$ de Gros par Ecu de change.

ECUS de change tirez & négociez	PRODUIT de la négociation en France à 57. d. $\frac{1}{4}$			PRODUIT de la négociation en France à 57. d. $\frac{3}{8}$			PRODUIT de la négociation en France à 57. d. $\frac{1}{2}$			PRODUIT de la négociation en France à 57. d. $\frac{5}{8}$			PRODUIT de la négociation en France à 57. d. $\frac{3}{4}$		
ECUS	L.	S.	D.	L.	S.	D.	L.	S.	D.	L.	S.	D.	L.	S.	D.
1000	2993	8	11	2986	12		2980	8	8	2973	19	4	2967	10	7
900	2694	2		2687	18	9	2682	7	9	2676	15	4	2670	15	6
800	2394	15	1	2389	5	7	2384	6	11	2379	5	5	2374		5
700	2095	8	2	2090	12	4	2086	6		2081	15	6	2077	5	4
600	1796	1	4	1791	19	2	1788	5	2	1784	7	7	1780	10	4
500	1496	14	5	1493	6		1490	4	4	1486	19	8	1483	15	3
400	1197	7	6	1194	12	9	1192	3	5	1189	11	8	1187		2
300	898		8	895	19	7	894	2	7	892	3	9	890	5	2
200	598	13	9	597	6	4	596	1	8	594	15	10	593	10	1
100	299	6	10	298	13	2	298		10	297	7	11	296	15	
90	269	8	1	268	15	10	268	4	9	267	13	1	267	1	6
80	239	9	5	238	18	6	238	8	8	237	18	4	237	8	
70	209	10	9	209	1	9	208	12	7	208	3	6	207	14	6
60	179	12	1	179	3	10	178	16	6	178	8	9	178	1	
50	149	13	5	149	6	7	149		5	148	15	11	148	7	6
40	119	14	8	119	9	3	119	4	4	118	19	2	118	14	
30	89	16		89	11	11	89	8	3	89	4	4	89		6
20	59	17	4	59	14	7	59	12	2	59	9	7	59	7	
10	29	18	8	29	17	3	29	16	1	29	14	9	29	13	6
9	26	18	9	26	17	6	26	16	5	26	15	3	26	14	1
8	23	18	11	23	17	9	23	16	10	23	15	9	23	14	9
7	20	19		20	18		20	17	3	20	16	3	20	15	5
6	17	19	2	17	18	4	17	17	7	17	16	10	17	16	1
5	14	19	4	14	18	7	14	18		14	17	4	14	16	9
4	11	19	5	11	18	10	11	18	5	11	17	10	11	17	4
3	8	19	7	8	19	2	8	18	9	8	18	5	8	18	
2	5	19	8	5	19	5	5	19	2	5	18	11	5	18	8
1	2	19	10	2	19	8	2	19	7	2	19	5	2	19	4
15 s	2	4	11	2	4	9	2	4	8	2	4	6	2	4	6
10	1	9	11	1	9	10	1	9	9	1	9	8	1	9	8
5		14	11		14	11		14	10		14	10		14	10
4		11	11		11	11		11	11		11	10		11	10
3		8	11		8	11		8	11		8	10		8	10
2		5	11		5	11		5	11		5	11		5	11
1		2	11		2	11		2	11		2	11		2	11
9 d		2	1		2	1		2	1		2	1		2	1
6					1	5		1	5		1	5		1	5
4						11			11			11			11
3						8			8			8			8
2						5			5			5			5
1						2			2			2			2

LA FRANCE
Tire
SUR LA HOLLANDE
à 57. den. $\frac{1}{8}$ de Gros par Ecu de change.

ECUS de change tirez & négociez.	PRODUIT de la négociation en France à 57. d. $\frac{7}{8}$			PRODUIT de la négociation en France à 58. den.			PRODUIT de la négociation en France à 58. d. $\frac{1}{8}$		
ECU S.	L.	S.	D.	L.	S.	D.	L.	S.	D.
1000	2961	2	5	2954	14	9	2948	7	8
900	2665		2	2659	5	3	2653	10	10
800	2368	17	11	2363	15	9	2358	14	1
700	2072	15	8	2068	6	3	2063	17	4
600	1776	13	5	1772	16	10	1769		7
500	1480	11	2	1477	7	4	1474	3	10
400	1184	8	11	1181	17	10	1179	7	
300	888	6	8	886	8	5	884	10	3
200	592	4	5	590	18	11	589	13	6
100	296	2	2	295	9	5	294	16	9
90	266	9	11	265	18	5	265	7	
80	236	17	8	236	7	6	235	17	4
70	207	5	6	206	16	7	206	7	8
60	177	13	3	177	5	7	176	18	
50	148	1	1	147	14	8	147	8	4
40	118	8	10	118	3	9	117	18	8
30	88	16	7	88	12	9	88	9	
20	59	4	5	59	1	10	58	19	4
10	29	12	2	29	10	11	29	9	8
9	26	12	11	26	11	9	26	10	8
8	23	13	8	23	12	8	23	11	8
7	20	14	6	20	13	7	20	12	9
6	17	15	3	17	14	6	17	13	9
5	14	16	1	14	15	5	14	14	10
4	11	16	10	11	16	4	11	15	10
3	8	17	7	8	17	3	8	16	10
2	5	18	5	5	18	2	5	17	11
1	2	19	2	2	19	1	2	18	11
15 {	2	4	4	2	4	3	2	4	2
10	1	9	7	1	9	6	1	9	5
5		14	9		14	9		14	8
4		11	10		11	9		11	9
3		8	10		8	9		8	9
2		5	11		5	10		5	10
1		2	11		2	11		2	11
9 d.		2	2		2	2		2	2
6		1	5		1	5		1	5
4			11			11			11
3			8			8			8
2			5			5			5
1			2			2			2

LA FRANCE
Tire
SUR LA HOLLANDE
à 57. den. $\frac{1}{4}$ de Gros par Ecu de change.

ECUS de change tirez & négociez	VALEUR en Hollande sur le pied de la traitte. en Florins — Fl.	S.	P.	VALEUR en Hollande, &c. en liv. de Gros — L.	S.	D.	G	PRODUIT de la négociation en France à 56. d. $\frac{1}{4}$ — L.	S.	D.	PRODUIT de la négociation en France à 56. d. $\frac{3}{8}$ — L.	S.	D.	PRODUIT de la négociation en France à 56. d. $\frac{1}{2}$ — L.	S.	D.
ECUS.	Fl.	S.	P.	L.	S.	D.	G	L.	S.	D.	L.	S.	D.	L.	S.	D.
1000	1431	5	.	238	10	10	.	3053	6	8	3046	11	3	3039	16	5
900	1288	2	8	214	13	9	.	2748	.	.	2741	18	1	2735	16	9
800	1145	.	.	190	16	8	.	2442	13	4	2437	5	.	2431	17	1
700	1001	17	8	166	19	7	.	2137	6	8	2132	11	10	2127	17	5
600	858	15	.	143	2	6	.	1832	.	.	1827	18	9	1823	17	10
500	715	12	8	119	5	5	.	1526	13	4	1523	5	7	1519	18	2
400	572	10	.	95	8	4	.	1221	6	8	1218	12	6	1215	18	6
300	429	7	8	71	11	3	.	916	.	.	913	19	4	911	18	11
200	286	5	.	47	14	2	.	610	13	4	609	6	3	607	19	3
100	143	2	8	23	17	1	.	305	6	8	304	13	1	303	19	7
90	128	16	4	21	9	4	.	274	16	.	274	3	9	273	11	7
80	114	10	.	19	1	8	.	244	5	4	243	14	5	243	3	8
70	100	3	12	16	13	11	.	213	14	8	213	5	1	212	15	8
60	85	17	8	14	6	3	.	183	4	.	182	15	10	182	7	9
50	71	11	4	11	18	6	.	152	13	4	152	6	6	151	19	9
40	57	5	.	9	10	10	.	122	2	8	121	17	2	121	11	10
30	42	18	12	7	3	1	.	91	12	.	91	7	11	91	3	10
20	28	12	8	4	15	5	.	61	1	4	60	18	7	60	15	11
10	14	6	4	2	7	8	.	30	10	8	30	9	3	30	7	11
9	12	17	10	2	2	10	.	27	9	7	27	8	3	27	7	1
8	11	9	.	1	18	1	.	24	8	6	24	7	4	24	6	4
7	10	.	6	1	13	4	.	21	7	5	21	6	5	21	5	6
6	8	11	12	1	8	7	.	18	6	4	18	5	6	18	4	9
5	7	3	2	1	3	10	.	15	5	4	15	4	7	15	3	11
4	5	14	8	.	19	.	.	12	4	3	12	3	8	12	3	2
3	4	5	14	.	14	3	.	9	3	2	9	2	9	9	2	4
2	2	17	4	.	9	6	.	6	[illegible]	1	6	1	10	6	1	7
1	1	8	10	.	4	9	.	3	.	.	3	.	11	3	.	9
15 ſ	1	1	7	.	3	6		2	5	9	2	5	7	2	5	6
10	.	14	5	.	2	4		1	10	6	1	10	5	1	10	4
5	.	7	2	.	1	2		.	15	3	.	15	2	.	15	2
4	.	4	4	.	.	11		.	12	2	.	12	2	.	12	2
3	.	3	3	.	.	7		.	9	1	.	9	1	.	9	1
2	.	2	2	.	.	5		.	6	1	.	6	1	.	6	1
1	.	1	1	.	.	2		.	3	.	.	3	.	.	3	.
9 d	.	.	9	.	.	1		.	2	3	.	2	3	.	2	3
6	.	.	6	.	.	1		.	1	6	.	1	6	.	1	6
4	.	.	4	.	.	.		.	1	.	.	1	.	.	1	.
3	.	.	3	.	.	.		.	.	9	.	.	9	.	.	9
2	.	.	2	.	.	.		.	.	6	.	.	6	.	.	6
1	.	.	1	.	.	.		.	.	3	.	.	3	.	.	3

LA FRANCE
Tire
SUR LA HOLLANDE
à 57. den. 1/4 de Gros par Ecu de change.

ECUS de change tirez & négociez.	PRODUIT de la négociation en France à 56. d. 5/8			PRODUIT de la négociation en France à 56. d. 3/4			PRODUIT de la négociation en France à 56. d. 7/8			PRODUIT de la négociation en France à 57. d.			PRODUIT de la négociation en France à 57. d. 1/8		
ECUS.	L.	S.	D.	L.	S.	D.	L.	S.	D.	L.	S.	D.	L.	S.	D.
1000	3033	2	3	3026	8	7	3019	15	7	3013	3	1	3006	11	3
900	2729	16		2723	15	8	2717	16		2711	16	9	2705	18	1
800	2426	9	9	2421	2	10	2415	16	5	2410	10	5	2405	5	
700	2123	3	6	2118	10		2113	16	10	2109	4	1	2104	11	10
600	1819	17	4	1815	17	1	1811	17	4	1807	17	10	1803	18	9
500	1516	11	1	1513	4	3	1509	17	9	1506	11	6	1503	5	7
400	1213	4	10	1210	11	5	1207	18	2	1205	5	2	1202	12	6
300	909	18	8	907	18	6	905	18	8	903	18	11	901	19	4
200	606	12	5	605	5	8	603	19	1	602	12	7	601	6	3
100	303	6	2	302	12	10	301	19	6	301	6	3	300	13	1
90	272	19	6	272	7	6	271	15	6	271	3	7	270	11	9
80	242	12	11	242	2	3	241	11	7	241	1		240	10	5
70	212	6	3	211	16	11	211	7	7	210	18	4	210	9	1
60	181	19	8	181	11	8	181	3	8	180	15	9	180	7	10
50	151	13	1	151	6	5	150	19	9	150	13	1	150	6	6
40	121	6	5	121	1	1	120	15	9	120	10	6	120	5	2
30	90	19	10	90	15	10	90	11	10	90	7	10	90	3	11
20	60	13	2	60	10	6	60	7	10	60	5	3	60	2	7
10	30	6	7	30	5	3	30	3	11	30	2	7	30	1	3
9	27	5	11	27	4	8	27	3	6	27	2	3	27	1	1
8	24	5	3	24	4	2	24	3	1	24	2		24	1	
7	21	4	7	21	3	8	21	2	8	21	1	9	21		10
6	18	3	11	18	3	1	18	2	4	18	1	6	18		9
5	15	3	3	15	2	7	15	1	11	15	1	3	15		7
4	12	2	7	12	2	1	12	1	6	12	1		12		6
3	9	1	11	9	1	6	9	1	2	9		9	9		4
2	6	1	5	6	[illegible]	[illegible]	6		9	6		6	6		3
1	3		7	3		6	3		4	3		3	3		1
15 ſ	2	5	5	2	5	4	2	5	3	2	5	2	2	5	
10	1	10	3	1	10	3	1	10	2	1	10	1	1	10	
5		15	1		15	1		15	1		15			15	
4		12	1		12	1		12			12			12	
3		9			9			9			9			9	
2		6			6			6			6			6	
1		3			3			3			3			3	
9 d	2	3		2	3		2	3		2	3		2	3	
6	1	6		1	6		1	6		1	6		1	6	
4	1			1			1			1			1		
3			9			9			9			9			9
2			6			6			6			6			6
1			3			3			3			3			3

LA FRANCE
Tire
SUR LA HOLLANDE
à 57. den. $\frac{1}{4}$ de Gros par Ecu de change.

ECUS de change tirez & négociez.	PRODUIT de la négociation en France à 57. d. $\frac{3}{8}$			PRODUIT de la négociation en France à 57. d. $\frac{1}{2}$			PRODUIT de la négociation en France à 57. d. $\frac{5}{8}$			PRODUIT de la négociation en France à 57. d. $\frac{3}{4}$			PRODUIT de la négociation en France à 57. d. $\frac{7}{8}$		
ECUS.	L.	S.	D.	L.	S.	D.	L.	S.	D.	L.	S.	D.	L.	S.	D.
1000	2993	9	3	2986	19	1	2980	7	6	2974		6	2967	12	
900	2694	2	3	2688	5	2	2682	6	9	2676	12	5	2670	16	9
800	2394	15	4	2389	11	3	2384	6		2379	4	4	2374	1	7
700	2095	8	5	2090	17	4	2086	5	3	2081	16	4	2077	6	4
600	1796	1	6	1792	3	5	1788	4	6	1784	8	3	1780	11	2
500	1496	14	7	1493	9	6	1490	3	9	1487		3	1483	16	
400	1197	7	8	1194	15	7	1192	3		1189	12	2	1187		9
300	898		9	896	1	8	894	2	3	892	4	1	890	5	7
200	598	13	10	597	7	9	596	1	6	594	16	1	593	10	4
100	299	6	11	298	13	10	298		9	297	8		296	15	2
90	269	8	2	268	16	5	268	4	8	267	13	2	267	1	7
80	239	9	6	238	19		238	8	7	237	13	4	237	8	1
70	209	10	10	209	1	8	208	12	6	208	3	7	207	14	7
60	179	12	1	179	4	3	178	16	5	178	8	9	178	1	1
50	149	13	5	149	6	11	149		4	148	14		148	7	7
40	119	14	9	119	9	6	119	4	3	118	19	2	118	14	
30	89	16		89	12	1	89	8	2	89	4	4	89		6
20	59	17	4	59	14	9	59	12	1	59	9	7	59	7	
10	29	18	8	29	17	4	29	16		29	14	9	29	13	6
9	26	18	9	26	17	7	26	16	4	26	15	3	26	14	1
8	23	18	11	23	17	10	23	16	9	23	15	9	23	14	9
7	20	19		20	18	1	20	17	2	20	16	3	20	15	5
6	17	19	2	17	18	4	17	17	7	17	16	10	17	16	1
5	14	19	4	14	18	8	14	18		14	17	4	14	16	9
4	11	19	5	11	18	11	11	18	4	11	17	10	11	17	4
3	8	19	7	8	19	2	8	18	9	8	18	5	8	18	
2	5	19	8	5	19	5	5	19	2	5	18	11	5	18	8
1	2	19	10	2	19	8	2	19	7	2	19	5	2	19	4
15 s	2	4	11	2	4	9	2	4	8	2	4	6	2	4	6
10	1	9	11	1	9	10	1	9	9	1	9	8	1	9	8
5		14	11		14	11		14	10		14	10		14	10
4		11	11		11	11		11	11		11	10		11	10
3		8	11		8	11		8	11		8	10		8	10
2		5	11		5	11		5	11		5	11		5	11
1		2	11		2	11		2	11		2	11		2	11
9 d.		2	1		2	1		2	1		2	1		2	1
6		1	5		1	5		1	5		1	5		1	5
4			11			11			11			11			11
3			8			8			8			8			8
			5			5			5			5			5
1			2			2			2			2			2

LA FRANCE
Tire
SUR LA HOLLANDE
à 57. den. $\frac{1}{4}$ de Gros par Ecu de change.

ECUS de change tirez & négociez.	PRODUIT de la négociation en France à 58. den.			PRODUIT de la négociation en France à 58. d. $\frac{1}{8}$			PRODUIT de la négociation en France à 58. d. $\frac{1}{4}$		
ECUS.	L.	S.	D.	L.	S.	D.	L.	S.	D.
1000	2961	4	1	2954	16	9	2948	9	11
900	2665	1	8	2659	7		2653	12	11
800	2368	19	3	2363	17	4	2358	15	11
700	2072	16	10	2068	7	8	2063	18	11
600	1776	14	5	1772	18		1769	1	11
500	1480	12		1477	8	4	1474	4	11
400	1184	9	7	1181	18	8	1179	7	11
300	888	7	2	886	9		884	10	11
200	592	4	9	590	19	4	589	13	11
100	296	2	4	295	9	8	294	16	11
90	266	10	1	265	18	8	265	7	4
80	236	17	10	236	7	8	235	17	6
70	207	5	7	206	16	9	206	7	10
60	177	13	4	177	5	9	176	18	1
50	148	1	2	147	14	10	147	8	5
40	118	8	11	118	3	10	117	18	9
30	88	16	8	88	12	10	88	9	
20	59	4	5	59	1	11	58	19	4
10	29	12	2	29	10	11	29	9	8
9	26	12	11	26	11	9	26	10	8
8	23	13	8	23	12	8	23	11	8
7	20	14	6	20	13	7	20	12	9
6	17	15	3	17	14	6	17	13	9
5	14	16	1	14	15	5	14	14	10
4	11	16	10	11	16	4	11	15	10
3	8	17	7	8	17	3	8	16	10
2	5	18	5	5	18	2	5	17	11
1	2	19	2	2	19	1	2	18	11
15 f	2	4	4	2	4	3	2	4	2
10	1	9	7	1	9	6	1	9	5
5		14	9		14	9		14	8
4		11	10		11	9		11	9
3		8	10		8	9		8	9
2		5	11		5	10		5	10
1		2	11		2	11		2	11
9 d.		2	2		2	2		2	2
6		1	5		1	5		1	5
4			11			11			11
3			8			8			8
2			5			5			5
1			2			2			2

LA FRANCE
Tire
SUR LA HOLLANDE
à 57 den. ⅜ de Gros par Ecu de change.

ECUS de change tirez ou negociez.	VALEUR en Hollande sur le pied de la Traite en Florins.			VALEUR en Hollande &c. en liv. de Gros.				PRODUIT de la negociation en France à 56 d. ⅜			PRODUIT de la negociation en France à 56 d. ½			PRODUIT de la negociation en France à 56 d. ⅝		
ECUS.	Fl.	S.	P.	L.	S.	D.	G	L.	S.	D.	L.	S.	D.	L.	S.	D.
1000	1434	7	8	239	1	3		3053	4	3	3046	9	2	3039	14	8
900	1290	18	12	215	3	1		2747	17	9	2741	16	3	2735	15	2
800	1147	10		191	5			2442	11	4	2437	3	4	2431	15	8
700	1004	1	4	167	6	10		2137	4	11	2132	10	5	2127	16	3
600	860	12	8	143	8	9		1831	18	6	1827	17	6	1823	16	9
500	717	3	12	119	10	7		1526	12	1	1523	4	7	1519	17	4
400	573	15		95	12	6		1221	5	8	1218	11	8	1215	17	10
300	430	6	4	71	14	4		915	19	3	913	18	9	911	18	4
200	286	17	8	47	16	3		610	12	10	609	5	10	607	18	11
100	143	8	12	23	18	1		305	6	5	304	12	11	303	19	5
90	129	1	14	21	10	3		274	15	9	274	3	7	273	11	5
80	114	15		19	2	5		244	5	1	243	14	4	243	3	6
70	100	8	2	16	14	7		213	14	5	213	5		212	15	7
60	86	1	4	14	6	10		183	3	10	182	15	9	182	7	7
50	71	14	6	11	19			152	13	2	152	6	5	151	19	8
40	57	7	8	9	11	2		122	2	6	121	17	2	121	11	9
30	43		10	7	3	9		91	11	11	91	7	10	91	3	9
20	28	13	12	4	15	7		61	1	3	60	18	7	60	15	10
10	14	6	14	2	7	5		30	10	7	30	9	3	30	7	11
9	12	18	3	2	2	11		27	9	6	27	8	3	27	7	1
8	11	9	8	1	18	2		24	8	5	24	7	4	24	6	4
7	10		13	1	13	5		21	7	4	21	6	5	21	5	6
6	8	12	2	1	8	7		18	6	4	18	5	6	18	4	9
5	7	3	7	1	3	10		15	5	3	15	4	7	15	3	11
4	5	14	12		19	1		12	4	2	12	3	8	12	3	2
3	4	6	1		14	3		9	3	2	9	2	9	9	2	4
2	2	17	6		9	6		6	2	1	6	1	10	6	1	7
1	1	8	11		4	9		3	1		3		11	3		9
15 s	1	1	7		3	6		2	5	9	2	5	7	2	5	6
10		14	5		2	4		1	10	6	1	10	5	1	10	4
5		7	2		1	2			15	3		15	2		15	2
4		5	11			11			12	2		12	2		12	1
3		4	3			7			9	1		9	1		9	
2		2	13			5			6	1		6	1		6	
1		1	6			2			3			3			3	
9 d			1			1			2	3		2	3		2	3
6			11			1			1	6		1	6		1	6
4			7						1			1			1	
3			5							9			9			9
2			3							6			6			6
1			1							3			2			3

LA FRANCE
Tire
SUR LA HOLLANDE
à 57 den. $\frac{3}{8}$ de Gros par Ecus de change.

ECUS de change tirez ou negociez.	PRODUIT de la negociation en France à 56 d. $\frac{3}{4}$			PRODUIT de la negociation en France à 56 d. $\frac{7}{8}$			PRODUIT de la negociation en France à 57 d.			PRODUIT de la negociation en France à 57 d. $\frac{1}{8}$			PRODUIT de la negociation en France à 57 d. $\frac{1}{4}$		
ECUS.	L.	S.	D.	L.	S.	D.	L.	S.	D.	L.	S.	D.	L.	S.	D.
1000 …	3033		9	3026	7	5	3019	14	8	3013	2	6	3006	11	
900 …	2729	14	8	2723	14	8	2717	15	2	2711	16	3	2705	17	10
800 …	2426	8	7	2421	1	11	2415	15	8	2410	10		2405	4	9
700 …	2123	2	6	2118	9	2	2113	16	3	2109	3	9	2104	11	8
600 …	1819	16	5	1815	16	5	1811	16	9	1807	17	6	1803	18	7
500 …	1516	10	4	1513	3	8	1509	17	4	1506	11	3	1503	5	6
400 …	1213	4	3	1210	10	11	1207	17	10	1205	5		1202	12	4
300 …	909	18	2	907	18	2	905	18	4	903	18	9	901	19	3
200 …	606	12	1	605	5	5	603	18	11	602	12	6	601	6	2
100 …	303	6		302	12	8	301	19	5	301	6	3	300	13	1
90 …	272	19	4	272	7	4	271	15	5	271	3	7	270	11	9
80 …	242	12	9	242	2	1	241	11	6	241	1		240	10	5
70 …	212	6	2	211	16	10	211	7	7	210	18	4	210	9	1
60 …	181	19	7	181	11	7	181	3	7	180	15	9	180	7	10
50 …	151	13		151	6	4	150	19	8	150	13	1	150	6	6
40 …	121	6	4	121	1		120	15	9	120	10	6	120	5	2
30 …	90	19	9	90	15	9	90	11	9	90	7	10	90	3	11
20 …	60	13	2	60	10	6	60	7	10	60	5	3	60	2	7
10 …	30	6	7	30	5	3	30	3	11	30	2	7	30	1	3
9 …	27	5	11	27	4	8	27	3	6	27	2	3	27	1	1
8 …	24	5	3	24	4	2	24	3	1	24	2		24	1	
7 …	21	4	7	21	3	8	21	2	8	21	1	9	21		10
6 …	18	3	11	18	3	1	18	2	4	18	1	6	18		9
5 …	15	3	3	15	2	7	15	1	11	15	1	3	15		7
4 …	12	2	7	12	2	1	12	1	6	12	1		12		6
3 …	9	1	11	9	1	6	9	1	2	9		9	9		4
2 …	6	1	3	6	1		6		9	6		6	6		3
1 …	3		7	3		6	3		4	3		3	3		1
15 ſ …	2	5	4	2	5	3	2	5	3	2	5	1	2	5	
10 …	1	10	3	1	10	3	1	10	2	1	10	1	1	10	
5 …		15	1		15	1		15	1		15			15	
4 …		12	1		12	1		12			12			12	
3 …		9			9			9			9			9	
2 …		6			6			6			6			6	
1 …		3			3			3			3			3	
9 d		2	3		2	3		2	3		2	3		2	3
6		1	6		1	6		1	6		1	6		1	6
4		1			1			1			1			1	
3			9			9			9			9			9
2			6			6			6			6			6
1			3			3			3			3			3

LA FRANCE
Tire
SUR LA HOLLANDE
à 57 den. $\frac{7}{8}$ de Gros par Ecu de change.

ECUS de change tirez ou negociez	PRODUIT de la negociation en France à 57 d. $\frac{1}{2}$			PRODUIT de la negociation en France à 57 d. $\frac{5}{8}$			PRODUIT de la negociation en France à 57 d. $\frac{3}{4}$			PRODUIT de la negociation en France à 57 d. $\frac{7}{8}$			PRODUIT de la négociation en France à 58 d.		
ECUS.	L.	S.	D.	L.	S.	D.	L.	S.	D.	L.	S.	D.	L.	S.	D.
1000	2993	9	6	2986	19	8	2980	10	4	2974	1	7	2967	13	5
900	2694	2	6	2688	5	8	2682	9	3	2676	13	5	2670	18	
800	2394	15	7	2389	11	8	2384	8	3	2379	5	3	2374	2	8
700	2095	8	7	2090	17	9	2086	7	2	2081	17	1	2077	7	4
600	1796	1	8	1792	3	9	1788	6	2	1784	8	11	1780	12	
500	1496	14	9	1493	9	10	1490	5	2	1487		9	1483	16	8
400	1197	7	9	1194	15	10	1192	4	1	1189	12	7	1187	1	4
300	898		10	896	1	10	894	3	1	892	4	5	890	6	
200	598	13	10	597	7	11	596	2		594	16	3	593	10	8
100	299	6	11	298	13	11	298	1		297	8	1	296	15	4
90	269	8	2	268	16	6	268	4	10	267	13	3	267	1	9
80	239	9	6	238	19	1	238	8	9	237	18	5	237	8	3
70	209	10	10	209	1	8	208	12	8	208	3	7	207	14	8
60	179	12	1	179	4	4	178	16	7	178	8	10	178	1	2
50	149	13	5	149	6	11	149		6	148	14		148	7	8
40	119	14	9	119	9	6	119	4	4	118	19	2	118	14	1
30	89	16		89	12	2	89	8	3	89	4	5	89		7
20	59	17	4	59	14	9	59	12	2	59	9	7	59	7	
10	29	18	8	29	17	4	29	16	1	29	14	9	29	13	6
9	26	18	9	26	17	7	26	16	5	26	15	3	26	14	1
8	23	18	11	23	17	10	23	16	10	23	15	9	23	14	9
7	20	19		20	18	1	20	17	3	20	16	3	20	15	5
6	17	19	2	17	18	4	17	17	7	17	16	10	17	16	1
5	14	19	4	14	18	8	14	18		14	17	4	14	16	9
4	11	19	5	11	18	11	11	18	5	11	17	10	11	17	4
3	8	19	7	8	19	2	8	18	9	8	18	5	8	18	
2	5	19	8	5	19	5	5	19	2	5	18	11	5	18	8
1	2	19	10	2	19	8	2	19	7	2	19	5	2	19	4
15 ſ	2	4	10	2	4	9	2	4	7	2	4	6	2	4	6
10	1	9	11	1	9	10	1	9	9	1	9	8	1	9	8
5		14	11		14	11		14	10		14	10		14	10
4		11	11		11	11		11	11		11	10		11	10
3		8	10		8	10		8	10		8	10		8	10
2		5	11		5	11		5	11		5	11		5	11
1		2	11		2	11		2	11		2	11		2	11
9 d		2	1		2	1		2	1		2	1		2	1
6		1	5		1	5		1	5		1	5		1	5
4			11			11			11			11			11
3			8			8			8			8			8
2			5			5			5			5			5
1			2			2			2			2			2

LA FRANCE
Tire
SUR LA HOLLANDE
à 57 den. $\frac{1}{8}$ de Gros par Ecu de change.

ECUS le change tirez ou negociez.	PRODUIT de la negociation en France à 58 d. $\frac{1}{8}$			PRODUIT de la negociation en France à 58 d. $\frac{1}{4}$			PRODUIT de la negociation en France à 58 d. $\frac{3}{8}$		
ECUS.	L.	S.	D.	L.	S.	D.	L.	S.	D.
1000	2961	5	9	2954	18	8	2948	12	2
900	2665	3	2	2659	8	9	2653	14	11
800	2369		7	2363	18	11	2358	17	8
700	2072	18		2068	9		2064		6
600	1776	15	5	1772	19	2	1769	3	3
500	1480	12	10	1477	9	4	1474	6	1
400	1184	10	3	1181	19	5	1179	8	10
300	888	7	8	886	9	7	884	11	7
200	592	5	1	590	19	8	589	14	5
100	296	2	6	295	9	10	294	17	2
90	266	10	3	265	18	10	265	7	5
80	236	18		236	7	10	235	17	8
70	207	5	9	206	16	10	206	8	
60	177	13	6	177	5	10	176	18	3
50	148	1	3	147	14	11	147	8	7
40	118	9		118	3	11	117	18	10
30	88	16	9	88	12	11	88	9	1
20	59	4	6	59	1	11	58	19	5
10	29	12	3	29	10	11	29	9	8
9	26	13		26	11	9	26	10	8
8	23	13	9	23	12	8	23	11	8
7	20	14	6	20	13	7	20	12	9
6	17	15	4	17	14	6	17	13	9
5	14	16	1	14	15	5	14	14	10
4	11	16	10	11	16	4	11	15	10
3	8	17	8	8	17	3	8	16	10
2	5	18	5	5	18	2	5	17	11
1	2	19	2	2	19	1	2	18	11
15 s	2	4	4	2	4	3	2	4	1
10	1	9	7	1	9	6	1	9	5
5		14	9		14	9		14	8
4		11	10		11	9		11	9
3		8	10		8	9		8	9
2		5	11		5	10		5	10
1		2	11		2	11		2	11
9 d		2	1		2	1		2	1
6		1	5		1	5		1	5
4			11			11			11
3			8			8			8
2			5			5			5
1			2			2			2

LA FRANCE
Tire
SUR LA HOLLANDE
à 70. den. $\frac{1}{2}$ de Gros par Ecu de change.

ECUS de change tirez & negociez.	VALEUR en Hollande sur le pied de la traitte en Florins			VALEUR en Hollande &c. en liv. de Gros.			PRODUIT de la négociation en France à 69. d. $\frac{1}{2}$			PRODUIT de la negociation en France à 69. d. $\frac{5}{8}$			PRODUIT de la nego.iation en France à 69. d. $\frac{3}{4}$		
ECUS.	Fl.	S.	P.	L.	S.	D.G	L.	S.	D.	L.	S.	D.	L.	S.	D.
1000	1762	10		293	15		3043	3	3	3037	14		3032	5	1
900	1586	5		264	7	6	2738	16	11	2733	18	7	2729		6
800	1410			235			2434	10	7	2430	3	2	2425	16	
700	1233	15		205	12	6	2130	4	3	2126	7	9	2122	11	6
600	1057	10		176	5		1825	17	11	1822	12	4	1819	7	
500	881	5		146	17	6	1521	11	7	1518	17		1516	2	6
400	705			117	10		1217	5	3	1215	1	7	1212	18	
300	528	15		88	2	6	912	18	11	911	6	2	909	13	6
200	352	10		58	15		608	12	7	607	10	9	606	9	
100	176	5		29	7	6	304	6	3	303	15	4	303	4	6
90	158	12	8	26	8	9	273	17	7	273	7	9	272	18	
80	141			23	10		243	9		243		3	242	11	7
70	123	7	8	20	11	3	213		4	212	12	8	212	5	1
60	105	15		17	12	6	182	11	9	182	5	2	181	18	8
50	88	2	8	14	13	9	152	3	1	151	17	8	151	12	3
40	70	10		11	15		121	14	6	121	10	1	121	5	9
30	52	17	8	8	16	3	91	5	10	91	2	7	90	19	4
20	35	5		5	17	6	60	17	3	60	15		60	12	10
10	17	12	8	2	18	9	30	8	7	30	7	6	30	6	5
9	15	17	4	2	12	10	27	7	8	27	6	9	27	5	9
8	14	2		2	7		24	6	10	24	6		24	5	1
7	12	6	12	2	1	1	21	6		21	5	3	21	4	5
6	10	11	8	1	15	3	18	5	1	18	4	6	18	3	10
5	8	16	4	1	9	4	15	4	3	15	3	9	15	3	2
4	7	1		1	3	6	12	3	5	12	3		12	2	6
3	5	5	12		17	7	9	2	6	9	2	3	9	1	11
2	3	10	8		11	9	6	1	8	6	1	6	6	1	3
1	1	15	4		5	10	3		10	3		9	3		7
15 ſ	1	6	7		4	4	2	5	7	2	5	6	2	5	5
10		17	10		2	11	1	10	5	1	10	4	1	10	3
5		8	13		1	5		15	2		15	2		15	1
4		7			1	2		12	2		12	1		12	1
3		5	4			10		9	1		9	1		9	1
2		3	8			7		6	1		6			6	1
1		1	12			3		3			3			3	
9 d		1	5			2		2	3		2	3		2	3
6			14			1		1	6		1	6		1	6
4			9			1		1			1			1	
3			7						9			9			9
2			4						6			6			6
1			2						3			3			3

E

LA FRANCE
Tire
SUR LA HOLLANDE
à 70. den. $\frac{1}{2}$ de Gros par Ecu de change.

ECUS de change tirez & negociez	PRODUIT de la negociation en France à 69. d. $\frac{7}{8}$			PRODUIT de la negociation en France à 70. d.			PRODUIT de la negociation en France à 70. d. $\frac{1}{8}$			PRODUIT de la negociation en France à 70. d. $\frac{1}{4}$			PRODUIT de la negociation en France à 70. d. $\frac{3}{8}$		
ECUS.	L.	S.	D.	L.	S.	D.	L.	S.	D.	L.	S.	D.	L.	S.	D.
1000	3026	16	8	3021	8	6	3016		10	3010	13	6	3005	6	6
900	2724	3		2719	5	7	2714	8	9	2709	12	1	2704	15	10
800	2421	9	4	2417	2	9	2412	16	8	2408	10	9	2404	5	2
700	2118	15	8	2114	19	11	2111	4	7	2107	9	5	2103	14	6
600	1816	2		1812	17	1	1809	12	6	1806	8	1	1803	3	10
500	1513	8	4	1510	14	3	1508		5	1505	6	9	1502	13	3
400	1210	14	8	1208	11	4	1206	8	4	1204	5	4	1202	2	7
300	908	1		906	8	6	904	16	3	903	4		901	11	11
200	605	7	4	604	5	8	603	4	2	602	2	8	601	1	3
100	302	13	8	302	2	10	301	12	1	301	1	4	300	10	7
90	272	8	3	271	18	6	271	8	10	270	19	2	270	9	6
80	242	2	11	241	14	3	241	5	8	240	17		240	8	5
70	211	17	6	211	9	11	211	2	5	210	14	11	210	7	4
60	181	12	2	181	5	8	180	19	3	180	12	9	180	6	4
50	151	6	10	151	1	5	150	16		150	10	8	150	5	3
40	121	1	5	120	17	1	120	12	10	120	8	6	120	4	2
30	90	16	1	90	12	10	90	9	7	90	6	4	90	3	2
20	60	10	8	60	8	6	60	6	5	60	4	3	60	2	1
10	30	5	4	30	4	3	30	3	2	30	2	1	30	1	
9	27	4	9	27	3	9	27	2	10	27	1	10	27		10
8	24	4	3	24	3	4	24	2	6	24	1	8	24		9
7	21	3	8	21	2	11	21	2	2	21	1	5	21		8
6	18	3	2	18	2	6	18	1	10	18	1	3	18		7
5	15	2	8	15	2	1	15	1	7	15	1		15		6
4	12	2	1	12	1	8	12	1	3	12		10	12		4
3	9	1	7	9	1	3	9		11	9		7	9		3
2	6	1		6		10	6		7	6		5	6		2
1	3		6	3		5	3		3	3		2	3		1
15 s	2	5	4	2	5	3	2	5	2	2	5	1	2	5	
10	1	10	3	1	10	2	1	10	1	1	10	1	1	10	
5		15	1		15	1		15			15			15	
4		12	1		12	1		12			12			12	
3		9	1		9			9			9			9	
2		6			6			6			6			6	
1		3			3			3			3			3	
9 d		2	3		2	3		2	3		2	3		2	3
6		1	6		1	6		1	6		1	6		1	6
4		1			1			1			1			1	
3			9			9			9			9			9
2			6			6			6			6			6
1			3			3			3			3			3

LA FRANCE
Tire
SUR LA HOLLANDE
à 70. den. $\frac{1}{2}$ de Gros par Ecu de change.

ECUS de change tirez & negociéz.	PRODUIT de la negociation en France à 70. d. $\frac{5}{8}$			PRODUIT de la negociation en France à 70. d. $\frac{3}{4}$			PRODUIT de la negociation en France à 70. d. $\frac{7}{8}$			PRODUIT de la negociation en France à 71. d.			PRODUIT de la negociation en France à 71. d. $\frac{1}{8}$		
ECUS.	L.	S.	D.	L.	S.	D.	L.	S.	D.	L.	S.	D.	L.	S.	D.
1000	2994	13	9·	2989	7	11·	2984	2	6·	2978	17	5·	2973	12	9
900	2695	4	4·	2690	9	1·	2685	14	3·	2680	19	8·	2676	5	5
800	2395	15	·	2391	10	4·	2387	6	·	2383	1	11·	2378	18	2
700	2096	5	7·	2092	11	6·	2088	17	9·	2085	4	2·	2081	10	11
600	1796	16	3·	1793	12	9·	1790	9	6·	1787	6	5·	1784	3	7
500	1497	6	10·	1494	13	11·	1492	1	3·	1489	8	8·	1486	16	4
400	1197	17	6·	1195	15	2·	1193	13	·	1191	10	11·	1189	9	1
300	898	8	1·	896	16	4·	895	4	9·	893	13	2·	892	1	9
200	598	18	9·	597	17	7·	596	16	6·	595	15	5·	594	14	6
100	299	9	4·	298	18	9·	298	8	3·	297	17	8·	297	7	3
90	269	10	4·	269		10·	268	11	5·	268	1	10·	267	12	6
80	239	11	5·	239	3	·	238	14	7·	238	6	1·	237	17	9
70	209	12	6·	209	5	1·	208	17	9·	208	10	4·	208	3	
60	179	13	7·	179	7	3·	179		11·	178	14	7·	178	8	4
50	149	14	8·	149	9	4·	149	4	1·	148	18	10·	148	13	7
40	119	15	8·	119	11	6·	119	7	3·	119	3	·	118	18	10
30	89	16	9·	89	13	7·	89	10	5·	89	7	3·	89	4	2
20	59	17	10·	59	15	9·	59	13	7·	59	11	6·	59	9	5
10	29	18	11·	29	17	10·	29	16	9·	29	15	9·	29	14	8
9	26	19	·	26	18	·	26	17	·	26	16	2·	26	15	2
8	23	19	1·	23	18	3·	23	17	4·	23	16	7·	23	15	8
7	20	19	2·	20	18	5·	20	17	8·	20	17	·	20	16	3
6	17	19	4·	17	18	8·	17	18	·	17	17	5·	17	16	9
5	14	19	5·	14	18	11·	14	18	4·	14	17	10·	14	17	4
4	11	19	6·	11	19	1·	11	18	8·	11	18	3·	11	17	10
3	8	19	8·	8	19	4·	8	19	·	8	18	8·	8	18	4
2	5	19	9·	5	19	6·	5	19	4·	5	19	1·	5	18	11
1	2	19	10·	2	19	9·	2	19	8·	2	19	6·	2	19	5
15 ſ	2	4	10·	2	4	9·	2	4	9·	2	4	7·	2	4	6
10	1	9	11·	1	9	10·	1	9	10·	1	9	9·	1	9	8
5		14	11·		14	11·		14	11·		14	10·		14	10
4		11	11·		11	11·		11	11·		11	11·		11	10
3		8	11·		8	11·		8	11·		8	10·		8	10
2		5	11·		5	11·		5	11·		5	11·		5	11
1		2	11·		2	11·		2	11·		2	11·		2	11
9 d		2	2·		2	2·		2	2·		2	2·		2	2
6		1	5·		1	5·		1	5·		1	5·		1	5
4			11·			11·			11·			11·			11
3			8·			8·			8·			8·			8
2			5·			5·			5·			5·			5
1			2·			2·			2·			2·			2

LA FRANCE
Tire
SUR LA HOLLANDE
à 70. den. $\frac{1}{2}$ de Gros par Ecu de change.

ECUS de change tirez & negociez.	PRODUIT de la negociation en France à 71. d. $\frac{1}{4}$			PRODUIT de la negociation en France à 71. d. $\frac{3}{8}$			PRODUIT de la negociation en France à 71. d. $\frac{1}{2}$		
ECUS.	L.	S.	D.	L.	S.	D.	L.	S.	D.
1000	2968	8	5	2963	4	5	2958		10
900	2671	11	6	2666	17	11	2662	4	9
800	2374	14	8	2370	11	6	2366	8	8
700	2077	17	10	2074	5	1	2070	12	7
600	1781	1		1777	18	7	1774	16	6
500	1484	4	2	1481	12	2	1479		5
400	1187	7	4	1185	5	9	1183	4	4
300	890	10	6	888	19	3	887	8	3
200	593	13	8	592	12	10	591	12	2
100	296	16	10	296	6	5	295	16	1
90	267	3	1	266	13	9	266	4	5
80	237	9	5	237	1	1	236	12	10
70	207	15	9	207	8	5	207	1	3
60	178	2	1	177	15	10	177	9	7
50	148	8	5	148	3	2	147	18	
40	118	14	8	118	10	6	118	6	5
30	89	1		88	17	11	88	14	9
20	59	7	4	59	5	3	59	3	2
10	29	13	8	29	12	7	29	11	7
9	26	14	3	26	13	3	26	12	5
8	23	14	11	23	14		23	13	3
7	20	15	6	20	14	9	20	14	1
6	17	16	2	17	15	6	17	14	11
5	14	16	10	14	16	3	14	15	9
4	11	17	5	11	17		11	16	7
3	8	18	1	8	17	9	8	17	5
2	5	18	8	5	18	6	5	18	3
1	2	19	4	2	19	3	2	19	1
25 ſ	2	4	6	2	4	5	2	4	3
10	1	9	8	1	9	7	1	9	6
5		14	10		14	9		14	9
4		11	10		11	10		11	9
3		8	10		8	10		8	10
2		5	11		5	11		5	10
1		2	11		2	11		2	11
9 d		2	2		2	2		2	2
6		1	5		1	5		1	5
4			11			11			11
3			8			8			8
2			5			5			5
3			2			2			2

LA FRANCE
Tire
SUR LA HOLLANDE
70. den. ½ de Gros par Ecu de change.

ECUS de change tirez & négociez	VALEUR en Hollande sur le pied de la traitte en Florins			VALEUR en Hollande, &c. en liv. de Gros			PRODUIT de la négociation en France à 69. d. 5/8			PRODUIT de la négociation en France à 69. d. 3/4			PRODUIT de la négociation en France à 69. d. 7/8		
ECUS.	Fl.	S.	P.	L.	S.	D.G.	L.	S.	D.	L.	S.	D.	L.	S.	D.
1000	1765	12	8	294	5	5	3043	1	9	3037	12	8	3032	4	
900	1589	1	4	264	16	10	2738	15	6	2733	17	4	2728	19	7
800	1412	10		235	8	4	2434	9	4	2430	2	1	2425	15	2
700	1235	18	12	205	19	9	2130	3	2	2126	6	10	2122	10	9
600	1059	7	8	176	11	3	1825	17		1822	11	7	1819	6	4
500	882	16	4	147	2	8	1521	10	10	1518	16	4	1516	2	
400	706	5		117	14	2	1217	4	8	1215	1		1212	17	7
300	529	13	12	87	5	7	912	18	6	911	5	9	909	13	2
200	353	2	8	57	17	1	608	12	4	607	10	6	606	8	9
100	176	11	4	29	8	6	304	6	2	303	15	3	303	4	4
90	158	18	2	26	9	7	273	17	6	273	7	8	272	17	10
80	141	5		23	10	9	243	8	11	243		1	242	11	5
70	123	11	14	20	11	11	213		3	212	12	8	212	5	
60	105	18	12	17	13	1	182	11	8	182	5	1	181	18	7
50	88	5	10	14	14	3	152	3	1	151	17	7	151	12	2
40	70	12	8	11	15	4	121	14	5	121	10	1	121	5	8
30	52	19	6	8	16	6	91	5	10	91	2	6	90	19	3
20	35	6	4	5	17	8	60	17	2	60	15		60	12	10
10	17	13	2	2	18	10	30	8	7	30	7	6	30	6	5
9	15	17	13	2	12	11	27	7	8	27	6	9	27	5	9
8	14	2	8	2	7		24	6	10	24	6		24	5	2
7	12	7	3	2	1	2	21	6		21	5	3	21	4	5
6	10	11	14	1	15	3	18	5	1	18	4	6	18	3	10
5	8	16	9	1	9	5	15	4	3	15	3	9	15	3	2
4	7	1	4	1	3	6	12	3	5	12	3		12	2	6
3	5	5	15		17	7	9	2	6	9	2	3	9	1	11
2	3	10	10		11	9	6	1	8	6	1	6	6	1	3
1	1	15	5		5	10	3		10	3		9	3		7
15 ſ		1	6		4	4	2	5	7	2	5	6	2	5	5
10		17	10		2	11	1	10	5	1	10	4	1	10	3
5		8	13		1	5		15	3		15	2		15	1
4		7	1		1	2		12	2		12	1		12	1
3		5	4			10		9	1		9	1		9	1
2		3	8			7		6	1		6			6	
1		1	12			3		3			3			3	
9 d		1	5			2		2	3		2	3		2	3
6			14			1		1	6		1	6		1	6
4			9			1		1			1			1	
3			7						9			9			9
2			4						6			6			6
1			2						3			3			3

LA FRANCE
Tire
SUR LA HOLLANDE
70. den. $\frac18$ de Gros par Ecu de change.

ECUS de change tirez & négociez.	PRODUIT de la négociation en France à 70. d			PRODUIT de la négociation en France à 70. d. $\frac18$			PRODUIT de la négociation en France à 70. d. $\frac14$			PRODUIT de la négociation en France à 70. d. $\frac38$			PRODUIT de la négociation en France à 70. d. $\frac12$		
ECUS.	L.	S.	D.	L.	S.	D.	L.	S.	D.	L.	S.	D.	L.	S.	D.
1000	3026	15	8	3021	7	9	3016		3	3010	13	1	3005	6	4
900	2724	2	1	2719	4	11	2714	8	2	2709	11	9	2704	15	8
800	2421	8	6	2417	2	2	2412	16	2	2408	10	5	2404	5	
700	2118	14	11	2114	19	5	2111	4	2	2107	9	1	2103	14	5
600	1816	1	4	1812	16	7	1809	12	1	1806	7	10	1803	3	9
500	1513	7	10	1510	13	10	1508		1	1505	6	6	1502	13	2
400	1210	14	3	1208	11	1	1206	8	1	1204	5	2	1202	2	6
300	908		8	906	8	3	904	16		903	3	11	901	11	10
200	605	7	1	604	5	6	603	4		602	2	7	601	1	3
100	302	13	6	302	2	9	301	12		301	1	3	300	10	7
90	272	8	1	271	18	5	271	8	9	270	19	1	270	9	6
80	242	2	9	241	14	2	241	5	7	240	17		240	8	5
70	211	17	5	211	9	11	211	2	4	210	14	10	210	7	4
60	181	12	1	181	5	7	180	19	2	180	12	9	180	6	4
50	151	6	9	151	1	4	150	16		150	10	7	150	5	3
40	121	1	4	120	17	1	120	12	9	120	8	6	120	4	2
30	90	16		90	12	9	90	9	7	90	6	4	90	3	2
20	60	10	8	60	8	6	60	6	4	60	4	3	60	2	1
10	30	5	4	30	4	3	30	3	2	30	2	1	30	1	
9	27	4	9	27	3	9	27	2	10	27	1	10	27		10
8	24	4	3	24	3	4	24	2	6	24	1	8	24		9
7	21	3	8	21	2	11	21	2	2	21	1	5	21		8
6	18	3	2	18	2	6	18	1	10	18	1	3	18		7
5	15	2	8	15	2	1	15	1	7	15	1		15		6
4	12	2	1	12	1	8	12	1	3	12		10	12		4
3	9	1	7	9	1	3	9		11	9		7	9		3
2	6	1		6		10	6		7	6		5	6		2
1	3		6	3		5	3		3	3		2	3		1
15 ſ	2	5	4	2	5	3	2	5	2	2	5	1	2	5	
10	1	10	3	1	10	2	1	10	1	1	10	1	1	10	
5		15	1		15	1		15			15			15	
4		12	1		12	1		12			12			12	
3		9	1		9			9			9			9	
2		6			6			6			6			6	
1		3			3			3			3			3	
9 d		2	3		2	3		2	3		2	3		2	3
6		1	6		1	6		1	6		1	6		1	6
4		1			1			1			1			1	
3			9			9			9			9			9
2			6			6			6			6			6
1			3			3			3			3			3

LA FRANCE
Tire
SUR LA HOLLANDE
70. den. $\frac{5}{8}$ de Gros par Ecu de change.

ÉCUS de change tirez & négociez.	PRODUIT de la négociation en France à 70 d. $\frac{3}{4}$			PRODUIT de la négociation en France à 70. d. $\frac{7}{8}$			PRODUIT de la négociation en France à 71. d.			PRODUIT de la négociation en France à 71. d. $\frac{1}{8}$			PRODUIT de la négociation en France à 71. d. $\frac{1}{4}$		
ÉCUS.	L.	S.	D.	L.	S.	D.	L.	S.	D.	L.	S.	D.	L.	S.	D.
1000	2994	13	11	2989	8	4	2984	3	1	2978	18	2	2973	13	8
900	2695	4	6	2690	9	6	2685	14	9	2681		4	2676	6	3
800	2395	15	1	2391	10	8	2387	6	5	2383	2	6	2378	18	11
700	2096	5	8	2092	11	10	2088	18	1	2085	4	8	2081	11	6
600	1796	16	4	1793	13		1790	9	10	1787	6	10	1784	4	2
500	1497	6	11	1494	14	2	1492	1	6	1489	9	1	1486	16	10
400	1197	17	6	1195	15	4	1193	13	2	1191	11	3	1189	9	5
300	898	8	2	896	16	6	895	4	11	893	13	5	892	2	1
200	598	18	9	597	17	8	596	16	7	595	15	7	594	14	8
100	299	9	4	298	18	10	298	8	3	297	17	9	297	7	4
90	269	10	4	269		11	268	11	5	268	1	11	267	12	7
80	239	11	5	239	3		238	14	7	238	6	2	237	17	10
70	209	12	6	209	5	2	208	17	9	208	10	5	208	3	1
60	179	13	7	179	7	3	179		11	178	14	7	178	8	4
50	149	14	8	149	9	5	149	4	1	148	18	10	148	13	8
40	119	15	8	119	11	6	119	7	3	119	3	1	118	18	11
30	89	16	9	89	13	7	89	10	5	89	7	3	89	4	2
20	59	17	10	59	15	9	59	13	7	59	11	6	59	9	5
10	29	18	11	29	17	10	29	16	9	29	15	9	29	14	8
9	26	19		26	18		26	17		26	16	2	26	15	2
8	23	19	1	23	18	3	23	17	4	23	16	7	23	15	8
7	20	19	2	20	18	5	20	17	8	20	17		20	16	3
6	17	19	4	17	18	8	17	18		17	17	5	17	16	9
5	14	19	5	14	18	11	14	18	4	14	17	10	14	17	4
4	11	19	6	11	19	1	11	18	8	11	18	3	11	17	10
3	8	19	8	8	19	4	8	19		8	18	8	8	18	4
2	5	19	9	5	19	6	5	19	4	5	19	1	5	18	11
1	2	19	10	2	19	9	2	19	8	2	19	6	2	19	5
15 ſ	2	4	10	2	4	9	2	4	9	2	4	7	2	4	6
10	1	9	10	1	9	10	1	9	10	1	9	9	1	9	8
5		14	11		14	11		14	11		14	10		14	10
4		11	11		11	11		11	11		11	11		11	10
3		8	11		8	11		8	11		8	10		8	10
2		5	11		5	11		5	11		5	11		5	11
1		2	11		2	11		2	11		2	11		2	11
9 d.		2	2		2	2		2	2		2	2		2	2
6		1	5		1	5		1	5		1	5		1	5
4			11			11			11			11			11
3			8			8			8			8			8
2			5			5			5			5			5
1			2			2			2			2			2

LA FRANCE
Tire
SUR LA HOLLANDE
70. den. ⅝ de Gros par Ecu de change.

ECUS de change tirez & négociez.	PRODUIT de la négociation en France à 71. d. ⅜			PRODUIT de la négociation en France à 71. d. ½			PRODUIT de la négociation en France à 71. d. ⅝		
ECUS.	L.	S.	D.	L.	S.	D.	L.	S.	D.
1000	2968	9	6·	2963	5	8·	2958	2	3·
900	2671	12	6·	2666	19	1·	2662	6	·
800	2374	15	7·	2370	12	6·	2366	9	9·
700	2077	18	7·	2074	5	11·	2070	13	6·
600	1781	1	8·	1777	19	4·	1774	17	4·
500	1484	4	9·	1481	12	10·	1479	1	1·
400	1187	7	9·	1185	6	3·	1183	4	10·
300	890	10	10·	888	19	8·	887	8	8·
200	593	13	10·	592	13	1·	591	12	5·
100	296	16	11·	296	6	6·	295	16	2·
90	267	3	2·	266	13	10·	266	4	6·
80	237	9	6·	237	1	2·	236	12	11·
70	207	15	10·	207	8	6·	207	1	3·
60	178	2	1·	177	15	10·	177	9	8·
50	148	8	5·	148	3	3·	147	18	1·
40	118	14	9·	118	10	7·	118	6	5·
30	89	1	·	88	17	11·	88	14	10·
20	59	7	4·	59	5	3·	59	3	2·
10	29	13	8·	29	12	7·	29	11	7·
9	26	14	3·	26	13	3·	26	12	5·
8	23	14	11·	23	14	·	23	13	3·
7	20	15	6·	20	14	9·	20	14	1·
6	17	16	2·	17	15	6·	17	14	11·
5	14	16	10·	14	16	3·	14	15	9·
4	11	17	5·	11	17	·	11	16	7·
3	8	18	1·	8	17	9·	8	17	5·
2	5	18	8·	5	18	6·	5	18	3·
1	2	19	4·	2	19	3·	2	19	1·
15 ſ	2	4	6·	2	4	5·	2	4	3·
10	1	9	8·	1	9	7·	1	9	6·
5		14	10·		14	9·		14	9·
4		11	10·		11	10·		11	9·
3		8	10·		8	11·		8	10·
2		5	11·		5	11·		5	10·
1		2	11·		2	11·		2	11·
9 d.		2	2·		2	2·		2	2·
6		1	5·		1	5·		1	5·
4			11·			11·			11·
3			8·			8·			8·
2			5·			5·			5·
1			2·			2·			2·

LA FRANCE
Tire
SUR LA HOLLANDE
à 70. den. $\frac{3}{4}$ de Gros par Ecu de change.

ECUS de change tirez & negociez.	VALEUR en Hollande sur le pied de la Traitte en Florins.			VALEUR en Hollande &c. en liv. de Gros.			PRODUIT de la negociation en France à 69. d. $\frac{3}{4}$			PRODUIT de la negociation en France à 69. d. $\frac{7}{8}$			PRODUIT de la negociation en France à 70. d.		
ECUS.	Fl.	S.	P.	L.	S.	D.G	L.	S.	D.	L.	S.	D.	L.	S.	D.
1000	1768	15		294	15	10	3043		2	3037	11	4	3032	2	10
900	1591	17	8	265	6	5	2738	14	1	2733	16	2	2728	18	6
800	1415			235	16	8	2434	8	1	2430	1		2425	14	3
700	1238	2	8	206	7	1	2130	2	1	2126	5	11	2122	9	11
600	1061	5		176	17	6	1825	16	1	1822	10	9	1819	5	8
500	884	7	8	147	7	11	1521	10	1	1518	15	8	1516	1	5
400	707	10		117	18	4	1217	4		1215		6	1212	17	1
300	530	12	8	88	8	9	912	18		911	5	4	909	12	10
200	353	15		58	19	2	608	12		607	10	3	606	8	6
100	176	17	8	29	9	7	304	6		303	15	1	303	4	3
90	159	3	12	26	10	7	273	17	4	273	7	6	272	17	9
80	141	10		23	11	8	243	8	9	243			242	11	4
70	123	16	4	20	12	8	213		2	212	12	6	212	4	11
60	106	2	8	17	13	9	182	11	7	182	5		181	18	6
50	88	8	12	14	14	9	152	3		151	17	6	151	12	1
40	70	15		11	15	10	121	14	4	121	10		121	5	8
30	53	1	4	8	16	10	91	5	9	91	2	6	90	19	3
20	35	7	8	5	17	11	60	17	2	60	15		60	12	10
10	17	13	12	2	18	11	30	8	7	30	7	6	30	6	5
9	15	18	6	2	13		27	7	8	27	6	9	27	5	9
8	14	3		2	7	1	24	6	10	24	6		24	5	1
7	12	7	10	2	1	2	21	6		21	5	3	21	4	5
6	10	12	4	1	15	4	18	5	1	18	4	6	18	3	10
5	8	16	14	1	9	5	15	4	3	15	3	9	15	3	2
4	7	1	8	1	3	6	12	3	5	12	3		12	2	6
3	5	6	2		17	8	9	2	6	9	2	3	9	1	11
2	3	10	12		11	9	6	1	8	6	1	6	6	1	3
1	1	15	6		5	10	3		10	3		9	3		7
15 ſ	1	6	8		4	4	2	5	7	2	5	6	2	5	5
10		17	11		2	11	1	10	5	1	10	4	1	10	3
5		8	13		1	5		15	2		15	2		15	1
4		7	1		1	2		12	2		12	1		12	1
3		5	4			10		9	1		9	1		9	1
2		3	8			7		6	1		6			6	
1		1	12			3		3			3			3	
9 d.		1	5			2		2	3		2	3		2	3
6			14			1		1	6		1	6		1	6
4			9			1		1			1			1	
3			7						9			9			9
2			4						6			6			6
1			2						3			3			3

LA FRANCE
Tire
SUR LA HOLLANDE
à 70. den. ¾ de Gros par Ecu de change.

ECUS de change tirez & negociez	PRODUIT de la negociation en France à 70. d. 1/8			PRODUIT de la negociation en France à 70. d. 1/4			PRODUIT de la negociation en France à 70. d. 3/8			PRODUIT de la negociation en France à 70. d. 1/2			PRODUIT de la negociation en France à 70. d. 5/8		
ECUS.	L.	S.	D.	L.	S.	D.	L.	S.	D.	L.	S.	D.	L.	S.	D.
1000	3026	14	9	3021	7	.	3015	19	8	3010	12	9	3005	6	2
900	2724	1	3	2719	4	3	2714	7	8	2709	11	5	2704	15	6
800	2421	7	9	2417	1	7	2412	15	8	2408	10	2	2404	4	11
700	2118	14	3	2114	18	10	2111	3	9	2107	8	11	2103	14	3
600	1816		10	1812	16	2	1809	11	9	1806	7	7	1803	3	8
500	1513	7	4	1510	13	6	1507	19	10	1505	6	4	1502	13	1
400	1210	13	10	1208	10	9	1206	7	10	1204	5	1	1202	2	5
300	908		5	906	8	1	904	15	10	903	3	9	901	11	10
200	605	6	11	604	5	4	603	3	11	602	2	6	601	1	2
100	302	13	5	302	2	8	301	11	11	301	1	3	300	10	7
90	272	8	.	271	18	4	271	8	8	270	19	11	270	9	6
80	242	2	8	241	14	1	241	5	6	240	17	.	240	8	5
70	211	17	4	211	9	10	211	2	4	210	14	10	210	7	4
60	181	12	.	181	5	7	180	19	1	180	12	9	180	6	4
50	151	6	8	151	1	4	150	15	11	150	10	7	150	5	3
40	121	1	4	120	17	.	120	12	9	120	8	6	120	4	2
30	90	16	.	90	12	9	90	9	6	90	6	4	90	3	2
20	60	10	8	60	8	6	60	6	4	60	4	3	60	2	1
10	30	5	4	30	4	3	30	3	2	30	2	1	30	1	
9	27	4	9	27	3	9	27	2	10	27	1	10	27		10
8	24	4	3	24	3	4	24	2	6	24	1	8	24		9
7	21	3	8	21	2	11	21	2	2	21	1	5	21		8
6	18	3	2	18	2	6	18	1	10	18	1	3	18		7
5	15	2	8	15	2	1	15	1	7	15	1	.	15		6
4	12	2	1	12	1	8	12	1	3	12		10	12		4
3	9	1	7	9	1	3	9		11	9		7	9		3
2	6	1	.	6		10	6		7	6		5	6		2
1	3		6	3		5	3		3	3		2	3		1
15	2	5	4	2	5	3	2	5	2	2	5	1	2	5	
10	1	10	3	1	10	2	1	10	1	1	10	1	1	10	
5		15	1		15	1		15	.		15	.		15	.
4		12	1		12	1		12	.		12	.		12	.
3		9	1		9	.		9	.		9	.		9	.
2		6	.		6	.		6	.		6	.		6	.
1		3	.		3	.		3	.		3	.		3	.
9 d		2	3		2	3		2	3		2	3		2	3
6		1	6		1	6		1	6		1	6		1	6
4		1	.		1	.		1	.		1	.		1	.
3			9			9			9			9			9
2			6			6			6			6			6
1			3			3			3			3			3

LA FRANCE
Tire
SUR LA HOLLANDE
à 70. den. ¼ de Gros par Ecu de change.

ECUS de change tirez & negociez	PRODUIT de la negociation en France à 70. d. ⅞			PRODUIT de la negociation en France à 71. d.			PRODUIT de la negociation en France à 71. d. ⅛			PRODUIT de la negociation en France à 71. d. ¼			PRODUIT de la négociation en France à 71. d. ⅜		
ECUS.	L.	S.	D.	L.	S.	D.	L.	S.	D.	L.	S.	D.	L.	S.	D.
1000 ···	2994	14	2·	2989	8	8·	2984	3	7·	2978	18	11·	2973	14	7
900 ···	2695	4	9·	2690	9	9·	2685	15	2·	2681	1	·	2676	7	1
800 ···	2395	15	4·	2391	10	11·	2387	6	10·	2383	3	1·	2378	19	8
700 ···	2096	5	11·	2092	12	·	2088	18	6·	2085	5	2·	2081	12	2
600 ···	1796	16	6·	1793	13	2·	1790	10	1·	1787	7	4·	1784	4	9
500 ···	1497	7	1·	1494	14	4	1492	1	9·	1489	9	5·	1486	17	3
400 ···	1197	17	8·	1195	15	5·	1193	13	5·	1191	11	6·	1189	9	10
300 ···	898	8	3·	896	16	7·	895	5	·	893	13	8·	892	2	4
200 ···	598	18	10·	597	17	8·	596	16	8·	595	15	9·	594	14	11
100 ···	299	9	5·	298	18	10·	298	8	4·	297	17	10·	297	7	5
90 ···	269	10	5·	269		11·	268	11	6·	268	2	·	267	12	8
80 ···	239	11	6·	239	3	·	238	14	8·	238	6	3·	237	17	11
70 ···	209	12	7·	209	5	2·	208	17	10·	208	10	5·	208	3	2
60 ···	179	13	7·	179	7	3·	179	1	·	178	14	8·	178	8	5
50 ···	149	14	8·	149	9	5·	149	4	2·	148	18	11·	148	13	8
40 ···	119	15	9·	119	11	6·	119	7	4·	119	3	1·	118	18	11
30 ···	89	16	9·	89	13	7·	89	10	6·	89	7	4·	89	4	2
20 ···	59	17	10·	59	15	9·	59	13	8·	59	11	6·	59	9	5
10 ···	29	18	11·	29	17	10·	29	16	10·	29	15	9·	29	14	8
9 ···	26	19	·	26	18	·	26	17	1·	26	16	2·	26	15	2
8 ···	23	19	1·	23	18	3·	23	17	5·	23	16	7·	23	15	8
7 ···	20	19	2·	20	18	5·	20	17	9·	20	17	·	20	16	3
6 ···	17	19	4·	17	18	8·	17	18	1·	17	17	5·	17	16	9
5 ···	14	19	5·	14	18	11·	14	18	5·	14	17	10·	14	17	4
4 ···	11	19	6·	11	19	1·	11	18	8·	11	18	3·	11	17	10
3 ···	8	19	8·	8	19	4·	8	19	·	8	18	8·	8	18	4
2 ···	5	19	9·	5	19	6·	5	19	4·	5	19	1·	5	18	11
1 ···	2	19	10·	2	19	9·	2	19	8·	2	19	6·	2	19	5
15 ſ ···	2	4	10·	2	4	9·	2	4	9·	2	4	7·	2	4	6
10 ···	1	9	11·	1	9	10·	1	9	10·	1	9	9·	1	9	8
5 ···		14	11·		14	11·		14	11·		14	10·		14	10
4 ··		11	11·		11	11·		11	11·		11	11·		11	10
3 ···		8	11·		8	11·		8	11·		8	10·		8	10
2 ···		5	11·		5	11·		5	11·		5	11·		5	11
1 ···		2	11·		2	11·		2	11·		2	11·		2	11
9 d ·		2	2·		2	2·		2	2·		2	2·		2	2
6 ·		1	5·		1	5·		1	5·		1	5·		1	5
4 ·			11·			11·			11·			11·			11
3 ·			8·			8·			8·			8·			8
2 ·			5·			5·			5·			5·			5
1 ·			2·			2·			2·			2·			2

LA FRANCE
Tire
SUR LA HOLLANDE
à 70. den. $\frac{3}{4}$ de Gros par Ecu de change.

ECUS dechange tirez & negociez	PRODUIT de la negociation en France à 71. d. $\frac{1}{2}$			PRODUIT de la négociation en France à 71. d. $\frac{5}{8}$			PRODUIT de la négociation en France à 71. d. $\frac{3}{4}$		
ECUS.	L.	S.	D.	L.	S.	D.	L.	S.	D.
1000	2968	10	7 ·	2963	7	·	2958	3	9 ·
900	2671	13	6 ·	2667		3 ·	2662	7	4 ·
800	2374	16	5 ·	2370	13	7 ·	2366	11	·
700	2077	19	4 ·	2074	6	10 ·	2070	14	7 ·
600	1781	2	4 ·	1778		2 ·	1774	18	3 ·
500	1484	5	3 ·	1481	13	6 ·	1479	1	10 ·
400	1187	8	2 ·	1185	6	9 ·	1183	5	6 ·
300	890	11	2 ·	889		1 ·	887	9	1 ·
200	593	14	1 ·	592	13	4 ·	591	12	9 ·
100	296	17	·	296	6	8 ·	295	16	4 ·
90	267	3	3 ·	266	14	·	266	4	8 ·
80	237	9	7 ·	237	1	4 ·	236	13	·
70	207	15	10 ·	207	8	8 ·	207	1	5 ·
60	178	2	2 ·	177	16	·	177	9	9 ·
50	148	8	6 ·	148	3	4 ·	147	18	2 ·
40	118	14	9 ·	118	10	8 ·	118	6	6 ·
30	89	1	1 ·	88	18	·	88	14	10 ·
20	59	7	4 ·	59	5	4 ·	59	3	3 ·
10	29	13	8 ·	29	12	8 ·	29	11	7 ·
9	26	14	3 ·	26	13	4 ·	26	12	5 ·
8	23	14	11 ·	23	14	1 ·	23	13	3 ·
7	20	15	6 ·	20	14	10 ·	20	14	1 ·
6	17	16	2 ·	17	15	7 ·	17	14	11 ·
5	14	16	10 ·	14	16	4 ·	14	15	9 ·
4	11	17	5 ·	11	17	·	11	16	7 ·
3	8	18	1 ·	8	17	9 ·	8	17	5 ·
2	5	18	8 ·	5	18	6 ·	5	18	3 ·
1	2	19	4 ·	2	19	3 ·	2	19	1 ·
15 ſ	2	4	6 ·	2	4	5 ·	2	4	3 ·
10	1	9	8 ·	1	9	7 ·	1	9	6 ·
5		14	10 ·		14	9 ·		14	9 ·
4		11	10 ·		11	10 ·		11	9 ·
3		8	10 ·		8	10 ·		8	10 ·
2		5	11 ·		5	11 ·		5	10 ·
1		2	11 ·		2	11 ·		2	11 ·
9 d ·		2	2 ·		2	2 ·		2	2 ·
6 ·		1	5 ·		1	5 ·		1	5 ·
4 ·			11 ·			11 ·			11 ·
3 ·			8 ·			8 ·			8 ·
2 ·			5 ·			5 ·			5 ·
1 ·			2 ·			2 ·			2 ·

LA FRANCE
Tire
SUR LA HOLLANDE

à 70. den. $\frac{7}{8}$ de Gros par Ecu de change.

ECUS de change tirez & négociez. **ECUS.**	VALEUR en Hollande sur le pied de la traitte. en Florins. **Fl. S. P.**	VALEUR en Hollande, &c. en liv. de Gros. **L. S. D.G**	PRODUIT de la négociation en France à 69.d. $\frac{7}{8}$ **L. S. D.**	PRODUIT de la négociation en France à 70.d. **L. S. D.**	PRODUIT de la négociation en France à 70.d. $\frac{1}{8}$ **L. S. D.**
1000	1771 17 8	295 6 4	3042 18 8	3037 10	3032 1 8
900	1594 13 12	265 15 8	2738 12 9	2733 15	2728 17 6
800	1417 10	236 5	2434 6 11	2430	2425 13 4
700	1240 6 4	206 14 5	2130 1	2126 5	2122 9 2
600	1063 2 8	177 3 9	1825 15 2	1822 10	1819 5
500	885 18 12	147 13 2	1521 9 4	1518 15	1516 10
400	708 15	118 2 6	1217 3 5	1215	1212 16 8
300	531 11 4	88 11 10	912 17 7	911 5	909 12 6
200	354 7 8	59 1 3	608 11 8	607 10	606 8 4
100	177 3 12	29 10 7	304 5 10	303 15	303 4 2
90	159 9 6	26 11 6	273 17 3	273 7 6	272 17 9
80	141 15	23 12 5	243 8 8	243	242 11 4
70	124 10	20 13 4	213 1	212 12 6	212 4 11
60	106 6 4	17 14 4	182 11 6	182 5	181 18 6
50	88 11 14	14 15 3	152 2 11	151 17 6	151 12 1
40	70 17 8	11 16 2	121 14 4	121 10	121 5 8
30	53 3 2	8 17 2	91 5 9	91 2 6	90 19 3
20	35 8 12	5 18 1	60 17 2	60 15	60 12 10
10	17 14 6	2 19	30 8 7	30 7 6	30 6 5
9	15 18 15	2 13 1	27 7 8	27 6 9	27 5 9
8	14 3 8	2 7 2	24 6 10	24 6	24 5 1
7	12 8 1	2 1 3	21 6	21 5 3	21 4 5
6	10 12 10	1 15 4	18 5 1	18 4 6	18 3 10
5	8 17 3	1 9 6	15 4 3	15 3 9	15 3 2
4	7 1 12	1 3 7	12 3 5	12 3	12 2 6
3	5 6 5	17 8	9 2 6	9 2 3	9 1 11
2	3 10 14	11 9	6 1 8	6 1 6	6 1 3
1	1 15 7	5 10	3 10	3 9	3 7
15 ʃ	1 6 9	4 4	2 5 7	2 5 6	2 5 5
10	17 11	2 11	1 10 5	1 10 4	1 10 3
5	8 13	1 5	15 2	15 2	15 1
4	7 1	1 2	12 2	12 1	12 1
3	5 5	10	9 1	9 1	9 1
2	3 8	7	6 1	6	6
1	1 12	5	3	3	3
9 d.	1 5		2 3	2 3	2 3
6	14		1 6	1 6	1 6
4	9		1	1	1
3	7		9	9	9
2	4		6	6	6
1	2		3	3	3

H

LA FRANCE
Tire
SUR LA HOLLANDE
à 70. den. $\frac{7}{8}$ de Gros par Ecu de change.

ECUS de change tirez & négociez.	PRODUIT de la négociation en France à 70. d. $\frac{1}{4}$			PRODUIT de la négociation en France à 70. d. $\frac{3}{8}$			PRODUIT de la négociation en France à 70. d. $\frac{1}{2}$			PRODUIT de la négociation en France à 70. d. $\frac{5}{8}$			PRODUIT de la négociation en France à 70. d. $\frac{3}{4}$		
ECUS.	L.	S.	D.	L.	S.	D.	L.	S.	D.	L.	S.	D.	L.	S.	D.
1000	3026	13	9	3021	6	3	3015	19	1	3010	12	4	3005	6	
900	2724		4	2719	3	7	2714	7	2	2709	11	1	2704	15	4
800	2421	7		2417	1		2412	15	3	2408	9	10	2404	14	9
700	2118	13	7	2114	18	4	2111	3	4	2107	8	7	2103	14	2
600	1816		3	1812	15	9	1809	11	5	1806	7	4	1803	3	7
500	1513	6	10	1510	13	1	1507	19	6	1505	6	2	1502	13	
400	1210	13	6	1208	10	6	1206	7	7	1204	4	11	1201	2	4
300	908		1	906	7	10	904	15	8	903	3	8	901	11	9
200	605	6	9	604	5	3	603	3	9	602	2	5	601	1	2
100	302	13	4	302	1	7	301	11	10	301	1	2	300	10	7
90	272	8		271	18	3	271	8	7	270	19		270	9	6
80	242	2	8	241	14		241	5	5	240	16	11	240	8	5
70	211	17	4	211	9	9	211	2	3	210	14	9	210	7	4
60	181	12		181	5	6	180	19	1	180	12	8	180	6	4
50	351	6	8	151	1	3	150	15	11	150	10	7	150	5	3
40	121	1	4	120	17		120	12	8	120	8	5	120	4	2
30	90	16		90	12	9	90	9	6	90	6	4	90	3	2
20	60	10	8	60	8	6	60	6	4	60	4	2	60	2	1
10	30	13	4	30	4	3	30	3	2	30	2	1	30	1	
9	27	4	9	27	3	9	27	2	10	27	1	10	27		10
8	24	4	3	24	3	4	24	2	6	24	1	8	24		9
7	21	3	8	21	2	11	21	2	1	21	1	5	21		8
6	18	3	2	18	2	6	18	1	10	18	1	3	18		7
5	15	2	8	15	2	1	15	1	7	15	1		15		6
4	12	2	1	12	1	8	12	1	3	12		10	12		4
3	9	1	7	9	1	3	9		11	9		7	9		3
2	6	1		6		10	6		7	6		5	6		2
1	3		6	3		5	3		3	3		2	3		1
15 f	2	5	4	2	5	3	2	5	2	2	5	1	2	5	
10	1	10	3	1	10	2	1	10	1	1	10	1	1	10	
5		15	1		15	1		15			15			15	
4		12	1		12	1		12			12			12	
3		9	1		9			9			9			9	
2		6			6			6			6			6	
1		3			3			3			3			3	
9 d		2	3		2	3		2	3		2	3		2	3
6		1	6		1	6		1	6		1	6		1	6
4		1			1			1			1			1	
3			9			9			9			9			9
2			6			6			6			6			6
1			3			3			3			3			3

LA FRANCE
Tire
SUR LA HOLLANDE
à 70. den. ⅞ de Gros par Ecu de change.

ECUS de change tirez & négociez.	PRODUIT de la négociation en France à 71. d.			PRODUIT de la négociation en France à 71. d. ⅛			PRODUIT de la négociation en France à 71. d. ¼			PRODUIT de la négociation en France à 71. d. ⅜			PRODUIT de la négociation en France à 71. d. ½		
ECUS.	L.	S.	D.	L.	S.	D.	L.	S.	D.	L.	S.	D.	L.	S.	D.
1000	2994	14	4	2989	9	1	2984	4	2	2978	19	8	2973	15	6
900	2695	4	10	2690	10	2	2685	15	9	2681	1	8	2676	7	11
800	2395	15	5	2391	11	3	2387	7	4	2383	3	8	2379		4
700	2096	6		2092	12	4	2088	18	11	2085	5	9	2081	12	10
600	1796	16	7	1793	13	5	1790	10	6	1787	7	9	1784	5	3
500	1497	7	2	1494	14	6	1492	2	1	1489	9	10	1486	17	9
400	1197	17	8	1195	15	7	1193	13	8	1191	11	10	1189	10	2
300	898	8	3	896	16	8	895	5	3	893	13	10	892	2	7
200	598	18	10	597	17	9	596	16	10	595	15	11	594	15	1
100	299	9	5	298	18	10	298	8	5	297	17	11	297	7	6
90	269	10	5	269		11	268	11	6	268	2	1	267	12	9
80	239	11	6	239	3		238	14	8	238	6	4	237	18	
70	209	12	7	209	5	2	208	17	10	208	10	6	208	3	3
60	179	13	7	179	7	3	179	1		178	14	9	178	8	6
50	149	14	8	149	9	5	149	4	2	148	18	11	148	13	9
40	119	15	9	119	11	6	119	7	4	119	3	2	118	19	
30	89	16	9	89	13	7	89	10	6	89	7	4	89	4	3
20	59	17	10	59	15	9	59	13	8	59	11	7	59	9	6
10	29	18	11	29	17	10	29	16	10	29	15	9	29	14	9
9	26	19		26	18		26	17	1	26	16	2	26	15	3
8	23	19	1	23	18	3	23	17	5	23	16	7	23	15	9
7	20	19	2	20	18	5	20	17	9	20	17		20	16	3
6	17	19	4	17	18	8	17	18	1	17	17	5	17	16	10
5	14	19	5	14	18	11	14	18	5	14	17	10	14	17	4
4	11	19	6	11	19	1	11	18	8	11	18	3	11	17	10
3	8	19	8	8	19	4	8	19		8	18	8	8	18	5
2	5	19	9	5	19	6	5	19	4	5	19	1	5	18	11
1	2	19	10	2	19	9	2	19	8	2	19	6	2	19	5
15 ſ	2	4	10	2	4	9	2	4	9	2	4	7	2	4	6
10	1	9	11	1	9	10	1	9	10	1	9	9	1	9	8
5		14	11		14	11		14	11		14	10		14	10
4		11	11		11	11		11	11		11	11		11	10
3		8	11		8	11		8	11		8	10		8	10
2		5	11		5	11		5	11		5	11		5	11
1		2	11		2	11		2	11		2	11		2	11
9 d.		2	2		2	2		2	2		2	2		2	2
6		1	5		1	5		1	5		1	5		1	5
4			11			11			11			11			11
3			8			8			8			8			8
2			5			5			5			5			5
1			2			2			2			2			2

LA FRANCE
Tire
SUR LA HOLLANDE
à 70. den. $\frac{7}{8}$ de Gros par Ecu de change.

ECUS de change tirez & négociez.	PRODUIT de la négociation en France à 71. d. $\frac{5}{8}$			PRODUIT de la négociation en France à 71. d. $\frac{3}{4}$			PRODUIT de la négociation en France à 71. d. $\frac{7}{8}$		
ECUS.	L.	S.	D.	L.	S.	D.	L.	S.	D.
1000 ...	2968	11	8	2963	8	3	1958	5	2
900 ...	2671	14	6	2667	1	5	2662	8	7
800 ...	2374	17	4	2370	14	7	2366	12	1
700 ...	2078		2	2074	7	9	2070	15	7
600 ...	1781	3		1778		11	1774	19	
500 ...	1484	5	10	1481	14	1	1479	2	7
400 ...	1187	8	8	1185	7	3	1183	6	
300 ...	890	11	6	889		5	887	9	6
200 ...	593	14	4	592	13	7	591	13	
100 ...	296	17	2	296	6	9	295	16	6
90 ...	267	3	5	266	14		266	4	10
80 ...	237	9	8	237	1	4	236	13	2
70 ...	207	16		207	8	8	207	1	6
60 ...	178	2	3	177	16		177	9	10
50 ...	148	8	7	148	3	4	147	18	3
40 ...	118	14	10	118	10	8	118	6	7
30 ...	89	1	1	88	18		88	14	11
20 ...	59	7	5	59	5	4	59	3	3
10 ...	29	13	8	29	12	8	29	11	7
9 ...	26	14	3	26	13	4	26	12	5
8 ...	23	14	11	23	14	1	23	13	3
7 ...	20	15	6	20	14	10	20	14	1
6 ...	17	16	2	17	15	7	17	14	11
5 ...	14	16	10	14	16	4	14	15	9
4 ...	11	17	5	11	17		11	16	7
3 ...	8	18	1	8	17	9	8	17	5
2 ...	5	18	8	5	18	6	5	18	3
1 ...	2	19	4	2	19	3		19	1
15 ſ ...	2	4	6	2	4	5	2	4	3
10 ...	1	9	8	1	9	7	1	9	6
5 ...		14	10		14	9		14	9
4 ...		11	10		11	10		11	9
3 ...		8	10		8	10		8	10
2 ...		5	11		5	11		5	11
1 ...		2	11		2	11		2	11
9 d		2	2		2	2		2	2
6		1	5		1	5		1	5
4			11			11			11
3			8			8			8
2			5			5			5
1			2			2			2

LA FRANCE
Tire
SUR LA HOLLANDE
à 58. den. de Gros par Ecù de change.

ECUS de change tirez & négociez.	VALEUR en Hollande sur le pied de la traitte en Florins.			VALEUR en Hollande &c. en liv. de Gros.				PRODUIT de la negociation en France à 57. d.			PRODUIT de la négociation en France à 57. d. $\frac{1}{8}$			PRODUIT de la négociation en France à 57. d. $\frac{1}{4}$		
ECUS.	Fl.	S.	P.	L.	S.	D.	G.	L.	S.	D.	L.	S.	D.	L.	S.	D.
1000	1450			241	13	4		3052	12	7	3045	19		3039	6	
900	1305			217	10			2747	7	3	2741	7	1	2735	7	4
800	1160			193	6	8		2442	2		2436	15	2	2431	8	9
700	1015			169	3	4		2136	16	9	2132	3	3	2127	10	2
600	870			145				1831	11	6	1827	11	4	1823	11	7
500	725			120	16	8		1526	6	3	1522	19	6	1519	13	
400	580			96	13	4		1221	1		1218	7	7	1215	14	4
300	435			72	10			915	15	9	913	15	8	911	15	9
200	290			48	6	8		610	10	6	609	3	9	607	17	2
100	145			24	3	4		305	5	3	304	11	10	303	18	7
90	130	10		21	15			274	14	8	274	2	7	273	10	8
80	116			19	6	8		244	4	2	243	13	5	243	2	10
70	101	10		16	18	4		213	13	8	213	4	3	212	15	
60	87			14	10			183	3	1	182	15	1	182	7	1
50	72	10		12	1	8		152	12	7	152	5	11	151	19	3
40	58			9	13	4		122	2	1	121	16	8	121	11	5
30	43	10		7	5			91	11	6	91	7	6	91	3	6
20	29			4	16	8		61	1		60	18	4	60	15	8
10	14	10		2	8	4		30	10	6	30	9	2	30	7	10
9	13	1		2	3	6		27	9	5	27	8	3	27	7	
8	11	12		1	18	8		24	8	4	24	7	4	24	6	3
7	10	3		1	13	10		21	7	4	21	6	5	21	5	5
6	8	14		1	9			18	6	3	18	5	6	18	4	8
5	7	5		1	4	2		15	5	3	15	4	7	15	3	11
4	5	16			19	4		12	4	2	12	3	8	12	3	1
3	4	7			14	6		9	3	1	9	2	9	9	2	4
2	2	18			9	8		6	2	1	6	1	10	6	1	6
1	1	9			4	10		3	1		3		11	3		9
15 s	1	1	12		3	7		2	5	9	2	5	8	2	5	6
10		14	8		2	5		1	10	6	1	10	5	1	10	4
5		7	4		1	2			15	3		15	2		15	2
4		5	12			11			12	2		12	2		12	2
3		4	5			8			9	1		9	1		9	1
2		2	14			5			6	1		6	1		6	1
1		1	7			2			3			3			3	
9 d		1	1			1			2	3		2	3		2	3
6			11			1			1	6		1	6		1	6
4			7						1			1			1	
3			5							9			9			9
2			3							6			6			6
1			1							3			3			

LA FRANCE
Tire
SUR LA HOLLANDE
à 58. den. de Gros par Ecu de change.

ECUS de change tirez & négociez	PRODUIT de la négociation en France à 57. d. ⅜			PRODUIT de la négociation en France à 57. d. ½			PRODUIT de la négociation en France à 57. d. ⅛			PRODUIT de la négociation en France à 57. d. ¾			PRODUIT de la négociation en France à 57. d. ⅞		
ECUS.	L.	S.	D.	L.	S.	D.	L.	S.	D.	L.	S.	D.	L.	S.	D
1000	3032	13	7	3026	1	8	3019	10	5	3012	19	8	3006	9	7
900	2729	8	2	2723	9	6	2717	11	4	2711	13	8	2705	16	7
800	2426	2	10	2420	17	4	2415	12	4	2410	7	8	2405	3	8
700	2112	17	6	2118	5	2	2113	13	3	2109	1	9	2104	10	8
600	1819	12	1	1815	13	·	1811	14	3	1807	15	9	1803	17	9
500	1516	6	9	1513	·	10	1509	15	2	1506	9	10	1503	4	9
400	1213	1	5	1210	8	8	1207	16	2	1205	3	10	1202	11	10
300	909	16	·	907	16	6	905	17	1	903	17	10	901	18	10
200	606	10	8	605	4	4	603	18	1	602	11	11	601	5	11
100	303	5	4	302	12	2	301	19	·	301	5	11	300	12	11
90	272	18	9	272	6	11	271	15	1	271	3	3	270	11	7
80	242	12	3	242	1	8	241	11	2	241	·	8	240	10	4
70	212	5	8	211	16	6	211	7	3	210	18	1	210	9	·
60	181	19	2	181	11	3	181	3	4	180	15	6	180	7	9
50	151	12	8	151	6	1	150	19	6	150	12	11	150	6	5
40	121	6	1	121	·	10	120	15	7	120	10	4	120	5	2
30	90	19	7	90	15	7	90	11	8	90	7	9	90	3	10
20	60	13	·	60	10	5	60	7	9	60	5	2	60	2	7
10	30	6	6	30	5	2	30	3	10	30	2	7	30	1	3
9	27	5	10	27	4	7	27	3	5	27	2	3	27	1	1
8	24	5	2	24	4	1	24	3	·	24	2	·	24	1	·
7	21	4	6	21	3	7	21	2	8	21	1	9	21	·	10
6	18	3	10	18	3	1	18	2	3	18	1	6	18	·	9
5	15	3	3	15	2	7	15	1	11	15	1	3	15	·	7
4	12	2	7	12	2	·	12	1	6	12	1	·	12	·	6
3	9	1	11	9	1	6	9	1	1	9	·	9	9	·	4
2	6	1	3	6	1	·	6	·	9	6	·	6	6	·	3
1	3	·	7	3	·	6	3	·	4	3	·	3	3	·	1
15 ſ	2	5	5	2	5	4	2	5	3	2	5	2	2	5	·
10	1	10	3	1	10	3	1	10	2	1	10	1	1	10	·
5	·	15	1	·	15	1	·	15	1	·	15	·	·	15	·
4	·	12	1	·	12	1	·	12	·	·	12	·	·	12	·
3	·	9	·	·	9	·	·	9	·	·	9	·	·	9	·
2	·	6	·	·	6	·	·	6	·	·	6	·	·	6	·
1	·	3	·	·	3	·	·	3	·	·	3	·	·	3	·
9 d	·	2	3	·	2	3	·	2	3	·	2	3	·	2	3
6	·	1	6	·	1	6	·	1	6	·	1	6	·	1	6
4	·	1	·	·	1	·	·	1	·	·	1	·	·	1	·
3	·	·	9	·	·	9	·	·	9	·	·	9	·	·	9
2	·	·	6	·	·	6	·	·	6	·	·	6	·	·	6
1	·	·	3	·	·	3	·	·	3	·	·	3	·	·	3

LA FRANCE
Tire
SUR LA HOLLANDE
à 58. den. de Gros par Ecu de change.

ECUS de change tirez & négociez.	PRODUIT de la négociation en France à 58. d. $\frac{1}{8}$			PRODUIT de la négociation en France à 58. d. $\frac{1}{4}$			PRODUIT de la négociation en France à 58. d. $\frac{3}{8}$			PRODUIT de la négociation en France à 58. d. $\frac{1}{2}$			PRODUIT de la négociation en France à 58. d. $\frac{5}{8}$		
ECUS.	L.	S.	D.	L.	S.	D.	L.	S.	D.	L.	S.	D.	L.	S.	D.
1000	2993	10	11	2987	2	5	2980	14	6	2974	7	2	2968		4
900	2694	3	9	2688	8	2	2682	13		2676	18	5	2671	4	3
800	2394	16	8	2389	13	11	2384	11	7	2379	9	8	2374	8	3
700	2095	9	7	2090	19	8	2086	10	1	2082	1		2077	12	2
600	1796	2	6	1792	5	5	1788	8	8	1784	12	3	1780	16	2
500	1496	15	5	1493	11	2	1490	7	3	1487	3	7	1484		2
400	1197	8	4	1194	16	11	1192	5	9	1189	14	10	1187	4	1
300	898	1	3	896	2	8	894	4	4	892	6	1	890	8	1
200	598	14	2	597	8	5	596	2	10	594	17	5	593	12	
100	299	7	1	298	14	2	298	1	5	297	8	8	296	16	
90	269	8	4	268	16	9	268	5	3	267	13	9	267	2	4
80	239	9	8	238	19	4	238	9	1	237	18	11	237	8	9
70	209	10	11	209	1	11	208	12	11	208	4		207	15	2
60	179	12	3	179	4	6	178	16	10	178	9	2	178	1	7
50	149	13	6	149	7	1	149		8	148	14	4	148	8	
40	119	14	10	119	9	8	119	4	6	113	19	5	118	14	4
30	89	16	1	89	12	3	89	8	5	89	4	7	89		9
20	59	17	5	59	14	10	59	12	3	59	9	8	59	7	2
10	29	18	8	29	17	5	29	16	1	29	14	10	29	13	7
9	26	18	9	26	17	8	26	16	5	26	15	4	26	14	2
8	23	18	11	23	17	11	23	16	10	23	15	10	23	14	10
7	20	19		20	18	2	20	17	3	20	16	4	20	15	6
6	17	19	2	17	18	5	17	17	7	17	16	10	17	15	1
5	14	19	4	14	18	8	14	18		14	17	5	14	16	9
4	11	19	5	11	18	11	11	18	5	11	17	11	11	17	5
3	8	19	7	8	19	2	8	18	9	8	18	5	8	18	
2	5	19	8	5	19	5	5	19	2	5	18	11	5	18	8
1	2	19	10	2	19	8	2	19	7	2	19	5	2	19	4
15 ſ		2	4	11	2	4	9	2	4	8	2	4	6	2	4	6
10		1	9	11	1	9	10	1	9	9	1	9	8	1	9	8
5			14	11		14	11		14	10		14	10		14	10
4			11	11		11	11		11	11		11	10		11	10
3			8	11		8	11		8	11		8	10		8	10
2			5	11		5	11		5	11		5	11		5	11
1			2	11		2	11		2	11		2	11		2	11
9 d			2	1		2	1		2	1		2	1		2	1
6			1	5		1	5		1	5		1	5		1	5
4				11			11			11			11			11
3				8			8			8			8			8
2				5			5			5			5			5
1				2			2			2			2			2

LA FRANCE
Tire
SUR LA HOLLANDE
à 58. den. de Gros par Ecu de change.

ECUS de change tirez & négociez.	PRODUIT de la négociation en France à 58. d. $\frac{3}{4}$			PRODUIT de la négociation en France à 58. d. $\frac{7}{8}$			PRODUIT de la négociation en France à 59. d.				
ECUS.	L.	S.	D.	L.	S.	D.	L.	S.	D		
1000 …	2961	14	·	2955	8	3·	2949	3			
900 …	2665	10	7·	2659	17	5·	2654	4	8		
800 …	2369	7	2·	2364	6	7·	2359	6	4		
700 …	2073	3	9·	2068	15	9·	2064	8	1		
600 …	1777		4·	1773	4	11·	1769	9	9		
500 …	1480	17	·	1477	14	1·	1474	11	6		
400 …	1184	13	7·	1182	3	3·	1179	13	2		
300 …	888	10	2·	886	12	5·	884	14	10		
200 …	592	6	9·	591	1	7·	589	16	7		
100 …	296	3	4·	295	10	9·	294	18	3		
90 …	266	11	·	265	19	8·	265	8	5		
80 …	236	18	8·	236	8	7·	235	18	7		
70 …	207	6	4·	206	17	6·	206	8	9		
60 …	177	14	·	177	6	5·	176	18	11		
50 …	148	1	8·	147	15	4·	147	9	1		
40 …	118	9	4·	118	4	3·	117	19	3		
30 …	88	17	·	88	13	2·	88	9	5		
20 …	59	4	8·	59	2	1·	58	19	7		
10 …	29	12	4·	29	11	·	29	9	9		
9 …	26	13	1·	26	11	10·	26	10	9		
8 …	23	13	10·	23	12	9·	23	11	9		
7 …	20	14	7·	20	13	8·	20	12	9		
6 …	17	15	4·	17	14	7·	17	13	10		
5 …	14	16	2·	14	15	6·	14	14	10		
4 …	11	16	11·	11	16	4·	11	15	10		
3 …	8	17	8·	8	17	3·	8	16	11		
2 …	5	18	5·	5	18	2	5	17	11		
1 …	2	19	2·	2	19	1·	2	18	11		
15 ʃ …		2	4	4·		2	4	3·		2	4	2
10 …		1	9	7·		1	9	6·		1	9	5
5 …			14	9·			14	9·			14	8
4 …			11	10·			11	9·			11	9
3 …			8	10·			8	9·			8	9·
2 …			5	11·			5	10·			5	10
1 …			2	11·			2	11·			2	11
9 d ·			2	2·			2	2·			2	2
6 ·			1	5·			1	5·			1	5
4 ·				11·				11·				11
3 ·				8·				8·				8
2 ·				5·				5·				5
1 ·				2·				2·				2

LA FRANCE
Tire
SUR LA HOLLANDE
à 58. den. $\frac{1}{8}$ de Gros par Ecu de change.

ECUS de change tirez & négociez.	VALEUR en Hollande sur le pied de la traitte en Florins.			VALEUR en Hollande &c. en liv. de Gros.			PRODUIT de la négociation en France à 57.d. $\frac{1}{8}$			PRODUIT de la négociation en France à 57.d. $\frac{1}{4}$			PRODUIT de la négociation en France à 57.d. $\frac{3}{8}$		
ECUS.	Fl.	S.	P.	L.	S.	D.	L.	S.	D.	L.	S.	D.	L.	S.	D.
1000	1453	2	8	242	3	9	3052	10	3	3045	17		3039	4	3
900	1307	16	4	217	19	4	2747	5	2	2741	5	3	2735	5	9
800	1162	10		193	15		2442		2	2436	13	7	2431	7	4
700	1017	3	12	169	10	7	2136	15	2	2132	1	10	2127	8	11
600	871	17	8	145	6	3	1831	10	1	1827	10	2	1823	10	6
500	726	11	4	121	1	10	1526	5	1	1522	18	6	1519	12	1
400	581	5		96	17	6	1221		1	1218	6	9	1215	13	8
300	435	18	12	72	13	1	915	15		913	15	1	911	15	3
200	290	12	8	48	8	9	610	10		609	3	4	607	16	10
100	145	6	4	24	4	4	305	5		304	11	8	303	18	5
90	130	15	10	21	15	10	274	14	6	274	2	6	273	10	6
80	116	5		19	7	5	244	4		243	13	4	243	2	8
70	101	14	6	16	19		213	13	6	213	4	2	212	14	10
60	87	3	12	14	10	7	183	3		182	15		182	7	
50	72	13	2	12	2	2	152	12	6	152	5	10	151	19	2
40	58	2	8	9	13	8	122	2		121	16	8	121	11	4
30	43	11	14	7	5	3	91	11	6	91	7	6	91	3	6
20	29	1	4	4	16	10	61	1		60	18	4	60	15	8
10	14	10	10	2	8	5	30	10	6	30	9	2	30	7	10
9	13	1	9	2	3	6	27	9	5	27	8	3	27	7	
8	11	12	8	1	18	8	24	8	4	24	7	4	24	6	3
7	10	3	7	1	13	10	21	7	4	21	6	5	21	5	5
6	8	14	6	1	9		18	6	3	18	5	6	18	4	8
5	7	5	5	1	4	2	15	5	3	15	4	7	15	3	11
4	5	16	4		19	4	12	4	2	12	3	8	12	3	1
3	4	7	3		14	6	9	3	1	9	1	9	9	2	4
2	2	18	2		9	8	6	2	1	6	1	10	6	1	6
1	1	9	1		4	10	3	1		3		11	3		9
15 ſ	1	1	12		3	7	2	5	9	2	5	8	2	5	6
10		14	8		2	5	1	10	6	1	10	5	1	10	4
5		7	4		1	2		15	3		15	2		15	2
4		5	13			11		12	2		12	2		12	2
3		4	5			8		9	1		9	1		9	1
2		2	14			5		6	1		6	1		6	1
1		1	7			2		3			3			3	
9 d		1	1			1		2	3		2	3		2	3
6			11			1		1	6		1	6		1	6
4			7					1			1			1	
3			5						9			9			9
2			3						6			6			6
1 t			1						3			3			3

LA FRANCE
Tire
SUR LA HOLLANDE
à 58. den. $\frac{1}{8}$ de Gros par Ecu de change.

ECUS de change tirez & négociez	PRODUIT de la négociation en France à 57. d. $\frac{1}{2}$			PRODUIT de la négociation en France à 57. d. $\frac{5}{8}$			PRODUIT de la négociation en France à 57. d. $\frac{3}{4}$			PRODUIT de la négociation en France à 57. d. $\frac{7}{8}$			PRODUIT de la négociation en France à 58. d.		
ECUS.	L.	S.	D.	L.	S.	D.	L.	S.	D.	L.	S.	D.	L.	S.	D
1000	3032	12	2.	3026		7.	3019	9	7.	3012	19	2.	3006	9	3
900	2729	6	11.	2723	8	6.	2717	10	7.	2711	13	3.	2705	16	3
800	2426	1	8.	2420	16	5.	2415	11	8.	2410	7	4.	2405	3	4
700	2122	16	6.	2118	4	4.	2113	12	8.	2109	1	5.	2104	10	5
600	1819	11	3.	1815	12	4.	1811	13	9.	1807	15	6.	1803	17	6
500	1516	6	1.	1513		3.	1509	14	9.	1506	9	7.	1503	4	7
400	1213		10.	1210	8	2.	1207	15	10.	1205	3	8.	1202	11	8
300	909	15	7.	907	16	2.	905	16	10.	903	17	9.	901	18	9
200	606	10	5.	605	4	1.	603	17	11.	602	11	10.	601	5	10
100	303	5	2.	302	12		301	18	11.	301	5	11.	300	12	11
90	272	18	7.	272	6	9.	271	15		271	3	3.	270	11	7
80	242	12	1.	242	1	7.	241	11	1.	241		8.	240	10	4
70	212	5	7.	211	16	4.	211	7	2.	210	18	1.	210	9	
60	181	19	1.	181	11	2.	181	3	4.	180	15	6.	180	7	9
50	151	12	7.	151	6		150	19	5.	150	12	11.	150	6	5
40	121	6		121		9.	120	15	6.	120	10	4.	120	5	2
30	90	19	6.	90	15	7.	90	11	8.	90	7	9.	90	3	10
20	60	13		60	10	4.	60	7	9.	60	5	2.	60	2	7
10	30	6	6.	30	5	2.	30	3	10.	30	2	7.	30	1	3
9	27	5	10.	27	4	7.	27	3	5.	27	2	3.	27	1	1
8	24	5	2.	24	4	1.	24	3		24	2		24	1	
7	21	4	6.	21	3	7.	21	2	8.	21	1	9.	21		10
6	18	3	10.	18	3	1.	18	2	3.	18	1	6.	18		9
5	15	3	3.	15	2	7.	15	1	11.	15	1	3.	15		7
4	12	2	7.	12	2		12	1	6.	12	1		12		6
3	9	1	11.	9	1	6.	9	1	1	9		9.	9		4
2	6	1	3.	6	1		6		9.	6		6.	6		3
1	3		7.	3		6.	3		4.	3		3.	3		1
15 ſ	2	5	5.	2	5	4.	2	5	3.	2	5	2.	2	5	
10	1	10	3.	1	10	3.	1	10	2.	1	10	1.	1	10	
5		15	1.		15	1.		15	1.		15			15	
4		12	1.		12	1.		12			12			12	
3		9			9			9			9			9	
2		6			6			6			6			6	
1		3			3			3			3			3	
9 d		2	3.		2	3.		2	3.		2	3.		2	3
6		1	6.		1	6.		1	6.		1	6.		1	6
4		1			1			1			1			1	
3			9.			9.			9.			9.			9
2			6.			6.			6.			6.			6
1			3.			3.			3.			3.			3

LA FRANCE
Tire
SUR LA HOLLANDE
à 58. den. $\frac{1}{8}$ de Gros par Ecu de change.

ECUS de change tirez & négociez.	PRODUIT de la négociation en France à 58. d. $\frac{1}{4}$	PRODUIT de la négociation en France à 58. d. $\frac{3}{8}$	PRODUIT de la négociation en France à 58. d. $\frac{1}{2}$	PRODUIT de la négociation en France à 58. d. $\frac{5}{8}$	PRODUIT de la négociation en France à 58. d. $\frac{3}{4}$
ECUS.	L. S. D.	L. S. D.	L. S. D.	L. S. D.	L. S. D.
1000 ...	2993 11 2·	2987 3 ·	2980 15 4·	2974 8 3·	2968 1 8
900 ...	2694 4 ·	2688 8 8·	2682 13 9·	2676 19 5·	2671 5 6
800 ...	2394 16 11·	2389 14 4·	2384 12 3·	2379 10 7·	2374 9 4
700 ...	2095 9 9·	2091 · 1·	2086 10 8·	2082 1 9·	2077 13 2
600 ...	1796 2 8·	1792 5 9·	1788 9 2·	1784 12 11·	1780 17 ·
500 ...	1496 15 7·	1493 11 6·	1490 7 8·	1487 4 1·	1484 · 10
400 ...	1197 8 5·	1194 17 2·	1192 6 1·	1189 15 3·	1187 4 8
300 ...	898 1 4·	896 2 10·	894 4 7·	892 6 5·	890 8 6
200 ...	598 14 2·	597 8 7·	596 3 ·	594 17 7·	593 12 4
100 ...	299 7 1·	298 14 3·	298 1 6·	297 8 9·	296 16 2
90 ...	269 8 4·	268 16 9·	268 5 4·	267 13 10·	267 2 6
80 ...	239 9 8·	238 19 4·	238 9 2·	237 19 ·	237 8 11
70 ...	209 10 11·	209 1 11·	208 13 ·	208 4 1·	207 15 3
60 ...	179 12 3·	179 4 6·	178 16 10·	178 9 3·	178 1 8
50 ...	149 13 6·	149 7 1·	149 · 9·	148 14 4·	148 8 1
40 ...	119 14 10·	119 9 8·	119 4 7·	118 19 6·	118 14 5
30 ...	89 16 1·	89 12 3·	89 8 5·	89 4 7·	89 · 10
20 ...	59 17 5·	59 14 10·	59 12 3·	59 9 9·	59 7 2
10 ...	29 18 8·	29 17 5·	29 16 1·	29 14 10·	29 13 7
9 ...	26 18 9·	26 17 8·	26 16 5·	26 15 4·	26 14 2
8 ...	23 18 11·	23 17 11·	23 16 10·	23 15 10·	23 14 10
7 ...	20 19 ·	20 18 2·	20 17 3·	20 16 4·	20 15 6
6 ...	17 19 2·	17 18 5·	17 17 7·	17 16 10·	17 16 1
5 ...	14 19 4·	14 18 8·	14 18 ·	14 17 5·	14 16 9
4 ...	11 19 5·	11 18 11·	11 18 5·	11 17 11·	11 17 5
3 ...	8 19 7·	8 19 2·	8 18 9·	8 18 5·	8 18 ·
2 ...	5 19 8·	5 19 5·	5 19 2·	5 18 11·	5 18 8
1 ...	2 19 10·	2 19 8·	2 19 7·	2 19 5·	2 19 4
15 ſ ...	2 4 11·	2 4 9·	2 4 8·	2 4 6·	2 4 6
10 ...	1 9 10·	1 9 10·	1 9 9	1 9 8·	1 9 8
5 ...	14 11·	14 11·	14 10·	14 10·	14 10
4 ...	11 11·	11 11·	11 11·	11 10·	11 10
3 ...	8 11·	8 11·	8 11·	8 10·	8 10
2 ...	5 11·	5 11·	5 11·	5 11·	5 11
1 ...	2 11·	2 11·	2 11·	2 11·	2 11
9 d ·	2 1·	2 1·	2 1·	2 1·	2 1
6 ·	1 5·	1 5·	1 5·	1 5·	1 5
4 ·	11·	11·	11·	11·	11
3 ·	8·	8·	8·	8·	8
2 ·	5·	5·	5·	5·	5
1 ·	2·	2·	2·	2·	2

LA FRANCE
Tire
SUR LA HOLLANDE
à 58. den. $\frac{1}{8}$ de Gros par Ecu de change.

ECUS de change tirez & négociez.	PRODUIT de la négociation en France à 58. d. $\frac{7}{8}$			PRODUIT de la négociation en France à 59. d.			PRODUIT de la négociation en France à 59. d. $\frac{1}{8}$		
ECUS.	L.	S.	D.	L.	S.	D.	L.	S.	D
1000 ...	2961	15	8.	2955	10	2.	2949	5	2
900 ...	2665	12	1.	2659	19	1.	2654	6	7
800 ...	2369	8	6.	2364	8	1.	2359	8	1
700 ...	2073	4	11.	2068	17	1.	2064	9	7
600 ...	1777	1	4.	1773	6	1.	1769	11	1
500 ...	1480	17	10.	1477	15	1.	1474	12	7
400 ...	1184	14	3.	1182	4	.	1179	14	
300 ...	888	10	8.	886	13	.	884	15	6
200 ...	592	7	1.	591	2	.	589	17	
100 ...	296	3	6.	295	11	.	294	18	6
90 ...	266	11	1.	265	19	10.	265	8	7
80 ...	236	18	9.	236	8	9.	235	18	9
70 ...	207	6	5.	206	17	8.	206	8	11
60 ...	177	14	1.	177	6	7.	176	19	1
50 ...	148	1	9.	147	15	6.	147	9	3
40 ...	118	9	4.	118	4	4.	117	19	4
30 ...	88	17	.	88	13	3.	88	9	6
20 ...	59	4	8.	59	2	2.	58	19	8
10 ...	29	12	4.	29	11	1.	29	9	10
9 ...	26	13	1.	26	11	11.	26	10	10
8 ...	23	13	10.	23	12	10.	23	11	10
7 ...	20	14	7.	20	13	9.	20	12	10
6 ...	17	15	4.	17	14	7.	17	13	10
5 ...	14	16	2.	14	15	6.	14	14	11
4 ...	11	16	11.	11	16	5.	11	15	11
3 ...	8	17	8.	8	17	3.	8	16	11
2 ...	5	18	5.	5	18	2.	5	17	11
1 ...	2	19	2.	2	19	1.	2	18	11
15 ſ ...		2	4	4.	2	4	3.	2	4	2
10 ...	1	9	7.	1	9	6.	1	9	5
5 ...		14	9.		14	9.		14	8
4 ...		11	10.		11	9.		11	9
3 ...		8	10.		8	9.		8	9
2 ...		5	11.		5	10.		5	10
1 ...		2	11.		2	11.		2	11
9 d .		2	2.		2	2.		2	2
6 .		1	5.		1	5.		1	5
4 .			11.			11.			11
3 .			8.			8.			8
2 .			5.			5.			5
1 .			2.			2.			2

LA FRANCE
Tire
SUR LA HOLLANDE
à 58. den. ¼ de Gros par Ecu de change.

ECUS de change tirez & négociez.	VALEUR en Hollande sur le pied de la traitte en Florins.	VALEUR en Hollande &c. en liv. de Gros.	PRODUIT de la negociation en France à 57.d.¼	PRODUIT de la negociation en France à 57.d.⅛	PRODUIT de la negociation en France à 57.d.½
ECUS.	Fl. S. P.	L. S. D. G	L. S. D	L. S. D	L. S. D
1000	1456 5 ·	142 14 2·	3052 8 ·	3045 15 ·	3039 2 7
900	1310 12 8·	218 8 9·	2747 3 2·	2741 3 6·	2735 4 3
800	1165 ·	194 3 4·	2441 18 4·	2436 12 ·	2431 6
700	1019 7 8·	169 17 11·	2136 13 7·	2132 6·	2127 7 9
600	873 15 ·	145 12 6·	1831 8 9·	1827 9 ·	1823 9 6
500	728 2 8·	121 7 1·	1526 4 ·	1522 17 6·	1519 11 3
400	582 10 ·	97 1 8·	1220 19 2·	1218 6 ·	1215 13
300	436 17 8·	72 16 3·	915 14 4·	913 14 6·	911 14 9
200	291 5 ·	48 10 10·	610 9 7·	609 3 ·	607 16 6
100	145 12 8·	24 5 5·	305 4 9·	304 11 6·	303 18 3
90	131 1 4·	21 16 10·	274 14 3·	274 2 4·	273 10 5
80	116 10 ·	19 8 4·	244 3 9·	243 13 2·	243 2 7
70	101 18 12·	16 19 9·	213 13 3·	213 4 ·	212 14 9
60	87 7 8·	14 11 3·	183 2 10·	182 14 10·	182 6 11
50	72 16 4·	12 2 8·	152 12 4·	152 5 9·	151 19 1
40	58 5 ·	9 14 2·	122 1 10·	121 16 7·	121 11 3
30	43 13 12·	7 5 7·	91 11 5·	91 7 5·	91 3 5
20	29 2 8·	4 17 1·	61 11·	60 18 3·	60 15 7
10	14 11 4·	2 8 6·	30 10 5·	30 9 1·	30 7 9
9	13 2 2·	2 3 7·	27 9 4·	27 8 2·	27 6 11
8	11 13 ·	1 18 9·	24 8 4·	24 7 3·	24 6 2
7	10 3 14·	1 13 11·	21 7 3·	21 6 4·	21 5 5
6	8 14 12·	1 9 1·	18 6 3·	18 5 5·	18 4 7
5	7 5 10·	1 4 3·	15 5 2·	15 4 6·	15 3 10
4	5 16 8·	19 4·	12 4 2·	12 3 7·	12 3 1
3	4 7 6·	14 6·	9 3 1·	9 2 8·	9 2 3
2	2 18 4·	9 8·	6 2 1·	6 1 9·	6 1 6
1	1 9 2·	4 10·	3 1 ·	3 10·	3 9
15 ſ	1 1 13·	3 7·	2 5 9·	2 5 8·	2 5 6
10	14 9·	2 5·	1 10 6·	1 10 5·	1 10 4
5	7 4·	1 2·	15 3·	15 2·	15 2
4	5 13·	11·	12 2·	12 2·	12 2
3	4 5·	8·	9 1·	9 1·	9 1
2	2 14·	5·	6 1	6 1·	6 1
1	1 7·	2·	3 ·	3 ·	3
9 d.	1 1·	1·	2 3·	2 3·	2 3
6	11·	1·	1 6·	1 6·	1 6
4	7·	·	1	1	1
3	5·	·	9·	9·	9
2	3·	·	6·	6·	6
1	1·	·	3·	3·	3

LA FRANCE
Tire
SUR LA HOLLANDE
à 58. den. $\frac{1}{4}$ de Gros par Ecu de change.

ECUS de change tirez & négociez.	PRODUIT de la négociation en France à 57. d. $\frac{1}{8}$			PRODUIT de la négociation en France à 57. d. $\frac{3}{4}$			PRODUIT de la négociation en France à 57. d. $\frac{7}{8}$			PRODUIT de la négociation en France à 58. d.			PRODUIT de la négociation en France à 58. d. $\frac{1}{8}$		
ECUS.	L.	S.	D.	L.	S.	D.	L.	S.	D.	L.	S.	D.	L.	S.	D.
1000	3032	10	9	3025	19	5	3018	8	9	3012	18	7	3006	9	
900	2729	5	8	2723	7	5	2716	11	10	2711	12	8	2705	16	1
800	2426		7	2420	15	6	2414	15		2410	6	10	2405	3	2
700	2122	15	6	2118	3	7	2112	18	1	2109	1		2104	10	3
600	1819	10	5	1815	11	7	1811	1	3	1807	15	1	1803	17	4
500	1516	5	4	1512	19	8	1509	4	4	1506	9	3	1503	4	6
400	1213		3	1210	7	9	1207	7	6	1205	3	5	1202	11	7
300	909	15	2	907	15	9	905	10	7	903	17	6	901	18	8
200	606	10	1	605	3	10	603	13	9	602	11	8	601	5	9
100	303	5		302	11	11	301	16	10	301	5	10	300	12	10
90	272	18	6	272	6	8	271	13	1	271	3	3	270	11	6
80	242	12		242	1	6	241	9	5	241		8	240	10	3
70	212	5	6	211	16	4	211	5	9	210	18	1	210	8	11
60	181	19		181	11	1	181	2	1	180	15	6	180	7	8
50	151	12	6	151	5	11	150	18	5	150	12	11	150	6	5
40	121	6		121		9	120	14	8	120	10	4	110	5	1
30	90	19	6	90	15	6	90	11		90	7	9	90	3	10
20	60	13		60	10	4	60	7	4	60	5	2	60	2	6
10	30	6	6	30	5	2	30	3	8	30	2	7	30	1	3
9	27	5	10	27	4	7	27	3	3	27	2	3	27	1	1
8	24	5	2	24	4	1	24	2	11	24	2		24	1	
7	21	4	6	21	3	7	21	2	6	21	1	9	21		10
6	18	3	10	18	3	1	18	2	2	18	1	6	18		9
5	15	3	3	15	2	7	15	1	10	15	1	3	15		7
4	12	2	7	12	2		12	1	5	12	1		12		6
3	9	1	11	9	1	6	9	1	1	9		9	9		4
2	6	1	3	6	1		6		8	6		6	6		3
1	3		7	3		6	3		4	3		3	3		1
15 ſ	2	5	5	2	5	4	2	5	3	2	5	2	2	5	
10	1	10	3	1	10	3	1	10	2	1	10	1	1	10	
5		15	1		15	1		15	1		15			15	
4		12	1		12	1		12			12			12	
3		9			9			9			9			9	
2		6			6			6			6			6	
1		3			3			3			3			3	
9 d		2	3		2	3		2	3		2	3		2	3
6		1	6		1	6		1	6		1	6		1	6
4		1			1			1			1			1	
3			9			9			9			9			9
2			6			6			6			6			6
1			3			3			3			3			3

LA FRANCE
Tire
SUR LA HOLLANDE
à 58. den. ¼ de Gros par Ecu de change.

ECUS de change tirez & négociez	PRODUIT de la négociation en France à 58. d. ⅜			PRODUIT de la négociation en France à 58. d. ½			PRODUIT de la négociation en France à 58. d. ⅝			PRODUIT de la négociation en France à 58. d. ¾			PRODUIT de la négociation en France à 58. d. ⅞		
ECUS.	L.	S.	D.	L.	S.	D.	L.	S.	D.	L.	S.	D.	L.	S.	D.
1000	2993	11	6	2987	3	7	2980	16	2	2974	8	4	2968	3	
900	2694	4	4	2688	9	2	2682	14	6	2676	19	6	2671	6	8
800	2394	17	2	2389	14	10	2384	12	11	2379	10	8	2374	10	4
700	2095	10		2091		6	2086	11	3	2082	1	10	2077	14	1
600	1796	2	10	1792	6	1	1788	9	8	1784	13		1780	17	9
500	1496	15	9	1493	11	9	1490	8	1	1487	4	2	1484	1	6
400	1197	8	7	1194	17	5	1192	6	5	1189	15	4	1187	5	2
300	898	1	5	896	3		894	4	10	892	6	6	890	8	10
200	598	14	3	597	8	8	596	3	2	594	17	8	593	12	7
100	299	7	1	298	14	4	298	1	7	297	8	10	296	16	3
90	269	8	4	268	16	10	268	5	5	267	13	11	267	2	7
80	239	9	8	238	19	5	238	9	3	237	19		237	9	
70	209	10	11	209	2		208	13	1	208	4	2	207	15	4
60	179	12	3	179	4	7	178	16	11	178	9	3	178	1	9
50	149	13	6	149	7	2	149		9	148	14	5	148	8	1
40	119	14	10	119	9	8	119	4	7	118	19	6	118	14	6
30	89	16	1	89	12	3	89	8	5	89	4	7	89		10
20	59	17	5	59	14	10	59	12	3	59	9	9	59	7	3
10	29	18	8	29	17	5	29	16	1	29	14	10	29	13	7
9	26	18	9	26	17	8	26	16	5	26	15	4	26	14	2
8	23	18	11	23	17	11	23	16	10	23	15	10	23	14	10
7	20	19		20	18	2	20	17	3	20	16	4	20	15	6
6	17	19	2	17	18	5	17	17	7	17	16	10	17	16	1
5	14	19	4	14	18	8	14	18		14	17	5	14	16	9
4	11	19	5	11	18	11	11	18	5	11	17	11	11	17	5
3	8	19	7	8	19	2	8	18	9	8	18	5	8	18	
2	5	19	8	5	19	5	5	19	2	5	18	11	5	18	8
1	2	19	10	2	19	8	2	19	7	2	19	5	2	19	4
15 ſ	2	4	11	2	4	9	2	4	8	2	4	6	2	4	6
10	1	9	11	1	9	10	1	9	9	1	9	8	1	9	8
5		14	11		14	11		14	10		14	10		14	10
4		11	11		11	11		11	11		11	10		11	10
3		8	11		8	11		8	11		8	10		8	10
2		5	11		5	11		5	11		5	11		5	11
1		2	11		2	11		2	11		2	11		2	11
9 d		2	1		2	1		2	1		2	1		2	1
6		1	5		1	5		1	5		1	5		1	5
4			11			11			11			11			11
3			8			8			8			8			8
2			5			5			5			5			5
1			2			2			2			2			2

LA FRANCE
Tire
SUR LA HOLLANDE
à 58. den. $\frac{1}{4}$ de Gros par Ecu de change.

ECUS de change tirez & négociez.	PRODUIT de la négociation en France à 59. den.			PRODUIT de la négociation en France à 59. d. $\frac{1}{8}$			PRODUIT de la négociation en France à 59. d. $\frac{1}{4}$		
ECUS.	L.	S.	D.	L.	S.	D.	L.	S.	D.
1000	1961	17	3.	2955	12	.	2949	7	4.
900	2665	13	6.	2660		9.	2654	8	7.
800	2369	9	9.	2364	9	7.	2359	9	10.
700	2073	6	.	2068	18	4.	2064	11	1.
600	1777	2	4.	1773	7	2.	1769	12	4.
500	1480	18	7.	1477	16	.	1474	13	8.
400	1184	14	10.	1182	4	9.	1179	14	11.
300	888	11	2.	886	13	7.	884	16	2.
200	592	7	5.	591	2	4.	589	17	5.
100	296	3	8.	295	13	2.	294	18	8.
90	266	11	3.	266		.	265	8	9.
80	236	18	11.	236	8	11.	235	18	11.
70	207	6	6.	206	17	9.	206	9	.
60	177	14	2.	177	6	8.	176	19	2.
50	148	1	10.	147	15	7.	147	9	4.
40	118	9	5.	118	4	5.	117	19	5.
30	88	17	1.	88	13	4.	88	9	7.
20	59	4	8.	59	2	2.	58	19	8.
10	29	12	4.	29	11	1.	29	9	10.
9	26	13	1.	26	11	11.	26	10	10.
8	23	13	10.	23	12	10.	23	11	10.
7	20	14	7.	20	13	9.	20	12	10.
6	17	15	4.	17	14	7.	17	13	10.
5	14	16	2.	14	15	6.	14	14	11.
4	11	16	11.	11	16	5.	11	15	11.
3	8	17	8.	8	17	3.	8	16	11.
2	5	18	5.	5	18	2.	5	17	11.
1	2	19	2.	2	19	1.	2	18	11.
15 ſ	2	4	4.	2	4	3.	2	4	2.
10	1	9	7.	1	9	6.	1	9	5.
5		14	9.		14	9.		14	8.
4		11	10.		11	9.		11	9.
3		8	10.		8	9.		8	9.
2		5	11.		5	10.		5	10.
1		2	11.		2	11.		2	11.
9 d.		2	2.		2	2.		2	2.
6 .		1	5.		1	5.		1	5.
4 .			11.			11.			11.
3 .			8.			8.			8.
2 .			5.			5.			5.
1 .			2.			2.			2.

LA FRANCE
Tire
SUR LA HOLLANDE
à 58. den. 3/8 de Gros par Ecu de change.

ECUS de change tirez & négociez.	VALEUR en Hollande sur le pied de la traitte en Florins.			VALEUR en Hollande, &c. en liv. de Gros.			PRODUIT de la négociation en France à 57. d. 3/8			PRODUIT de la négociation en France à 57. d. 1/2			PRODUIT de la négociation en France à 57. d. 5/8		
ECUS.	Fl.	S.	P.	L.	S.	D.G	L.	S.	D.	L.	S.	D.	L.	S.	D.
1000	1459	7	8.	243	4	7.	3052	5	9.	3045	13	.	3039		10
900	1313	8	12.	218	18	1.	2747	1	2.	2741	1	8.	2735	2	9
800	1167	10	.	194	11	8.	2441	16	7.	2436	10	4.	2431	4	8
700	1021	11	4.	170	5	2.	2136	12	.	2131	19	1.	2127	6	7
600	875	12	8.	145	18	9.	1831	7	5.	1827	7	9.	1823	8	6
500	729	13	12.	121	12	4.	1516	2	10.	1522	16	6.	1519	10	5
400	583	15	.	97	5	10.	1220	18	3.	1218	5	2.	1215	12	4
300	437	16	4.	72	19	5.	915	13	8.	913	13	10.	911	14	3
200	291	17	8.	48	12	11.	610	9	1.	609	2	7.	607	16	2
100	145	18	12.	24	6	5.	305	4	6.	304	11	3.	303	18	1
90	131	6	14.	21	17	9.	274	14	.	274	2	1.	273	10	3
80	116	15	.	19	9	1.	244	3	7.	243	13	.	243	2	5
70	102	3	2.	17	.	5.	213	13	1.	213	3	10.	212	14	7
60	87	11	4.	14	11	10.	183	2	8.	182	14	9.	182	6	10
50	72	19	6.	12	3	2.	152	12	3.	152	5	7.	151	19	.
40	58	7	8.	9	14	6.	112	1	9.	121	16	6.	121	11	2
30	43	15	10.	7	5	11.	91	11	4.	91	7	4.	91	3	5
20	29	3	12.	4	17	3.	61	.	10.	60	18	3.	60	15	7
10	14	11	14.	2	8	7.	30	10	5.	30	9	1.	30	7	9
9	13	2	11.	2	3	8.	27	9	4.	27	8	2.	27	6	11
8	11	13	8.	1	18	10.	24	8	4.	24	7	3.	24	6	2
7	10	4	5.	1	14	.	21	7	3.	21	6	4.	21	5	5
6	8	15	2.	1	9	1.	18	6	3.	18	5	5.	18	4	7
5	7	5	15.	1	4	3.	15	5	2.	15	4	6.	15	3	10
4	5	16	12.	.	19	5.	12	4	2.	12	3	7.	12	3	1
3	4	7	9.	.	14	6.	9	3	1.	9	2	8.	9	2	3
2	2	18	6.	.	9	8.	6	2	1.	6	1	9.	6	1	6
1	1	9	3.	.	4	10.	3	1	.	3	.	10.	3	.	9
15 ſ	1	1	14.	.	3	7.	2	5	9.	2	5	7.	2	5	6
10	.	14	9.	.	2	5.	1	10	6.	1	10	5.	1	10	4
5	.	7	4.	.	1	2.	.	15	3.	.	15	2.	.	15	2
4	.	5	13.	.	.	11.	.	12	2.	.	12	2.	.	12	1
3	.	4	5.	.	.	8.	.	9	1.	.	9	1.	.	9	.
2	.	2	14.	.	.	5.	.	6	1.	.	6	1.	.	6	.
1	.	1	7.	.	.	2.	.	3	.	.	3	.	.	3	.
9 d	.	1	1.	.	.	1.	.	2	3.	.	2	3.	.	2	3
6	.	.	11.	.	.	1.	.	1	6.	.	1	6.	.	1	6
4	.	.	7.	.	.	.	.	1	.	.	1	.	.	1	.
3	.	.	5.	.	.	.	.	.	9.	.	.	9.	.	.	9
2	.	.	3.	.	.	.	.	.	6.	.	.	6.	.	.	6
1	.	.	1.	.	.	.	.	.	3.	.	.	3.	.	.	3

M

LA FRANCE
Tire
SUR LA HOLLANDE
à 58. den. $\frac{3}{8}$ de Gros par Ecu de change.

ECUS de change tirez & négociez.	PRODUIT de la négociation en France à 57. d. $\frac{3}{4}$			PRODUIT de la négociation en France à 57. d. $\frac{7}{8}$			PRODUIT de la négociation en France à 58. d.			PRODUIT de la négociation en France à 58. d. $\frac{1}{8}$			PRODUIT de la négociation en France à 58. d. $\frac{1}{4}$		
ECUS.	L.	S.	D.	L.	S.	D.	L.	S.	D.	L.	S.	D.	L.	S.	D.
1000	3032	9	4·	3025	18	4·	3019	7	11·	3012	18	·	3006	8	9
900	2729	4	4·	2723	6	6·	2717	9	1·	2711	12	2·	2705	15	10
800	2425	19	5·	2420	14	8·	2415	10	4·	2410	6	4·	2405	3	·
700	2122	14	6·	2118	2	10·	2113	11	6·	2109	·	7·	2104	10	1
600	1819	9	7·	1815	11	·	1811	12	9·	1807	14	9·	1803	17	3
500	1516	4	8·	1512	19	2·	1509	13	11·	1506	9	·	1503	4	4
400	1212	19	8·	1210	7	4·	1207	15	2·	1205	3	2·	1202	11	6
300	909	14	9·	907	15	6·	905	16	4·	903	17	4·	901	18	7
200	606	9	10·	605	3	8·	603	17	7·	602	11	7·	601	5	9
100	303	4	11·	302	11	10·	301	18	9·	301	5	9·	300	12	10
90	272	18	5·	272	6	7·	271	14	10·	271	3	2·	270	11	6
80	242	11	11·	242	1	5·	241	11	·	241	·	7·	240	10	3
70	212	5	5·	211	16	3·	211	7	1·	210	18	·	210	8	11
60	181	18	11·	181	11	1·	181	3	3·	180	15	5·	180	7	8
50	151	12	5·	151	5	11·	150	19	4·	150	12	10·	150	6	5
40	121	5	11·	121	·	8·	120	15	6·	120	10	3·	120	5	1
30	90	19	5·	90	15	6·	90	11	7·	90	7	8·	90	3	10
20	60	12	11·	60	10	4·	60	7	9·	60	5	1·	60	2	6
10	30	6	5·	30	5	2·	30	3	10·	30	2	6·	30	1	3
9	27	5	9·	27	4	7·	27	3	5·	27	2	3·	27	1	1
8	24	5	1·	24	4	1·	24	3	·	24	2	·	24	1	·
7	21	4	5·	21	3	7·	21	2	8·	21	1	9·	21	·	10
6	18	3	10·	18	3	1·	18	2	3·	18	1	6·	18	·	9
5	15	3	2·	15	2	7·	15	1	11·	15	1	3·	15	·	7
4	12	2	6·	12	2	·	12	1	6·	12	1	·	12	·	6
3	9	1	11·	9	1	6·	9	1	1·	9	·	9·	9	·	4
2	6	1	3·	6	1	·	6	·	9·	6	·	6·	6	·	3
1	3	·	7·	3	·	6·	3	·	4·	3	·	3·	3	·	1
15 ſ	2	5	5·	2	5	4·	2	5	3·	2	5	2·	2	5	·
10	1	10	3·	1	10	3·	1	10	2·	1	10	1·	1	10	·
5	·	15	1·	·	15	1·	·	15	1·	·	15	·	·	15	·
4	·	12	1·	·	12	1·	·	12	·	·	12	·	·	12	·
3	·	9	·	·	9	·	·	9	·	·	9	·	·	9	·
2	·	6	·	·	6	·	·	6	·	·	6	·	·	6	·
1	·	3	·	·	3	·	·	3	·	·	3	·	·	3	·
9 d	·	2	3·	·	2	3·	·	2	3·	·	2	3·	·	2	3
6	·	1	6·	·	1	6·	·	1	6·	·	1	6·	·	1	6
4	·	1	·	·	1	·	·	1	·	·	1	·	·	1	·
3	·	·	9·	·	·	9·	·	·	9·	·	·	9·	·	·	9
2	·	·	6·	·	·	6·	·	·	6·	·	·	6·	·	·	6
1	·	·	3·	·	·	3·	·	·	3·	·	·	3·	·	·	3

LA FRANCE
Tire
SUR LA HOLLANDE
à 58. den. ⅜ de Gros par Ecu de change.

ECUS de change tirez & négociez.	PRODUIT de la négociation en France à 58. d. ½			PRODUIT de la négociation en France à 58. d. ⅝			PRODUIT de la négociation en France à 58. d. ¾			PRODUIT de la négociation en France à 58. d. ⅞			PRODUIT de la négociation en France à 59. d.		
ECUS.	L.	S.	D.	L.	S.	D.	L.	S.	D.	L.	S.	D.	L.	S.	D.
1000	2993	11	9	2987	4	1	2980	17		2974	10	5	2968	1	4
900	2694	4	6	2688	9	8	2682	15	3	2677	1	4	2671	5	2
800	2394	17	4	2389	15	3	2384	13	7	2379	12	4	2374	9	
700	2095	10	2	2091		10	2086	11	10	2082	3	3	2077	12	11
600	1796	3		1792	6	5	1788	10	2	1784	14	3	1780	16	9
500	1496	15	10	1493	12		1490	8	6	1487	5	2	1484		8
400	1197	8	8	1194	17	7	1192	6	9	1189	16	2	1187	4	6
300	898	1	6	896	3	2	894	5	1	892	7	1	890	8	4
200	598	14	4	597	8	9	596	3	4	594	18	1	593	12	3
100	299	7	2	298	14	4	298	1	8	297	9		296	16	1
90	269	8	5	268	16	10	268	5	6	267	14	1	267	2	5
80	239	9	8	238	19	5	238	9	4	237	19	2	237	8	10
70	209	11		209	2		208	13	2	208	4	3	207	15	3
60	179	12	3	179	4	7	178	17		178	9	4	178	1	7
50	149	13	7	149	7	2	149		10	148	14	6	148	8	
40	119	14	10	119	9	8	119	4	8	118	19	7	118	14	5
30	89	16	1	89	12	3	89	8	6	89	4	8	89		9
20	59	17	5	59	14	10	59	12	4	59	9	9	59	7	2
10	29	18	8	29	17	5	29	16	2	29	14	10	29	13	5
9	26	18	9	26	17	8	26	16	6	26	15	4	26	14	
8	23	18	11	23	17	11	23	16	11	23	15	10	23	14	8
7	20	19		20	18	2	20	17	3	20	16	4	20	15	4
6	17	19	2	17	18	5	17	17	8	17	16	10	17	16	
5	14	19	4	14	18	8	14	18	1	14	17	5	14	16	8
4	11	19	5	11	18	11	11	18	5	11	17	11	11	17	4
3	8	19	7	8	19	2	8	18	10	8	18	5	8	18	
2	5	19	8	5	19	5	5	19	2	5	18	11	5	18	8
1	2	19	10	2	19	8	2	19	7	2	19	5	2	19	4
15 ſ	2	4	10	2	4	9	2	4	8	2	4	6	2	4	6
10	1	9	11	1	9	10	1	9	9	1	9	8	1	9	8
5		14	11		14	11		14	10		14	10		14	10
4		11	11		11	11		11	11		11	10		11	10
3		8	11		8	11		8	11		8	10		8	10
2		5	11		5	11		5	11		5	11		5	11
1		2	11		2	11		2	11		2	11		2	11
9 d		2	2		2	2		2	2		2	2		2	2
6		1	5		1	5		1	5		1	5		1	5
4			11			11			11			11			11
3			8			8			8			8			8
2			5			5			5			5			5
1			2			2			2			2			2

LA FRANCE
Tire
SUR LA HOLLANDE
à 58. den. $\frac{3}{8}$ de Gros par Ecu de change.

ECUS de change tirez & négociez.	PRODUIT de la négociation en France à 59. d. $\frac{1}{8}$			PRODUIT de la négociation en France à 59. d. $\frac{1}{4}$			PRODUIT de la négociation en France à 59. d. $\frac{3}{8}$		
ECUS.	L.	S.	D.	L.	S.	D.	L.	S.	D.
1000	2961	18	10.	2955	13	11.	2949	9	5.
900	2665	14	11.	2660	2	6.	2654	10	5.
800	2369	11	.	2364	11	1.	2359	11	6.
700	2073	7	2.	2068	19	8.	2064	12	7.
600	1777	3	3.	1773	8	4.	1769	13	7.
500	1480	19	5.	1477	16	11.	1474	14	8.
400	1184	15	6.	1182	5	6.	1179	15	9.
300	888	11	7.	886	14	2.	884	16	9.
200	592	7	9.	591	2	9.	589	17	10.
100	296	3	10.	295	11	4.	294	18	11.
90	266	11	5.	266		2.	265	9	.
80	236	19	.	236	9	.	235	19	1.
70	207	6	8.	206	17	11.	206	9	2.
60	177	14	3.	177	6	9.	176	19	4.
50	148	1	11.	147	15	8.	147	9	5.
40	118	9	6.	118	4	6.	117	19	6.
30	88	17	1.	88	13	4.	88	9	8.
20	59	4	9.	59	2	3.	58	19	9.
10	29	12	4.	29	11	1.	29	9	10.
9	26	13	1.	26	11	11.	26	10	10.
8	23	13	10.	23	12	10.	23	11	10.
7	20	14	7.	20	13	9.	20	12	10.
6	17	15	4.	17	14	7.	17	13	10.
5	14	16	2.	14	15	6.	14	14	11.
4	11	16	11.	11	16	5.	11	15	11.
3	8	17	8.	8	17	3.	8	16	11.
2	5	18	5.	5	18	2.	5	17	11.
1	2	19	2.	2	19	1.	2	18	11.
15 ſ	2	4	4.	2	4	3.	2	4	2.
10	1	9	7.	1	9	6.	1	9	5.
5		14	9.		14	9.		14	8.
4		11	10.		11	9.		11	9.
3		8	10.		8	9.		8	9.
2		5	11.		5	10.		5	10.
1		2	11.		2	11.		2	11.
9 d.		2	2.		2	2.		2	2.
6.		1	5.		1	5.		1	5.
4.			11.			11.			11.
3.			8.			8.			8.
2.			5.			5.			5.
1.			2.			2.			2.

LA FRANCE
Tire
SUR LA HOLLANDE
à 58. den. ½ de Gros par Ecu de change.

ECUS de change tirez & négociez.	VALEUR en Hollande sur le pied de la traitte. en Florins.			VALEUR en Hollande, &c. en liv. de Gros.			PRODUIT de la négociation en France à 57. d. ½			PRODUIT de la négociation en France à 57. d. 5/8			PRODUIT de la négociation en France à 57. d. ¾		
ECUS.	Fl.	S.	P.	L.	S.	D.G	L.	S.	D.	L.	S.	D.	L.	S.	D.
1000	1462	10		243	15		3052	3	5.	3045	11		3038	19	2
900	1316	5		* 219	7	6.	2746	19		2740	19	10.	2735	1	3
800	1170			195			2441	14	8.	2436	8	9.	2431	3	4
700	1023	15		170	12	6.	2136	10	4.	2131	17	8.	2127	5	5
600	877	10		146	5		1831	6		1827	6	7.	1823	7	6
500	731	5		121	17	6.	1526	1	8.	1522	15	6.	1519	9	7
400	585			97	10		1220	17	4.	1218	4	4.	1215	11	8
300	438	15		73	2	6.	915	13		913	13	3.	911	13	9
200	292	10		48	15		610	8	8.	609	2	2.	607	15	10
100	146	5		24	7	6.	305	4	4.	304	11	1.	303	17	11
90	131	12	8.	21	18	9.	274	13	10.	274	1	11.	273	10	1
80	117			19½	10		244	3	5.	243	12	10.	243	2	4
70	102	7	8.	17	1	3.	213	13		213	3	9.	212	14	6
60	87	15		14	12	6.	183	2	7.	182	14	7.	182	6	9
50	73	2	8.	12	3	9.	152	12	2.	152	5	6.	151	18	11
40	58	10		9	15		122	1	8.	121	16	5.	121	11	2
30	43	17	8.	7	6	3.	91	11	3.	91	7	3.	91	3	4
20	29	5		4	17	6.	61		10.	60	18	2.	60	15	7
10	14	12	8.	2	8	9.	30	10	5.	30	9	1.	30	7	9
9	13	3	4.	2	3	10.	27	9	4.	27	8	2.	27	6	11
8	11	14		1	19		24	8	4.	24	7	3.	24	6	2
7	10	4	12.	1	14	1.	21	7	3.	21	6	4.	21	5	5
6	8	15	8.	1	9	3.	18	6	3.	18	5	5.	18	4	7
5	7	6	4.	1	4	4.	15	5	2.	15	4	6.	15	3	10
4	5	17			19	6.	12	4	2.	12	3	7.	12	3	1
3	4	7	12.		14	7.	9	3	1.	9	2	8.	9	2	3
2	2	18	8.		9	9.	6	2	1.	6	1	9.	6	1	6
1	1	9	4.		4	10.	3	1		3		10.	3		9
15 ſ	1	1	15.		3	7.	2	5	9.	2	5	7.	2	5	6
10		14	10.		2	5.	1	10	6.	1	10	5.	1	10	4
5		7	5.		1	2.		15	3.		15	2.		15	2
4		5	13.			11.		12	6.		12	2.		12	1
3		3	9.			8.		9	4.		9	1.		9	
2		2	6.			5.		6	3.		6	1.		6	
1		1	3.			2.		3	1.		3			3	
9 d.			14.			1.		2	3.		2	3.		2	3
6			9.			1.		1	6.		1	6.		1	6
4			6.					1			1			1	
3			4.						9.			9.			9
2			3.						6.			6.			6
1			1.						3.			3.			3

LA FRANCE
Tire
SUR LA HOLLANDE

à 58. den. $\frac{1}{2}$ de Gros par Ecu de change.

ECUS de change tirez & négociez.	PRODUIT de la négociation en France à 57. d. $\frac{7}{8}$			PRODUIT de la négociation en France à 58. d.			PRODUIT de la négociation en France à 58. d. $\frac{1}{8}$			PRODUIT de la négociation en France à 58. d. $\frac{1}{4}$			PRODUIT de la négociation en France à 58. d. $\frac{3}{8}$		
ECUS.	L.	S.	D.	L.	S.	D.	L.	S.	D.	L.	S.	D.	L.	S.	D.
1000	3032	7	11	3025	17	2	3019	7	1	3012	17	10	3006	8	2
900	2729	3	1	2723	5	5	2717	8	4	2711	12		2705	15	4
800	2425	18	4	2420	13	8	2415	9	8	2410	6	3	2405	2	6
700	2122	13	6	2118	2		2113	10	11	2109		5	2104	9	8
600	1819	8	9	1815	10	3	1811	12	3	1807	14	8	1803	16	10
500	1516	3	11	1512	18	7	1509	13	6	1506	8	11	1503	4	1
400	1212	19	2	1210	6	10	1207	14	10	1205	3	1	1202	11	3
300	909	14	4	907	15	1	905	16	1	903	17	4	901	18	5
200	606	9	7	605	3	5	603	17	5	602	11	6	601	5	7
100	303	4	9	302	11	8	301	18	8	301	5	9	300	12	9
90	272	18	3	272	6	6	271	14	9	271	3	2	270	11	5
80	242	11	9	242	1	4	241	10	11	241		7	240	10	2
70	212	5	3	211	16	2	211	7		210	18		210	8	11
60	181	18	10	181	11		181	3	2	180	15	5	180	7	7
50	151	12	4	151	5	10	150	19	4	150	12	10	150	6	4
40	121	5	10	121	0	8	120	15	5	120	10	3	120	5	1
30	90	19	5	90	15	6	90	11	7	90	7	8	90	3	9
20	60	11	11	60	10	4	60	7	8	60	5	1	60	2	6
10	30	6	5	30	5	2	30	3	10	30	2	6	30	1	3
9	27	5	9	27	4	7	27	3	5	27	2	3	27	1	1
8	24	5	1	24	4	1	24	3		24	2		24	1	
7	21	4	5	21	3	7	21	2	8	21	1	9	21		10
6	18	3	10	18	3	1	18	2	3	18	1	6	18		9
5	15	3	2	15	2	7	15	1	11	15	1	3	15		7
4	12	2	6	12	2		12	1	6	12	1		12		6
3	9	1	11	9	1	6	9	1	1	9		9	9		4
2	6	1	3	6	1		6		9	6		6	6		3
1	3		7	3	0	6	3		4	3		3	3		1
15 ſ	2	5	5	2	5	4	2	5	3	2	5	2	2	5	
10	1	10	3	1	10	3	1	10	2	1	10	1	1	10	
5		15	1		15	1		15	1		15			15	
4		12	1		12	1		12			12			12	
3		9			9			9			9			9	
2		6			6			6			6			6	
1		3			3			3			3			3	
9 d	2	3		2	3		2	3		2	3		2	3	
6	1	6		1	6		1	6		1	6		1	6	
4	1			1			1			1			1		
3			9			9			9			9			9
2			6			6			6			6			6
1			3			3			3			3			1

LA FRANCE
Tire
SUR LA HOLLANDE
à 58. den. ½ de Gros par Ecu de change.

ECUS de change tirez & négociez.

PRODUIT de la négociation en France à : 58. d. ⅝ | 58. d. ¾ | 58. d. ⅞ | 59. d. | 59. d. ⅛

ECUS	L.	S.	D.	L.	S.	D.	L.	S.	D.	L.	S.	D.	L.	S.	D.
1000	2993	12	·	2987	4	8·	2980	17	10·	2974	11	6·	2968	5	9
900	2694	4	9·	2688	10	2·	2682	16	·	2677	2	4·	2671	9	2
800	2394	17	7·	2389	15	8·	2384	14	3·	2379	13	2·	2374	12	7
700	2095	10	4·	2091	1	3·	2086	12	5·	2082	4	·	2077	16	
600	1796	3	2·	1792	6	9·	1788	10	8·	1784	14	10·	1780	19	5
500	1496	16	·	1493	12	4·	1490	8	11·	1487	5	9·	1484	2	10
400	1197	8	9·	1194	17	10·	1192	7	1·	1189	16	7·	1187	6	3
300	898	1	7·	896	3	4·	894	5	4·	892	7	5·	890	9	8
200	598	14	4·	597	8	11·	596	3	6·	594	18	3·	593	13	1
100	299	7	2·	298	14	5·	298	1	9·	297	9	1·	296	16	6
90	269	8	5·	268	16	11·	268	5	6·	267	14	2·	267	2	10
80	239	9	8·	238	19	6·	238	9	4·	237	19	3·	237	9	2
70	209	11	·	209	2	1·	208	13	2·	208	4	4·	207	15	6
60	179	12	3·	179	4	7·	178	17	·	178	9	5·	178	1	10
50	149	13	7·	149	7	2·	149		10·	148	14	6·	148	8	3
40	119	14	10·	119	9	9·	119	4	8·	118	19	7·	118	14	11
30	89	16	1·	89	12	3·	89	8	6·	89	4	8·	89		11
20	59	17	5·	59	14	10·	59	12	4·	59	9	9·	59	7	3
10	29	18	8·	29	17	5·	29	16	2·	29	14	10·	29	13	7
9	26	18	9·	26	17	8·	26	16	6·	26	15	4·	26	14	2
8	23	18	11·	23	17	11·	23	16	11·	23	15	10·	23	15	10
7	20	19	·	20	18	2·	20	17	3·	20	16	4·	20	15	6
6	17	19	2·	17	18	5·	17	17	8·	17	16	10·	17	16	1
5	14	19	4·	14	18	8·	14	18	1·	14	17	5·	14	16	9
4	11	19	5·	11	18	11·	11	18	5·	11	17	11·	11	17	5
3	8	19	7·	8	19	2·	8	18	10·	8	18	5·	8	18	
2	5	19	8·	5	19	5·	5	19	2·	5	18	11·	5	18	8
1	2	19	10·	2	19	8·	2	19	7·	2	19	5·	2	19	4
15 ſ	2	4	10·	2	4	9·	2	4	8·	2	4	6·	2	4	6
10	1	9	11·	1	9	10·	1	9	9·	1	9	8·	1	9	8
5		14	11·		14	11·		14	10·		14	10·		14	10
4		11	11·		11	11·		11	11·		11	10·		11	10
3		8	11·		8	11·		8	11·		8	10·		8	10
2		5	11·		5	11·		5	11·		5	11·		5	11
1		2	11·		2	11·		2	11·		2	11·		2	11
9 d		2	2·		2	2·		2	2·		2	2·		2	2
6		1	5·		1	5·		1	5·		1	5·		1	5
4			11·			11·			11·			11·			11
3			8·			8·			8·			8·			8
2			5·			5·			5·			5·			5
1			2·			2·			2·			2·			2

LA FRANCE
Tire
SUR LA HOLLANDE
à 58. den. ½ de Gros par Ecu de change.

ECUS de change tirez & négociez.	PRODUIT de la négociation en France à 59. d. ¼			PRODUIT de la négociation en France à 59. d. ⅛			PRODUIT de la négociation en France à 59. d. ½		
ECUS.	L.	S.	D.	L.	S.	D.	L.	S.	D.
1000	2962		6.	2955	15	9.	2949	11	7.
900	2665	16	5.	2660	4	2.	2654	12	5.
800	2369	12	4.	2364	12	7.	2359	13	3.
700	2073	8	4.	2069	1	.	2064	14	1.
600	1777	4	3.	1773	9	5.	1769	14	11.
500	1481		3.	1477	17	10.	1474	15	9.
400	1184	16	2.	1182	6	3.	1179	16	7.
300	898	12	1.	886	14	8.	884	17	5.
200	592	8	1.	591	3	1.	589	18	3.
100	296	4	1.	295	11	6.	294	19	1.
90	266	11	8.	266		4.	265	9	2.
80	236	19	3.	236	9	2.	235	19	3.
70	207	6	9.	206	18	.	206	9	4.
60	177	14	4.	177	6	10.	176	19	5.
50	148	2	.	147	15	9.	147	9	6.
40	118	9	7.	118	4	7.	117	19	7.
30	88	17	2.	88	13	5.	88	9	8.
20	59	4	9.	59	2	3.	58	19	9.
10	29	12	4.	29	11	1.	29	9	10.
9	26	13	1.	26	11	11.	26	10	10.
8	23	13	10.	23	12	10.	23	11	10.
7	20	14	7.	20	13	9.	20	12	10.
6	17	15	4.	17	14	7.	17	13	10.
5	14	16	2.	14	15	6.	14	14	11.
4	11	16	11.	11	16	5.	11	15	11.
3	8	17	8.	8	17	3.	8	16	11.
2	5	18	5.	5	18	2.	5	17	11.
1	2	19	2.	2	19	1.	2	18	11.
15 s		2	4.		2	3.		2	2.
10	1	9	7.	1	9	6.	1	9	5.
5		14	9.		14	9.		14	8.
4		11	10.		11	9.		11	9.
3		8	10.		8	9.		8	9.
2		5	11.		5	10.		5	10.
1		2	11.		2	11.		2	11.
9 d		2	2.		2	2.		2	2.
6		1	5.		1	5.		1	5.
4			11.			11.			11.
3			8.			8.			8.
2			5.			5.			5.
1			2.			2.			2.

LA FRANCE
Tire
SUR LA HOLLANDE
à 58. den. ⅝ de Gros par Ecu de change.

ECUS de change tirez & négociez	VALEUR en Hollande sur le pied de la traitte en Florins			VALEUR en Hollande, &c. en liv. de Gros			PRODUIT de la négociation en France à 57. d. ⅝			PRODUIT de la négociation en France à 57. d. ¾			PRODUIT de la négociation en France à 57. d. ⅞		
ECUS.	Fl.	S.	P.	L.	S.	D.G.	L.	S.	D.	L.	S.	D.	L.	S.	D.
1000	1465	12	8	244	5	6	3052	1	2	3045	9	1	3038	17	6
900	1319	1	4	219	16	10	2746	17		2740	18	2	2734	19	9
800	1172	10		195	8	4	2441	12	11	2436	7	3	2431	2	
700	1025	18	12	170	19	9	2136	8	9	2131	16	4	2127	4	3
600	879	7	8	146	11	3	1831	4	8	1827	5	5	1823	6	6
500	732	16	4	122	2	8	1526		7	1522	14	6	1519	8	9
400	586	5		97	14	2	1220	16	5	1218	3	7	1215	11	
300	439	13	12	73	5	7	915	12	4	913	11	8	911	13	3
200	293	2	8	48	17	1	610	8	2	609	1	9	607	15	6
100	146	11	4	24	8	6	305	4	1	304	10	10	303	17	9
90	131	18	2	21	19	7	274	13	8	274	1	9	273	9	11
80	117	5		19	10	9	244	3	3	243	12	8	243	2	2
70	102	11	14	17	1	11	213	12	10	213	5	7	212	14	5
60	87	18	12	14	13	1	183	2	5	182	14	6	182	6	7
50	73	5	10	12	4	3	152	12		152	5	5	151	18	10
40	58	12	8	9	15	4	122	1	7	121	16	4	121	11	1
30	43	19	6	7	6	6	91	11	2	91	7	3	91	3	3
20	29	6	4	4	17	8	61		9	60	18	2	60	15	6
10	14	13	2	2	8	10	30	10	4	30	9	1	30	7	2
9	13	3	13	2	3	11	27	9	3	27	8	2	27	6	11
8	11	14	8	1	19		24	8	3	24	7	3	24	6	2
7	10	5	3	1	14	2	21	7	2	21	6	4	21	5	5
6	8	15	14	1	9	3	18	6	2	18	5	5	18	4	7
5	7	6	9	1	4	5	15	5	2	15	4	6	15	3	10
4	5	17	4		19	6	12	4	1	12	3	7	12	3	1
3	4	7	15		14	7	9	3	1	9	2	8	9	2	3
2	2	18	10		9	9	6	2		6	1	9	6	1	6
1	1	9	5		4	10	3	1		3		10	3		9
15 ſ	1	9	15		3	7	2	5	9	2	5	7	2	5	6
10		14	10		2	5	1	10	6	1	10	5	1	30	4
5		7	5		1	2		15	3		15	2		15	2
4		5	13			11		12	6		12	2		12	2
3		3	9			8		9	4		9	1		9	1
2		2	6			5		6	3		6	1		6	1
1		1	3			2		3	1		3			3	
9 d			14			1		2	3		2	3		2	3
6			9			1		1	6		1	6		1	6
4			6					1			1			1	
3			4						9			9			9
2			3						6			6			6
1			1						3			3			3

LA FRANCE
Tire
SUR LA HOLLANDE
à 58. den. $\frac{5}{8}$ de Gros par Ecu de change.

ECUS de change tirez & négociez	58 d. — L	S	D	58 d. $\frac{1}{8}$ — L	S	D	58 d. $\frac{1}{4}$ — L	S	D	58 d. $\frac{3}{8}$ — L	S	D	58 d. $\frac{1}{2}$ — L	S	D
1000	3032	6	6	3025	16	1	3019	6	3	3012	16	11	3006	8	2
900	2729	1	10	2723	4	5	2717	7	7	2711	11	2	2705	15	4
800	2425	17	2	2420	12	10	2415	9		2410	5	6	2405	2	6
700	2122	12	6	2118	1	3	2113	10	4	2108	19	10	2104	9	8
600	1819	7	10	1815	9	7	1811	11	9	1807	14	1	1803	16	10
500	1516	3	3	1512	18		1509	13	1	1506	8	5	1503	4	1
400	1212	18	7	1210	6	5	1207	14	6	1205	2	9	1202	11	3
300	909	13	11	907	14	9	905	15	10	903	17		901	18	5
200	606	9	3	605	3	2	603	17	3	602	11	4	601	5	7
100	303	4	7	302	11	7	301	18	7	301	5	8	300	12	9
90	272	18	1	272	6	5	271	14	8	271	3	1	270	11	5
80	242	11	8	242	1	3	241	10	10	241		6	240	10	2
70	212	5	2	211	16	1	211	7		210	17	11	210	8	11
60	181	18	9	181	10	11	181	3	1	180	15	4	180	7	7
50	151	12	3	151	5	9	150	19	3	150	12	10	150	6	4
40	121	5	10	121		7	120	15	5	120	10	3	120	5	1
30	90	19	4	90	15	5	90	11	6	90	7	8	90	3	9
20	60	12	11	60	10	3	60	7	8	60	5	1	60	2	6
10	30	6	5	30	5	1	30	3	10	30	2	6	30	1	3
9	27	5	9	27	4	6	27	3	5	27	2	3	27	1	1
8	24	5	1	24	4		24	3		24	2		24	1	
7	21	4	5	21	3	6	21	2	8	21	1	9	21		10
6	18	3	10	18	3		18	2	3	18	1	6	18		9
5	15	3	2	15	2	6	15	1	11	15	1	3	15		7
4	12	2	6	12	2		12	1	6	12	1		12		6
3	9	1	11	9	1	6	9	1	1	9		9	9		4
2	6	1	3	6	1		6		9	6		6	6		3
1	3		7	3		6	3		4	3		3	3		1
15 ſ	2	5	5	2	5	4	2	5	3	2	5	2	2	5	
10	1	10	3	1	10	3	1	10	2	1	10	1	1	10	
5		15	1		15	1		15	1		15			15	
4		12	1		12	1		12			12			12	
3		9			9			9			9			9	
2		6			6			6			6			6	
1		3			3			3			3			3	
9 d		2	3		2	3		2	3		2	3		2	3
6		1	6		1	6		1	6		1	6		1	6
4		1			1			1			1			1	
3			9			9			9			9			9
2			6			6			6			6			6
1			3			3			3			3			3

LA FRANCE

Tire

SUR LA HOLLANDE

à 58. den. $\frac{5}{8}$ de Gros par Ecu de change.

ECUS de change tirez & négociez.	PRODUIT de la négoci[illegible] en Fra[illegible] à 58. d. [illegible]/4			PRODUIT [illegible]égociation [illegible]rance à [illegible]. d. 7/8			PRODUIT de la négociation en France à 59. d.			PRODUIT de la négociation en France à 59. d. 1/8			PRODUIT de la négociation en France à 59. d. 1/4		
ECUS.	L.	S.	D.	L.	S.	D.	L.	S.	D.	L.	S.	D.	L.	S.	D.
1000 ...	2993	12	4.	2987	5	2.	2980	18	7.	2974	12	7.	2968	7	1
900 ...	2694	5	1.	2688	10	7.	2682	16	8.	2677	3	3.	2671	10	4
800 ...	2394	17	10.	2389	16	1.	2384	14	10.	2379	14	.	2374	13	8
700 ...	2095	10	7.	2091	1	7.	2086	13	.	2082	4	9.	2077	16	11
600 ...	1796	3	4.	1792	7	1.	1788	11	1.	1784	15	6.	1780	10	3
500 ...	1496	16	2.	1493	12	7.	1490	9	3.	1487	6	3.	1483	13	6
400 ...	1197	8	11.	1194	18	.	1192	7	5.	1189	17	.	1186	16	10
300 ...	898	1	8.	896	3	6.	894	5	6.	892	7	9.	890		1
200 ...	598	14	5.	597	9	.	596	3	8.	594	18	6.	593	13	5
100 ...	299	7	2.	298	14	6.	298	1	10.	297	9	3.	296	16	8
90 ...	269	8	5.	268	17	.	268	5	7.	267	14	3.	267	3	
80 ...	239	9	8.	238	19	7.	238	9	5.	237	19	4.	237	9	4
70 ...	209	11	.	209	2	1.	208	13	3.	208	4	5.	207	15	8
60 ...	179	12	3.	179	4	8.	178	17	1.	178	9	6.	178	2	
50 ...	149	13	7.	149	7	3.	149		11.	148	14	7.	148	8	4
40 ...	119	14	10.	119	9	9.	119	4	8.	118	19	8.	118	14	8
30 ...	89	16	1.	89	12	4.	89	8	6.	89	4	9.	89	1	
20 ...	59	17	5.	59	14	10.	59	12	4.	59	9	10.	59	7	4
10 ...	29	18	8.	29	17	5.	29	16	2.	29	14	11.	29	13	8
9 ...	26	18	9.	26	17	8.	26	16	6.	26	15	5.	26	14	3
8 ...	23	18	11.	23	17	11.	23	16	11.	23	15	11.	23	14	11
7 ...	20	19	.	20	18	2.	20	17	3.	20	16	5.	20	15	6
6 ...	17	19	2.	17	18	5.	17	17	8.	17	16	11.	17	16	2
5 ...	14	19	4.	14	18	8.	14	18	1.	14	17	5.	14	16	10
4 ...	11	19	5.	11	18	11.	11	18	5.	11	17	11.	11	17	5
3 ...	8	19	7.	8	19	2.	8	18	10.	8	18	5.	8	18	1
2 ...	5	19	8.	5	19	5.	5	19	2.	5	18	11.	5	18	8
1 ...	2	19	10.	2	19	8.	2	19	7.	2	19	5.	2	19	4
15 ſ. ...	2	4	10.	2	4	9.	2	4	8.	2	4	6.	2	4	6
10 ...	1	9	11.	1	9	10.	1	9	9.	1	9	8.	1	9	8
5 ...		14	11.		14	11.		14	10.		14	10.		14	10
4 ...		11	11.		11	11.		11	11.		11	10.		11	10
3 ...		8	11.		8	11.		8	11.		8	10.		8	10
2 ...		5	11.		5	11.		5	11.		5	11.		5	11
1 ...		2	11.		2	11.		2	11.		2	11.		2	11
9 d.		2	1.		2	1.		2	[illegible].		2	1.		2	1
6 .		1	5.		1	5.		1	5.		1	5.		1	5
4 .			11.			11.			11.			11.			11
3 .			8.			8.			8.			8.			8
2 .			5.			5.			5.			5.			5
1 .			2.			2.			2.			2.			2

LA FRANCE
Tire
SUR LA HOLLANDE
à 58. den. $\frac{5}{8}$ de Gros par Ecu de change.

ECUS de change tirez & négociez.	PRODUIT de la négociation en France à 59. d. $\frac{3}{8}$			PRODUIT de la négociation en France à 59. d. $\frac{1}{2}$			PRODUIT de la négociation en France à 59. d. $\frac{5}{8}$		
ECUS.	L.	S.	D.	L.	S.	D.	L.	S.	D.
1000	2962	2	1	2955	17	7	2949	13	2
900	2665	17	10	2660	5	9	2654	13	10
800	2369	13	8	2364	14	.	2359	14	6
700	2073	9	5	2069	2	3	2064	15	2
600	1777	5	3	1773	10	6	1769	15	10
500	1481	1	.	1477	18	9	1474	16	7
400	1184	16	10	1182	7	.	1179	17	3
300	888	12	7	886	15	3	884	17	11
200	592	8	5	591	3	6	589	18	7
100	296	4	2	295	11	9	294	19	3
90	266	11	9	266	.	6	265	9	3
80	236	19	4	236	9	4	235	19	4
70	207	6	11	206	18	2	206	9	5
60	177	14	6	177	7	.	176	19	6
50	148	2	1	147	15	10	147	9	7
40	118	9	8	118	4	8	117	19	8
30	88	17	3	88	13	6	88	9	9
20	59	4	10	59	2	4	58	19	10
10	29	12	5	29	11	2	29	9	11
9	26	13	2	26	12	.	26	10	11
8	23	13	11	23	12	11	23	11	11
7	20	14	8	20	13	9	20	12	11
6	17	15	5	17	14	8	17	13	11
5	14	16	2	14	15	7	14	14	11
4	11	16	11	11	16	5	11	15	11
3	8	17	8	8	17	4	8	16	11
2	5	18	5	5	18	2	5	17	11
1	2	19	2	2	19	1	2	18	11
15 ſ		2	4	4	2	4	3	2	4	2
10		1	9	7	1	9	6	1	9	5
5			14	9		14	9		14	8
4			11	10		11	9		11	9
3			8	10		8	9		8	9
2			5	11		5	10		5	10
1			2	11		2	11		2	11
9 d.		2	2		2	2		2	2	
6		1	5		1	5		1	5	
4			11			11			11	
3			8			8			8	
2			5			5			5	
1			2			2			2	

LA FRANCE
Tire
SUR LA HOLLANDE
à 58. den. $\frac{3}{4}$ de Gros par Ecu de change.

ECUS de change tirez & negociez.	VALEUR en Hollande sur le pied de la traitte en Florins			VALEUR en Hollande &c. en liv. de Gros			PRODUIT de la négociation en France à 57. d. $\frac{3}{4}$			PRODUIT de la negociation en France à 57. d. $\frac{7}{8}$			PRODUIT de la negociation en France à 58 d.		
ECUS.	Fl.	S.	P.	L.	S.	D.G	L.	S.	D.	L.	S.	D.	L.	S.	D.
1000	1468	15		244	15	10	3051	18	11	3045	7	1	3038	15	10
900	1321	17	8	220	6	3	2746	15		2740	16	4	2734	18	3
800	1175			195	16	8	2441	11	1	2436	5	8	2431		8
700	1028	2	8	171	7	1	2136	7	2	2131	14	11	2127	3	1
600	881	5		146	17	6	1831	3	4	1827	4	3	1823	5	6
500	734	7	8	122	7	11	1525	19	5	1522	13	6	1519	7	11
400	587	10		97	18	4	1220	15	6	1218	2	10	1215	10	4
300	440	12	8	73	8	9	915	11	8	913	12	1	911	12	9
200	293	15		48	19	2	610	7	9	609	1	5	607	15	2
100	146	17	8	24	9	7	305	3	10	304	10	8	303	17	7
90	132	3	12	22		7	274	13	5	274	1	7	273	9	9
80	117	10		19	11	8	244	3		243	12	6	243	2	
70	102	16	4	17	2	8	213	12	8	213	3	5	212	14	3
60	88	2	8	14	13	9	183	2	3	182	14	4	182	6	6
50	73	8	12	12	4	9	152	11	11	152	5	4	151	18	9
40	58	15		9	15	10	122	1	6	121	16	3	121	11	
30	44	1	4	7	6	10	91	11	1	91	7	2	91	3	3
20	29	7	8	4	17	11	61		9	60	18	1	60	15	6
10	14	13	12	2	8	11	30	10	4	30	9		30	7	9
9	13	4	6	2	4		27	9	3	27	8	1	27	6	11
8	11	15		1	19	1	24	8	3	24	7	2	24	6	2
7	10	5	10	1	14	2	21	7	2	21	6	3	21	5	5
6	8	16	4	1	9	4	18	6	2	18	5	4	18	4	7
5	7	6	14	1	4	5	15	5	2	15	4	6	15	3	10
4	5	17	8		19	6	12	4	1	12	3	7	12	3	1
3	4	8	2		14	8	9	3	1	9	2	8	9	2	3
2	2	18	12		9	9	6	2		6	1	9	6	1	6
1	1	9	6		4	10	3	1		3		10	3		9
15 ſ	1	2			3	7	2	5	9	2	5	7	2	5	6
10		14	11		2	5	1	10	6	1	10	5	1	10	4
5		7	5		1	2		15	3		15	2		15	2
4		5	14			11		12	2		12	2		12	1
3		4	6			8		9	1		9	1		9	1
2		2	15			5		6	1		6	1		6	1
1		1	7			2		3			3			3	
9 d		1				1		2	6		2	3		2	3
6			11			1		1	6		1	6		1	6
4			7					1			1			1	
3			5						9			9			9
2			3						6			6			6
1			1						3			3			3

LA FRANCE
Tire
SUR LA HOLLANDE
à 58. den. $\frac{3}{4}$ de Gros par Ecu de change.

ECUS de change tirez & negociez.	PRODUIT de la negociation en France à 58. d. $\frac{1}{8}$			PRODUIT de la negociation en France à 58. d. $\frac{1}{4}$			PRODUIT de la negociation en France à 58. d. $\frac{3}{8}$			PRODUIT de la negociation en France à 58. d. $\frac{1}{2}$			PRODUIT de la negociation en France à 58. d. $\frac{5}{8}$		
ECUS.	L.	S.	D.	L.	S.	D.	L.	S.	D.	L.	S.	D.	L.	S.	D.
1000	3032	5	2	3025	15		3019	5	5	3012	16	5	3006	7	11
900	2729		7	2723	3	6	2717	6	10	2711	10	9	2705	15	1
800	2425	16	1	2420	12		2415	8	4	2410	5	1	2405	2	4
700	2122	11	7	2118		6	2113	9	9	2108	19	5	2104	9	6
600	1819	7	1	1815	9		1811	11	3	1807	13	10	1803	16	9
500	1516	2	7	1512	17	6	1509	12	8	1506	8	2	1503	3	11
400	1212	18		1210	6		1207	14	2	1205	2	6	1202	11	2
300	909	13	6	907	14	6	905	15	7	903	16	11	901	18	4
200	606	9		605	3		603	17	1	602	11	3	601	5	7
100	303	4	6	302	11	6	301	18	6	301	5	7	300	12	9
90	272	18		272	6	4	271	14	7	271	3		270	11	5
80	242	11	7	242	1	2	241	10	9	241		5	240	10	2
70	212	5	1	211	16		211	6	11	210	17	10	210	8	11
60	181	18	8	181	10	10	181	3	1	180	15	4	180	7	7
50	151	12	5	151	5	9	150	19	3	150	12	9	150	6	4
40	121	5	9	121		7	120	15	4	120	10	2	120	5	1
30	90	19	4	90	15	5	90	11	6	90	7	8	90	3	9
20	60	12	10	60	10	3	60	7	8	60	5	1	60	2	6
10	30	6	5	30	5	1	30	3	10	30	2	6	30	1	3
9	27	5	9	27	4	6	27	3	5	27	2	3	27	1	1
8	24	5	1	24	4		24	3		24	2		24	1	
7	21	4	5	21	3	6	21	2	8	21	1	9	21		10
6	18	3	10	18	3		18	2	3	18	1	6	18		9
5	15	3	2	15	2	6	15	1	11	15	1	3	15		7
4	12	2	6	12	2		12	1	6	12	1		12		6
3	9	1	11	9	1	6	9	1	1	9		9	9		4
2	6	1	3	6	1		6		9	6		6	6		3
1	3		7	3		6	3		4	3		3	3		1
15 ſ	2	5	4	2	5	4	2	5	3	2	5	1	2	5	
10	1	10	3	1	10	3	1	10	2	1	10	1	1	10	
5		15	2		15	1		15	1		15			15	
4		12	1		12	1		12			12			12	
3		9			9			9			9			9	
2		6			6			6			6			6	
1		3			3			3			3			3	
9 d		2	3		2	3		2	3		2	3		2	3
6		1	6		1	6		1	6		1	6		1	6
4		1			1			1			1			1	
3			9			9			9			9			9
2			6			6			6			6			6
1			3			3			3			3			3

LA FRANCE
Tire
SUR LA HOLLANDE
à 58. den. $\frac{3}{4}$ de Gros par Ecu de change.

ECUS de change tirez & negociez	PRODUIT de la negociation en France à 58. d. $\frac{7}{8}$			PRODUIT de la negociation en France à 59. d.			PRODUIT de la negociation en France à 59. d. $\frac{1}{8}$			PRODUIT de la negociation en France à 59. d. $\frac{1}{4}$			PRODUIT de la negociation en France à 59. d. $\frac{3}{8}$		
ECUS.	L.	S.	D.	L.	S.	D.	L.	S.	D.	L.	S.	D.	L.	S.	D.
1000	2993	12	7	2987	5	9	2980	19	5	2974	13	8	2968	8	5
900	2694	5	3	2688	11	2	2682	17	5	2677	4	3	2671	11	6
800	2394	18	.	2389	16	7	2384	15	6	2379	14	11	2374	14	8
700	2095	10	9	2091	2	.	2086	13	7	2082	5	6	2077	17	10
600	1796	3	6	1792	7	5	1788	11	7	1784	16	2	1781	1	.
500	1496	16	3	1493	12	10	1490	9	8	1487	6	10	1484	4	2
400	1197	9	.	1194	18	3	1192	7	9	1189	17	5	1187	7	4
300	898	1	9	896	3	8	894	5	9	892	8	1	890	10	6
200	598	14	6	597	9	1	596	3	10	594	18	8	593	13	8
100	299	7	3	298	14	6	298	1	11	297	9	4	296	16	10
90	269	8	6	268	17	.	268	5	8	267	14	4	267	3	1
80	239	9	9	238	19	7	238	9	6	237	19	5	237	9	5
70	209	11	.	209	2	1	208	13	4	208	4	6	207	15	9
60	179	12	4	179	4	8	178	17	1	178	9	7	178	2	1
50	149	13	7	149	7	3	149		11	148	14	8	148	8	5
40	119	14	10	119	9	9	119	4	9	118	19	8	118	14	8
30	89	16	2	89	12	4	89	8	6	89	4	9	89	1	.
20	59	17	5	59	14	10	59	12	4	59	9	10	59	7	4
10	29	18	8	29	17	5	29	16	2	29	14	11	29	13	8
9	26	18	9	26	17	8	26	16	6	26	15	5	26	14	3
8	23	18	11	23	17	11	23	16	11	23	15	11	23	14	11
7	20	19	.	20	18	2	20	17	3	20	16	5	20	15	6
6	17	19	2	17	18	5	17	17	8	17	16	11	17	16	2
5	14	19	4	14	18	8	14	18	1	14	17	5	14	16	10
4	11	19	5	11	18	11	11	18	5	11	17	11	11	17	5
3	8	19	7	8	19	2	8	18	10	8	18	5	8	18	1
2	5	19	8	5	19	5	5	19	2	5	18	11	5	18	8
1	2	19	10	2	19	8	2	19	7	2	19	5	2	19	4
15 ſ	2	4	10	2	4	9	2	4	7	2	4	6	2	4	6
10	1	9	11	1	9	10	1	9	9	1	9	8	1	9	8
5		14	11		14	11		14	10		14	10		14	10
4		11	11		11	11		11	11		11	10		11	10
3		8	11		8	11		8	11		8	10		8	10
2		5	11		5	11		5	11		5	11		5	11
1		2	11		2	11		2	11		2	11		2	11
9 d		2	1		2	1		2	1		2	1		2	1
6		1	5		1	5		1	5		1	5		1	5
4			11			11			11			11			11
3			8			8			8			8			8
2			5			5			5			5			5
1			2			2			2			2			2

LA FRANCE
Tire
SUR LA HOLLANDE
à 58. den. ¾ de Gros par Ecu de change.

ECUS de change tirez & negociez.	PRODUIT de la negociation en France à 59. d. ½			PRODUIT de la negociation en France à 59. d. ⅝			PRODUIT de la negociation en France à 59. d. ¾		
ECUS.	L.	S.	D.	L.	S.	D.	L.	S.	D.
1000	2962	3	8	2955	19	5	2949	15	9
900	2665	19	3	2660	7	5	2654	16	2
800	2369	14	11	2364	15	6	2359	16	7
700	2073	10	6	2069	3	7	2064	17	..
600	1777	6	2	1773	11	7	1769	17	5
500	1481	1	10	1477	19	8	1474	17	10
400	1184	17	5	1182	7	9	1179	18	3
300	888	13	1	886	15	9	884	18	8
200	592	8	8	591	3	10	589	19	1
100	296	4	4	295	11	11	294	19	6
90	266	11	10	266		8	265	9	6
80	236	19	5	236	9	6	235	19	7
70	207	7	..	206	18	4	206	9	7
60	177	14	7	177	7	1	176	19	8
50	148	2	2	147	15	11	147	9	9
40	118	9	8	118	4	9	117	19	9
30	88	17	3	88	13	6	88	2	10
20	59	4	10	59	2	4	58	19	10
10	29	12	5	29	11	2	29	9	11
9	26	13	2	26	12	..	26	10	11
8	23	13	11	23	12	11	23	11	11
7	20	14	8	20	13	9	20	12	11
6	17	15	5	17	14	8	17	13	11
5	14	16	2	14	15	7	14	14	11
4	11	16	11	11	16	5	11	15	11
3	8	17	8	8	17	4	8	16	11
2	5	18	5	5	18	2	5	17	11
1	2	19	2	2	19	1	2	18	11
15 ſ		2	4	4	2	4	3	2	4	1
10	1	9	7	1	9	6	1	9	5
5		14	9		14	9		14	8
4		11	10		11	9		11	9
3		8	10		8	9		8	9
2		5	11		5	10		5	10
1		2	11		2	11		2	11
9 d		2	1		2	1		2	1
6		1	5		1	5		1	5
4			11			11			11
3			8			8			8
2			5			5			5
1			2			2			2

LA FRANCE
Tire
SUR LA HOLLANDE
à 58. den. $\frac{7}{8}$ de Gros par Ecu de change.

ECUS de change tirez & negociez.	VALEUR en Hollande sur le pied de la Traitte en Florins.			VALEUR en Hollande &c. en liv. de Gros.			PRODUIT de la negociation en France à 57. d. $\frac{7}{8}$			PRODUIT de la negociation en France à 58. d.			PRODUIT de la negociation en France à 58. d. $\frac{1}{8}$		
ECUS.	Fl.	S.	P.	L.	S.	D.G	L.	S.	D.	L.	S.	D.	L.	S.	D.
1000	1471	17	8	245	6	3	3051	16	8	3045	5	2	3038	14	2
900	1324	13	12	220	15	7	2746	13		2740	14	7	2734	16	9
800	1177	10		196	5		2441	9	4	2436	4	1	2430	19	4
700	1030	6	4	171	14	4	2136	5	8	2131	13	7	2127	1	11
600	883	2	8	147	3	9	1831	2		1827	3	1	1823	4	6
500	735	18	12	122	13	1	1525	18	4	1522	12	7	1519	7	1
400	588	15		98	2	6	1220	14	8	1218	2		1215	9	8
300	441	11	4	73	11	10	915	11		913	11	6	911	12	3
200	294	7	8	49	1	3	610	7	4	609	1		607	14	10
100	147	3	12	24	10	7	305	3	8	304	10	6	303	17	5
90	132	9	6	22	1	6	274	13	3	274	1	5	273	9	8
80	117	15		19	12	5	244	2	11	243	12	4	243	1	11
70	103		10	17	3	4	213	12	6	213	3	4	212	14	2
60	88	6	4	14	14	4	183	2	2	182	14	3	182	6	5
50	73	11	14	12	5	3	152	11	10	152	5	3	151	18	8
40	58	17	8	9	16	2	122	1	5	121	16	2	111	10	11
30	44	3	2	7	7	2	91	11	11	91	7	1	91	3	2
20	29	8	12	4	18	1	61		8	60	18	1	60	15	5
10	14	14	6	2	9		30	10	4	30	9		30	7	8
9	13	4	15	2	4	1	27	9	3	27	8	1	27	6	10
8	11	15	8	1	19	2	24	8	3	24	7	2	24	6	1
7	10	6	1	1	14	3	21	7	2	21	6	3	21	5	4
6	8	16	10	1	9	4	18	6	2	18	5	4	18	4	7
5	7	7	3	1	4	6	15	5	2	15	4	6	15	3	10
4	5	17	12		19	7	12	4	1	12	3	7	12	3	
3	4	8	5		14	8	9	3	1	9	2	8	9	2	3
2	2	18	14		9	9	6	2		6	1	9	6	1	6
1	1	9	7		4	10	3	1		3		10	3		9
15 ſ	1	2	2		3	7	2	5	9	2	5	7	2	5	6
10		14	9		2	5	1	10	6	1	10	5	1	10	4
5		7	4		1	2		15	3		15	2		15	2
4		5	11			11		12	2		12	2		12	2
3		4	5			8		9	1		9	1		9	1
2		2	11			5		6	1		6	1		6	1
1		1	5			2		3			3			3	
9 d		1				1		2	3		2	3		2	3
6			8					1	6		1	6		1	6
4			5					1			1			1	
3			4						9			9			9
2			2						6			6			6
1			1						3			3			3

Q

LA FRANCE
Tire
SUR LA HOLLANDE
à 58. den. $\frac{7}{8}$ de Gros par Ecu de change.

ECUS de change tirez & negociez	PRODUIT de la negociation en France à 58. d. $\frac{1}{4}$			PRODUIT de la negociation en France à 58. d. $\frac{3}{8}$			PRODUIT de la negociation en France à 58. d. $\frac{1}{2}$			PRODUIT de la negociation en France à 58. d. $\frac{5}{8}$			PRODUIT de la negociation en France à 58. d. $\frac{3}{4}$		
ECUS.	L.	S.	D.	L.	S.	D.	L.	S.	D.	L.	S.	D.	L.	S.	D.
1000	3032	3	9	3025	13	11	3019	4	7	3011	15	10	3006	7	7
900	2728	19	4	2723	2	6	2717	6	1	2711	10	3	2705	14	9
800	2425	15		2420	11	1	2415	7	8	2410	4	8	2405	2	
700	2122	10	7	2117	19	8	2113	9	2	2108	19	1	2104	9	3
600	1819	6	3	1815	8	4	1811	10	9	1807	13	6	1803	16	6
500	1516	1	10	1512	16	11	1509	12	3	1506	7	11	1503	3	9
400	1212	17	6	1210	5	6	1207	13	10	1205	2	4	1202	11	
300	909	13	1	907	14	2	905	15	4	903	16	9	901	18	3
200	606	8	9	605	2	9	603	16	11	602	11	2	601	5	6
100	303	4	4	302	11	4	301	18	5	301	5	7	300	12	9
90	272	17	10	272	6	2	271	14	6	271	3		270	11	5
80	242	11	5	242	1		241	10	8	241		5	240	10	2
70	212	5		211	15	11	211	6	10	210	17	10	210	8	11
60	181	18	7	181	10	9	181	3		180	15	4	180	7	7
50	151	12	2	151	5	8	150	19	2	150	12	9	150	6	4
40	121	5	8	121		6	120	15	4	120	10	2	120	5	1
30	90	19	3	90	15	4	90	11	6	90	7	8	90	3	9
20	60	12	10	60	10	3	60	7	8	60	5	1	60	2	6
10	30	6	5	30	5	1	30	3	10	30	2	6	30	1	3
9	27	5	9	27	4	6	27	3	5	27	2	3	27	1	1
8	24	5	1	24	4		24	3		24	2		24	1	
7	21	4	5	21	3	6	21	2	8	21	1	9	21		10
6	18	3	10	18	3		18	2	3	18	1	6	18		9
5	15	3	2	15	2	6	15	1	13	15	1	3	15		7
4	12	2	6	12	2		12	1	6	12	1		12		6
3	9	1	11	9	1	6	9	1	1	9		9	9		4
2	6	1	3	6	1		6		9	6		6	6		3
1	3		7	3		6	3		4	3		3	3		1
15 ʃ	2	5	5	2	5	4	2	5	3	2	5	2	2	5	
10	1	10	3	1	10	3	1	10	2	1	10	1	1	10	
5		15	1		15	1		15	1		15			15	
4		12	1		12	1		12			12			12	
3		9			9			9			9			9	
2		6			6			6			6			6	
1		3			3			3			3			3	
9 d		2	3		2	3		2	3		2	3		2	3
6		1	6		1	6		1	6		1	6		1	6
4		1			1			1			1			1	
3			9			9			9			9			9
2			6			6			6			6			6
1			3			3			3			3			3

LA FRANCE
Tire
SUR LA HOLLANDE
à 58. den. $\frac{7}{8}$ de Gros par Ecu de change.

ECUS de change tirez & negociez	PRODUIT de la negociation en France à 59. d.			PRODUIT de la negociation en France à 59. d. $\frac{1}{8}$			PRODUIT de la negociation en France à 59. d. $\frac{1}{4}$			PRODUIT de la negociation en France à 59. d. $\frac{3}{8}$			PRODUIT de la négociation en France à 59. d. $\frac{1}{2}$		
ECUS.	L.	S.	D.	L.	S.	D.	L.	S.	D.	L.	S.	D.	L.	S.	D.
1000	2993	12	10	2987	6	7	2981		3	2974	14	8	2968	9	8
900	2694	5	6	2688	11	11	2682	18	2	2677	5	2	2671	12	8
800	2394	18	3	2389	17	3	2384	16	2	2379	15	8	2374	15	8
700	2095	10	11	2091	2	7	2086	14	2	2082	6	3	2077	18	9
600	1796	3	8	1792	7	11	1788	12	1	1784	16	9	1781	1	9
500	1496	16	5	1493	13	3	1490	10	1	1487	7	4	1484	4	10
400	1197	9	1	1194	18	7	1192	8	1	1189	17	10	1187	7	10
300	898	1	10	896	3	11	894	6		892	8	4	890	10	10
200	598	14	6	597	9	3	596	4		594	18	11	593	13	11
100	299	7	3	298	14	7	298	2		297	9	5	296	16	11
90	269	8	6	268	17	1	268	5	9	267	14	5	267	3	2
80	239	9	9	238	19	8	238	9	7	237	19	6	237	9	6
70	209	11		209	2	2	208	13	4	208	4	7	207	15	10
60	179	12	4	179	4	9	178	17	2	178	9	7	178	2	1
50	149	13	7	149	7	3	149	1		148	14	8	148	8	5
40	119	14	10	119	9	10	119	4	9	118	19	9	118	14	9
30	89	16	2	89	12	4	89	8	7	89	4	9	89	1	
20	59	17	5	59	14	11	59	12	4	59	9	10	59	7	4
10	29	18	8	29	17	5	29	16	2	29	14	11	29	13	8
9	26	18	9	26	17	8	26	16	6	26	15	5	26	14	3
8	23	18	11	23	17	11	23	16	11	23	15	11	23	14	11
7	20	19		20	18	2	20	17	3	20	16	5	20	15	6
6	17	19	2	17	18	5	17	17	8	17	16	11	17	16	2
5	14	19	4	14	18	8	14	18	1	14	17	5	14	16	10
4	11	19	5	11	18	11	11	18	5	11	17	11	11	17	5
3	8	19	7	8	19	2	8	18	10	8	18	5	8	18	1
2	5	19	8	5	19	5	5	19	2	5	18	11	5	18	8
1	2	19	10	2	19	8	2	19	7	2	19	5	2	19	4
15 ſ	2	4	10	2	4	9	2	4	8	2	4	6	2	4	3
10	1	9	11	1	9	11	1	9	9	1	9	8	1	9	6
5		14	11		14	11		14	10		14	10		14	9
4		11	11		11	11		11	11		11	10		11	9
3		8	10		8	10		8	10		8	10		8	9
2		5	11		5	11		5	11		5	11		5	10
1		2	11		2	11		2	11		2	11		2	11
9 d		2	2		2	2		2	2		2	2		2	2
6		1	5		1	5		1	5		1	5		1	5
4			11			11			11			11			11
3			8			8			8			8			8
2			5			5			5			5			5
1			2			2			2			2			2

LA FRANCE
Tire
SUR LA HOLLANDE
à 58. den. $\frac{7}{8}$ de Gros par Ecu de change.

ECUS de change tirez & negociez	PRODUIT de la negociation en France à 59. d. $\frac{5}{8}$			PRODUIT de la négociation en France à 59. d. $\frac{3}{4}$			PRODUIT de la négociation en France à 59. d. $\frac{7}{8}$		
ECUS.	L.	S.	D.	L.	S.	D.	L.	S.	D.
1000	2962	5	3	2956	1	4	2949	17	10
900	2666	7	8	2660	9	2	2654	18	.
800	2369	16	2	2364	17	.	2359	18	3
700	2073	11	8	2069	4	11	2064	18	5
600	1777	7	1	1773	12	9	1769	18	8
500	1481	2	7	1478	.	8	1474	18	11
400	1184	18	1	1182	8	6	1179	19	1
300	888	13	6	886	16	4	884	19	4
200	592	9	.	591	4	3	589	19	6
100	296	4	6	295	12	1	294	19	9
90	266	12	.	266	.	10	265	9	9
80	236	19	7	236	9	8	235	19	9
70	207	7	1	206	18	5	206	9	9
60	177	14	8	177	7	3	176	19	10
50	148	2	3	147	16	.	147	9	10
40	118	9	9	118	4	10	117	19	10
30	88	17	4	88	13	7	88	9	11
20	59	4	10	59	2	5	58	19	11
10	29	12	5	29	11	2	29	9	11
9	26	13	2	26	12	.	26	10	11
8	23	13	11	23	12	11	23	11	11
7	20	14	8	20	13	9	20	12	11
6	17	15	5	17	14	8	17	13	11
5	14	16	2	14	15	7	14	14	11
4	11	16	11	11	16	5	11	15	11
3	8	17	8	8	17	4	8	16	11
2	5	18	5	5	18	2	5	17	11
1	2	19	2	2	19	1	2	18	11
15 ſ	2	4	4	2	4	3	2	4	2
10	1	9	7	1	9	6	1	9	5
5		14	9		14	9		14	8
4		11	10		11	10		11	9
3		8	10		8	10		8	9
2		5	11		5	11		5	10
1		2	11		2	11		2	11
9 d		2	2		2	2		2	2
6		1	5		1	5		1	5
4			11			11			11
3			8			8			8
2			5			5			5
1			2			2			2

LA FRANCE
Tire
SUR LA HOLLANDE
à 59. den. de Gros par Ecu de change.

ECUS de change tirez & négociez.	VALEUR en Hollande sur le pied de la traitte. en Florins.			VALEUR en Hollande, &c. en liv. de Gros.			PRODUIT de la négociation en France à 58. den.			PRODUIT de la négociation en France à 58. d. $\frac{1}{8}$			PRODUIT de la négociation en France à 58. d. $\frac{1}{4}$		
ECUS.	Fl.	S.	P.	L.	S.	D.G	L.	S.	D.	L.	S.	D.	L.	S.	D.
1000	1475			245	16	8	3051	14	5	3045	3	2	3038	12	6
900	1327	10		221	5		2746	10	11	2740	12	10	2734	15	3
800	1180			196	13	4	2441	7	6	2436	2	6	2430	18	
700	1032	10		172	1	8	2136	4	1	2131	12	2	2127		9
600	885			147	10		1831		7	1827	1	10	1823	3	6
500	737	10		122	18	4	1525	17	2	1522	11	7	1519	6	3
400	590			98	6	8	1220	13	9	1218	1	3	1215	9	
300	442	10		73	15		915	10	3	913	10	11	911	11	9
200	295			49	3	4	610	6	10	609		7	607	14	6
100	147	10		24	11	8	305	3	5	304	10	3	303	17	3
90	132	15		22	2	6	274	13		274	1	2	273	9	6
80	118			19	13	4	244	2	8	243	12	2	243	1	9
70	103	5		17	4	2	213	12	4	213	3	2	212	14	
60	88	10		14	15		183	2		182	14	1	182	6	4
50	73	15		12	5	10	152	11	8	152	5	1	151	18	7
40	59			9	16	8	122	1	4	121	16	1	121	10	10
30	44	5		7	7	6	91	11		91	7		91	3	2
20	29	10		4	18	4	61		8	60	18		60	15	5
10	14	15		2	9	2	30	10	4	30	9		30	7	8
9	13	5	8	2	4	3	27	9	3	27	8	1	27	6	10
8	11	16		1	19	4	24	8	3	24	7	2	24	6	1
7	10	6	8	1	14	5	21	7	2	21	6	3	21	5	4
6	8	17		1	9	6	18	6	2	18	5	4	18	4	7
5	7	7	8	1	4	7	15	5	2	15	4	6	15	3	10
4	5	18			19	8	12	4	1	12	3	7	12	3	
3	4	8	8		14	9	9	3	1	9	2	8	9	2	3
2	2	19			9	10	6	2		6	1	9	6	1	6
1	1	9	8		4	11	3	1		3		10	3		9
15 ʃ	1	6	3		3	8	2	5	9	2	5	7	2	5	6
10		14	11		2	5	1	10	5	1	10	5	1	10	4
5		7	6		1	2		15	2		15	2		15	2
4		5	4			11		12	2		12	2		12	1
3		3	15			8		9	1		9	1		9	1
2		2	10			5		6	1		6	1		6	1
1		1	5			2		3			3			3	
9 d			15			1		2	3		2	3		2	3
6			10			1		1	6		1	6		1	6
4			7					1			1			1	
3			5						9			9			9
2			3						6			6			6
1			1						3			3			3

R

LA FRANCE
Tire
SUR LA HOLLANDE
à 59. den. de Gros par Ecu de change.

ECUS de change tirez & négociez.	PRODUIT de la négociation en France à 58 d. $\frac{3}{8}$			PRODUIT de la négociation en France à 58. d. $\frac{1}{2}$			PRODUIT de la négociation en France à 58. d. $\frac{5}{8}$			PRODUIT de la négociation en France à 58. d. $\frac{3}{4}$			PRODUIT de la négociation en France à 58. d. $\frac{7}{8}$		
ECUS.	L.	S.	D.	L.	S.	D.	L.	S.	D.	L.	S.	D.	L.	S.	D.
1000	3032	2	4	3025	12	9	3019	3	9	3012	15	3	3006	7	4
900	2728	18	1	2723	1	5	2717	5	4	2711	9	8	2705	14	7
800	2425	13	10	2420	10	2	2415	7		2410	4	2	2405	1	10
700	2122	9	7	2117	18	11	2113	8	7	2108	18	8	2104	9	1
600	1819	5	4	1815	7	7	1811	10	3	1807	13	1	1803	16	4
500	1516	1	2	1512	16	4	1509	11	10	1506	7	7	1503	3	8
400	1212	16	11	1210	5	1	1207	13	6	1205	2	1	1202	10	11
300	909	12	8	907	13	9	905	15	1	903	16	6	901	18	2
200	606	8	5	605	2	6	603	16	9	602	11		601	5	5
100	303	4	2	302	11	3	301	18	4	301	5	6	300	12	8
90	272	17	9	272	6	1	271	14	6	271	2	11	270	11	4
80	242	11	4	242	1		241	10	8	241		4	240	10	1
70	212	4	11	211	15	10	211	6	10	210	17	10	210	8	10
60	181	18	6	181	10	9	181	3		180	15	3	180	7	7
50	151	12	1	151	5	7	150	19	2	150	12	9	150	6	4
40	121	5	8	121		6	120	15	4	120	10	2	120	5	
30	90	19	3	90	15	4	90	11	6	90	7	7	90	3	9
20	60	12	10	60	10	3	60	7	8	60	5	1	60	2	6
10	30	6	5	30	5	1	30	3	10	30	2	6	30	1	3
9	27	5	9	27	4	6	27	3	5	27	2	3	27	1	1
8	24	5	1	24	4		24	3		24	2		24	1	
7	21	4	5	21	3	6	21	2	8	21	1	9	21		10
6	18	3	10	18	3		18	2	3	18	1	6	18		9
5	15	3	2	15	2	6	15	1	11	15	1	3	15		7
4	12	2	6	12	2		12	1	6	12	1		12		6
3	9	1	11	9	1	6	9	1	1	9		9	9		4
2	6	1	3	6	1		6		9	6		6	6		3
1	3		7	3		6	3		4	3		3	3		1
15 s		2	5	4	2	5	4	2	5	3	2	5	1	2	5
10		1	10	3	1	10	3	1	10	2	1	10	1	1	10
5			15	1		15	1		15			15			15
4			12	1		11	1		12			12			12
3			9			9			9			9			9
2			6			6			6			6			6
1			3			3			3			3			3
9 d			2	3		2	3		2	3		2	3		2	3
6			1	6		1	6		1	6		1	6		1	6
4			1			1			1			1			1
3				9			9			9			9			9
2				6			6			6			6			6
1				3			3			3			3			3

LA FRANCE
Tire
SUR LA HOLLANDE
à 59. den. de Gros par Ecu de change.

ECUS de change tirez & negociez.	PRODUIT de la negociation en France à 59. d. $\frac{1}{8}$			PRODUIT de la negociation en France à 59. d. $\frac{1}{4}$			PRODUIT de la negociation en France à 59. d. $\frac{3}{8}$			PRODUIT de la negociation en France à 59. d. $\frac{1}{2}$			PRODUIT de la negociation en France à 59. d. $\frac{5}{8}$		
ECUS.	L.	S.	D.	L.	S.	D.	L.	S.	D.	L.	S.	D.	L.	S.	D.
1000	2993	13	1	2987	6	10	2981	1		2974	15	9	2968	11	
900	2694	5	9	2688	12	1	2682	18	10	2677	6	2	2671	13	10
800	2394	18	5	2389	17	5	2384	16	9	2379	16	7	2374	16	9
700	2095	11	1	2091	2	9	2086	14	8	2082	7		2077	19	8
600	1796	3	10	1792	8	1	1788	12	7	1784	17	5	1781	2	7
500	1496	16	6	1493	13	5	1490	10	6	1487	7	10	1484	5	6
400	1197	9	2	1194	18	8	1192	8	4	1189	18	3	1187	8	4
300	898	1	11	896	4		894	6	5	892	8	8	890	11	3
200	598	14	7	597	9	4	596	4	2	594	19	1	593	14	2
100	299	7	3	298	14	8	298	2	1	297	9	6	296	17	1
90	269	8	6	268	17	2	268	5	10	267	14	6	267	3	4
80	239	9	9	238	19	8	238	9	8	237	19	7	237	9	8
70	209	11		209	2	3	208	13	5	208	4	7	207	15	11
60	179	12	4	179	4	9	178	17	3	178	9	8	178	2	3
50	149	13	7	149	7	4	149	1		148	14	9	148	8	6
40	119	14	10	119	9	10	119	4	10	118	19	9	118	14	10
30	89	16	2	89	12	4	89	8	7	89	4	10	89	1	1
20	59	17	5	59	14	11	59	12	5	59	9	10	59	7	5
10	29	18	8	29	17	5	29	16	2	29	14	11	29	13	8
9	26	18	9	26	17	8	26	16	6	26	15	5	26	14	3
8	23	18	11	23	17	11	23	16	11	23	15	11	23	14	11
7	20	19		20	18	2	20	17	3	20	16	5	20	15	6
6	17	19	2	17	18	5	17	17	8	17	16	11	17	16	2
5	14	19	4	14	18	8	14	18	1	14	17	5	14	16	10
4	11	19	5	11	18	11	11	18	5	11	17	11	11	17	5
3	8	19	7	8	19	2	8	18	10	8	18	5	8	18	1
2	5	19	8	5	19	5	5	19	2	5	18	11	5	18	8
1	2	19	10	2	19	8	2	19	7	2	19	5	2	19	4
15 ſ	2	4	10	2	4	9	2	4	7	2	4	6	2	4	6
10	1	9	11	1	9	10	1	9	9	1	9	8	1	9	8
5		14	11		14	11		14	10		14	10		14	10
4		11	11		11	11		11	11		11	10		11	10
3		8	11		8	11		8	11		8	10		8	10
2		5	11		5	11		5	11		5	11		5	11
1		2	11		2	11		2	11		2	11		2	11
9 d		2	4		2	4		2	4		2	4		2	4
6		1	5		1	5		1	5		1	5		1	5
4			11			11			11			11			11
3			8			8			8			8			8
2			5			5			5			5			5
1			2			2			2			2			2

LA FRANCE
Tire
SUR LA HOLLANDE
à 59. den. de Gros par Ecu de change.

ECUS de change tirez & negociez.	PRODUIT de la negociation en France à 59. d. $\frac{3}{4}$			PRODUIT de la negociation en France à 59. d. $\frac{7}{8}$			PRODUIT de la negociation en France à 60. d.		
ECUS.	*L.*	*S.*	*D.*	*L.*	*S.*	*D.*	*L.*	*S.*	*D.*
1000 ...	2962	6	10.	2956	3	2.	2950		.
900 ...	2666	2	1.	2660	10	10.	2655		.
800 ...	2369	17	5.	2364	18	6.	2360		.
700 ...	2073	12	9.	2069	6	2.	2065		.
600 ...	1777	8	1.	1773	13	10.	1770		.
500 ...	1481	3	5.	1478	1	7.	1475		.
400 ...	1184	18	8.	1182	9	3.	1180		.
300 ...	888	14	.	886	16	11.	885		.
200 ...	592	9	4.	591	4	7.	590		.
100 ...	296	4	8.	295	12	3.	295		.
90 ...	266	12	2.	266	1	.	265	10	.
80 ...	236	19	8.	236	9	9.	236		.
70 ...	207	7	3.	206	18	6.	206	10	.
60 ...	177	14	9.	177	7	4.	177		.
50 ...	148	2	4.	147	16	1.	147	10	.
40 ...	118	9	10.	118	4	10.	118		.
30 ...	88	17	4.	88	13	8.	88	10	.
20 ...	59	4	11.	59	2	5.	59		.
10 ...	29	12	5.	29	11	2.	29	10	.
9 ...	26	13	2.	26	12	.	26	11	.
8 ...	23	13	11.	23	12	11.	23	12	.
7 ...	20	14	8.	20	13	9.	20	13	.
6 ...	17	15	5.	17	14	8.	17	14	.
5 ...	14	16	2.	14	15	7.	14	15	.
4 ...	11	16	11.	11	16	5.	11	16	.
3 ...	8	17	8.	8	17	4.	8	17	.
2 ...	5	18	5.	5	18	2.	5	18	.
1 ...	2	19	2.	2	19	1.	2	19	.
25 ſ ...	2	4	4.	2	4	3.	2	4	3.
10 ...	1	9	7.	1	9	6.	1	9	6.
5 ...		14	9.		14	9.		14	9.
4 ...		11	10.		11	9.		11	9.
3 ...		8	10.		8	9.		8	9.
2 ...		5	11.		5	10.		5	10.
1 ...		2	11.		2	11.		2	11.
9d .		2	4.		2	4.		2	4.
6 .		1	5.		1	5.		1	5.
4 .			11.			11.			11.
3 .			8.			8.			8.
2 .			5.			5.			5.
1 .			2.			2.			2.

LA FRANCE
Tire
SUR L'ANGLETERRE
aux prix suivans, pour un Ecu de change.

LIVRES sterlin. tirées ou negociées.	VALEUR en France à 32 d.			VALEUR en France à 32. d. $\frac{1}{16}$			VALEUR en France à 32. d. $\frac{1}{8}$			VALEUR en France à 32 d. $\frac{3}{16}$			VALEUR en France à 32 d. $-\frac{1}{4}$		
LIVRES	L.	S.	D.	L.	S.	D.	L.	S.	D.	L.	S.	D.	L.	S.	D.
1000	22500			22456	2	9	22412	9		22368	18	7	22325	11	7
900	20250			20210	10	5	20171	4	1	20132		8	20093		5
800	18000			17964	18	2	17929	19	2	17895	2	10	17860	9	3
700	15750			15719	5	11	15688	14	3	15658	5		15627	18	1
600	13500			13473	15	7	13447	9	4	13421	7	1	13395	6	11
500	11250			11228	1	4	11206	4	6	11184	9	3	11162	15	9
400	9000			8982	9	1	8964	19	7	8947	11	5	8930	4	7
300	6750			6736	16	9	6723	14	8	6710	13	6	6697	13	5
200	4500			4491	4	6	4482	9	9	4473	15	8	4465	2	3
100	2250			2245	12	3	2241	4	10	2236	17	10	2232	11	1
90	2025			2021	1		2017	2	4	2013	4		2009	5	11
80	1800			1796	9	9	1792	19	10	1789	10	3	1786		10
70	1575			1571	18	6	1568	17	4	1565	16	5	1562	15	9
60	1350			1347	7	4	1344	14	10	1342	2	8	1339	10	7
50	1125			1122	16	1	1120	12	5	1118	8	11	1116	5	6
40	900			898	4	10	896	9	11	894	15	1	893		5
30	675			673	13	8	672	7	5	671	1	4	669	15	3
20	450			449	2	5	448	4	11	447	7	6	446	10	2
10	225			224	11	2	224	2	5	213	13	9	223	5	1
9	202	10		202	2		201	14	2	201	6	4	200	18	6
8	180			179	12	11	179	5	11	178	19		178	12	
7	157	10		157	3	9	156	17	8	156	11	7	156	5	6
6	135			134	14	8	134	9	5	134	4	3	133	19	
5	112	10		112	5	7	112	1	2	111	16	10	111	12	6
4	90			89	16	5	89	12	11	89	9	6	89	6	
3	67	10		67	7	4	67	4	8	67	2	1	66	19	6
2	45			44	18	2	44	16	5	44	14	9	44	13	
1	22	10		22	9	1	22	8	2	22	7	4	22	6	6
15 ſ	16	17	6	16	16	9	16	16	1	16	15	6	16	14	10
10	11	5		11	4	6	11	4	1	11	3	8	11	3	3
5	5	12	6	5	12	3	5	12		5	11	10	5	11	7
4	4	10		4	9	9	4	9	7	4	9	5	4	9	3
3	3	7	6	3	7	3	3	7	1	3	7		3	6	10
2	2	5		2	4	10	2	4	9	2	4	8	2	4	7
1	1	2	6	1	2	5	1	2	4	1	2	4	1	2	3
9 d.		16	10		16	9		16	9		16	9		16	7
6		11	3		11	2		11	2		11	2		11	1
4		7	6		7	5		7	5		7	5		7	5
3		5	7		5	7		5	7		5	7		5	6
2		3	9		3	8		3	8		3	8		3	8
1		1	10		1	10		1	10		1	10		1	10

LA FRANCE
Tire
SUR L'ANGLETERRE
aux prix fuivans, pour un Ecu de change.

LIVRES sterlin tirées ou negociées	VALEUR en France à 32 d. $\frac{5}{16}$			VALEUR en France à 32 d. $\frac{3}{8}$			VALEUR en France à 32 d. $\frac{7}{16}$			VALEUR en France à 32 d. $\frac{1}{2}$			VALEUR en France à 32 d. $\frac{9}{16}$		
LIVRES.	L.	S.	D.	L.	S.	D.	L.	S.	D.	L.	S.	D.	L.	S.	D.
1000	22282	19	6	22239	7	7	22196	10	7	22153	16	10	22111	6	5
900	20054	13	6	20015	8	9	19976	17	6	19938	9	1	19900	3	9
800	17826	7	7	17791	10		17757	4	5	17723	1	5	17689	1	1
700	15598	1	7	15567	11	3	15537	11	4	15507	13	9	15477	18	5
600	13369	15	8	13343	12	6	13317	18	4	13292	6	1	13266	15	10
500	11141	9	9	11119	13	9	11098	5	3	11076	18	5	11055	13	2
400	8913	3	9	8895	15		8878	12	2	8861	10	8	8844	10	6
300	6684	17	10	6671	16	3	6658	19	2	6646	3		6633	7	11
200	4456	11	10	4447	17	6	4439	6	1	4430	15	4	4422	5	3
100	2228	5	11	2223	18	9	2219	13		2215	7	8	2211	2	7
90	2005	9	3	2001	10	10	1997	13	8	1993	16	10	1990		3
80	1782	12	8	1779	3		1775	14	4	1772	6	1	1768	18	
70	1559	16	1	1556	15	1	1553	15	1	1550	15	4	1547	15	9
60	1336	19	6	1334	7	3	1331	15	9	1329	4	7	1326	13	6
50	1114	2	11	1111	19	4	1109	16	6	1107	13	10	1105	11	3
40	891	6	4	889	11	6	887	17	2	886	3		884	9	
30	668	9	9	667	3	7	665	17	10	664	12	3	663	6	9
20	445	13	2	444	15	9	443	18	7	443	1	6	442	4	6
10	222	16	7	222	7	10	221	19	3	221	10	9	221	2	3
9	200	10	11	200	3		199	15	3	199	7	8	199		
8	178	5	3	177	18	3	177	11	4	177	4	7	176	17	9
7	155	19	7	155	13	5	155	7	5	155	1	6	154	15	6
6	133	13	11	133	8	8	133	3	6	132	18	5	132	13	4
5	111	8	3	111	3	11	110	19	7	110	15	4	110	11	1
4	89	2	7	88	19	1	88	15	8	88	12	3	88	8	10
3	66	16	11	66	14	4	66	11	9	66	9	2	66	6	8
2	44	11	3	44	9	6	44	7	10	44	6	1	44	4	5
1	21	5	7	22	4	9	22	3	11	22	3		22	2	2
15 ſ	16	14	1	16	13	6	16	12	11	16	12	3	16	11	7
10	11	2	9	11	2	4	11	1	11	11	1	6	11	1	1
5	5	11	4	5	11	2	5	10	11	5	10	9	5	10	6
4	4	9	1	4	8	11	4	8	9	4	8	7	4	8	5
3	3	6	9	3	6	7	3	6	6	3	6	4	3	6	3
2	2	4	6	2	4	5	2	4	4	2	4	3	2	4	2
1	1	2	3	1	2	2	1	2	2	1	2	1	1	2	1
9 d.		16	7		16	7		16	7		16	6		16	6
6 .		11	1		11	1		11	1		11			11	
4 .		7	5		7	4		7	4		7	4		7	4
3 .		5	6		5	6		5	6		5	6		5	6
2 .		3	8		3	8		3	8		3	8		3	8
1 .		1	10		1	10		1	10		1	10		1	10

LA FRANCE
Tire
SUR L'ANGLETERRE
aux prix suivans, pour un Ecu de change.

LIVRES sterlin tirées ou negociées	VALEUR en France à 32 d. $\frac{5}{8}$			VALEUR en France à 32 d. $\frac{11}{16}$			VALEUR en France à 32 d. $\frac{3}{4}$			VALEUR en France à 32 d. $\frac{13}{16}$			VALEUR en France à 32 d. $\frac{7}{8}$		
LIVRES.	L.	S.	D.	L.	S.	D.	L.	S.	D.	L.	S.	D.	L.	S.	D.
1000	22068	19	3	22026	15	4	21984	14	7	21942	17	1	21901	2	9
900	19862	1	3	19824	1	9	19786	5	1	19748	11	4	19711		5
800	17655	3	4	17621	8	3	17587	15	8	17554	5	8	17520	18	2
700	15448	5	5	15418	14	8	15389	6	2	15359	19	11	15330	15	11
600	13241	7	6	13216	1	2	13190	16	9	13165	14	3	13140	13	7
500	11034	9	7	11013	7	8	10992	7	3	10971	8	6	10950	11	4
400	8827	11	8	8810	14	1	8793	17	10	8777	2	10	8760	9	1
300	6620	13	9	6608		7	6595	8	4	6582	17	1	6570	6	9
200	4413	15	10	4405	7		4396	18	11	4388	11	5	4380	4	6
100	2206	17	11	2202	13	6	2198	9	5	2194	5	8	2190	2	3
90	1986	4	1	1982	8	1	1978	12	5	1974	17	1	1971	2	
80	1765	10	4	1762	2	9	1758	15	6	1755	8	6	1752	1	9
70	1544	16	6	1541	17	5	1538	18	7	1535	19	11	1533	1	6
60	1324	2	9	1321	12	1	1319	1	7	1316	11	4	1314	1	4
50	1103	8	11	1101	6	9	1099	4	8	1097	2	10	1095	1	1
40	882	15	2	881	1	4	879	7	9	877	14	3	876		10
30	662	1	4	660	16		659	10	9	658	5	8	657		8
20	441	7	7	440	10	8	439	13	10	438	17	1	438		5
10	220	13	9	220	5	4	219	16	11	219	8	6	219		2
9	198	12	4	198	4	9	197	17	2	197	9	7	197	2	1
8	176	11		176	4	3	175	17	6	175	10	9	175	4	1
7	154	9	7	154	3	8	153	17	10	153	11	11	153	6	1
6	132	8	3	132	3	2	131	18	1	131	13	1	131	8	1
5	110	6	10	110	2	8	109	18	5	109	14	3	109	10	1
4	88	5	6	88	2	1	87	18	9	87	15	4	87	12	
3	66	4	1	66	1	7	65	19		65	16	6	65	14	
2	44	2	9	44	1		43	19	4	43	17	8	43	16	
1	22	1	4	22		6	21	19	8	21	18	10	21	18	
15 s	16	11		16	10	4	16	9	9	16	9	1	16	8	6
10	11		8	11		3	10	19	10	10	19	5	10	19	
5	5	10	4	5	10	1	5	9	11	5	9	8	5	9	6
4	4	8	3	4	8	1	4	7	10	4	7	9	4	7	7
3	3	6	1	3	6		3	5	10	3	5	9	3	5	7
2	2	4	1	2	4		2	3	11	2	3	10	2	3	9
1	1	2		1	2		1	1	11	1	1	11	1	1	10
9 d		16	6		16	6		16	5		16	5		16	4
6		11			11			10	11		10	11		10	11
4		7	4		7	4		7	3		7	3		7	3
3		5	6		5	6		5	5		5	5		5	5
2		3	8		3	8		3	7		3	7		3	7
1		1	10		1	10		1	9		1	9		1	9

LA FRANCE
Tire
SUR L'ANGLETERRE
aux prix suivans, pour un Ecu de change.

LIVRES sterlin tirées ou negociées	VALEUR en France à 32. d. $\frac{15}{16}$			VALEUR en France à 33. d.			VALEUR en France à 33. d. $\frac{1}{16}$			VALEUR en France à 33 d. $\frac{1}{8}$			VALEUR en France à 33 d. $\frac{3}{16}$		
LIVRES	L.	S.	D.	L.	S.	D.	L.	S.	D.	L.	S.	D.	L.	S.	D.
1000	21859	11	7	21817	3	7	21776	18	9	21735	16	11	21694	18	3
900	19673	12	5	19635	9	2	19599	4	10	19562	5	2	19525	8	5
800	17487	13	3	17453	14	10	17421	11	.	17388	13	6	17355	18	7
700	15301	14	1	15272		6	15243	17	1	15215	1	10	15186	8	9
600	13115	14	11	13090	6	1	13066	3	3	13041	10	1	13016	18	11
500	10929	15	9	10908	11	9	10888	9	4	10867	18	5	10847	9	1
400	8743	16	7	8726	17	5	8710	15	6	8694	6	9	8677	19	3
300	6557	17	5	6545	3	.	6533	1	7	6520	15	.	6508	9	5
200	4371	18	3	4363	8	8	4355	7	9	4347	3	4	4338	19	7
100	2185	19	1	2181	14	4	2177	13	10	2173	11	8	2169	9	9
90	1967	7	2	1963	10	10	1959	18	5	1956	4	6	1952	10	9
80	1748	15	3	1745	7	5	1742	3	.	1738	17	4	1735	11	9
70	1530	3	4	1527	4	.	1524	7	8	1521	10	2	1518	12	9
60	1311	11	5	1309		7	1306	12	3	1304	3	.	1301	13	10
50	1092	19	6	1090	17	2	1088	16	11	1086	15	10	1084	14	10
40	874	7	7	872	13	8	871	1	6	869	8	8	867	15	10
30	655	15	8	654	10	3	653	6	1	652	1	6	650	16	11
20	437	3	9	436	6	10	435	10	9	434	14	4	433	17	11
10	218	11	10	218	3	5	217	15	4	217	7	2	216	18	11
9	196	14	7	196	7	.	195	19	9	195	12	5	195	5	.
8	174	17	5	174	10	8	174	4	3	173	17	8	173	11	1
7	153		3	152	14	4	152	8	8	152	3	.	151	17	2
6	131	3	1	130	18	.	130	13	2	130	8	3	130	3	4
5	109	5	11	109	1	8	108	17	8	108	13	7	108	9	5
4	87	8	8	87	5	4	87	2	1	86	18	10	86	15	6
3	65	11	6	65	9	.	65	6	7	65	4	1	65	1	8
2	43	14	4	43	12	8	43	11	.	43	9	5	43	7	9
1	21	17	2	21	16	4	21	15	6	21	14	8	21	13	10
15 s		16	7 10		16	7 3		16	6 7		16	6 .		16	5 4
10		10 18	7		10 18	2		10 17	9		10 17	4		10 16	11
5		5 9	3		5 9	1		5 8	10		5 8	8		5 8	5
4		4 7	5		4 7	3		4 7	1		4 6	11		4 6	9
3		3 5	6		3 5	4		3 5	3		3 5	2		3 5	.
2		2 3	8		2 3	7		2 3	6		2 3	5		2 3	4
1		1 1	10		1 1	9		1 1	9		1 1	8		1 1	8
9 d		16	4		16	3		16	3		16	3		16	3
6		10	11		10	10		10	10		10	10		10	10
4		7	3		7	3		7	3		7	2		7	2
3		5	5		5	5		5	5		5	5		5	5
2		3	7		3	7		3	7		3	7		3	7
1		1	9		1	9		1	9		1	9		1	9

LA FRANCE
Tire
SUR L'ANGLETERRE
aux prix suivans, pour un Ecu de change.

LIVRES sterlin. tirées ou negociées.	VALEUR en France à 33 d. ¼			VALEUR en France à 33 d. 5/16			VALEUR en France à 33 d. ⅜			VALEUR en France à 33 d. 7/16			VALEUR en France à 33 d. ½		
LIVRES	L.	S.	D.	L.	S.	D.	L.	S.	D.	L.	S.	D.	L.	S.	D.
1000	21654	2	8	21613	10	2	21573		8	21532	14	2	21492	10	8
900	19488	14	4	19452	3	1	19415	14	7	19379	8	9	19343	5	7
800	17323	6	1	17290	16	1	17258	8	6	17226	3	4	17194		6
700	15157	17	10	15129	9	1	15101	2	5	15072	17	11	15044	15	5
600	12992	9	7	12968	2	1	12943	16	4	12919	12	6	12895	10	4
500	10827	1	4	10806	15	1	10786	10	4	10766	7	1	10746	5	4
400	8661	13		8645	8		8629	4	3	8613	1	8	8597		3
300	6496	4	9	6484	1		6471	18	2	6459	16	3	6447	15	2
200	4330	16	6	4322	14		4314	12	1	4306	10	10	4298	10	1
100	2165	8	3	2161	7		2157	6		2153	5	5	2149	5	
90	1948	17	5	1945	4	3	1941	11	4	1937	18	10	1934	6	6
80	1732	6	7	1729	1	7	1725	16	9	1722	12	4	1719	8	
70	1515	15	9	1512	18	10	1510	2	2	1507	5	9	1504	9	6
60	1299	4	11	1296	16	2	1294	7	7	1291	19	3	1289	11	
50	1082	14	1	1080	13	6	1078	13		1076	12	8	1074	12	6
40	866	3	3	864	10	9	862	18	4	861	6	2	859	14	
30	649	12	5	648	8	1	647	3	9	645	19	7	644	15	6
20	433	1	7	432	5	4	431	9	2	430	13	1	429	17	
10	216	10	9	216	2	8	215	14	7	215	6	6	214	18	6
9	194	17	8	194	10	4	194	3	1	193	15	10	193	8	7
8	173	4	7	172	18	1	172	11	8	172	5	2	171	18	9
7	151	11	6	151	5	10	151		2	150	14	6	150	8	11
6	129	18	5	129	13	7	129	8	9	129	3	10	128	19	1
5	108	5	4	108	1	4	107	17	3	107	13	3	107	9	3
4	86	12	3	86	9		86	5	10	86	2	7	85	19	4
3	64	19	2	64	16	9	64	14	4	64	11	11	64	9	6
2	43	6	1	43	4	6	43	2	11	43	1	3	42	19	8
1	21	13		21	12	3	21	11	5	21	10	7	21	9	10
15 ſ	16	4	9	16	4	1	16	3	6	16	2	11	16	2	4
10	10	16	6	10	16	1	10	15	8	10	15	3	10	14	11
5	5	8	3	5	8		5	7	10	5	7	7	5	7	5
4	4	6	7	4	6	5	4	6	3	4	6	1	4	5	11
3	3	4	11	3	4	9	3	4	8	3	4	6	3	4	4
2	2	3	3	2	3	2	2	3	1	2	3		2	2	11
1	1	1	7	1	1	7	1	1	6	1	1	6	1	1	5
9 d.		16	2		16	2		16	1		16	1		16	
6		10	9		10	9		10	9		10	9		10	8
4		7	2		7	2		7	2		7	2		7	1
3		5	4		5	4		5	4		5	4		5	4
2		3	7		3	7		3	7		3	7		3	6
1		1	9		1	9		1	9		1	9		1	9

LA FRANCE
Tire
SUR L'ANGLETERRE
aux prix suivans, pour un Ecu de change.

LIVRES sterlin tirées ou negociées	VALEUR en France à 33 d. 9/16			VALEUR en France à 33 d. 5/8			VALEUR en France à 33 d. 11/16			VALEUR en France à 33 d. 3/4			VALEUR en France à 33 d. 13/16		
LIVRES	L.	S.	D.	L.	S.	D.	L.	S.	D.	L.	S.	D.	L.	S.	D.
1000	21452	10	3	21412	12	9	21372	18	3	21333	6	8	21293	18	
900	19307	5	2	19271	7	5	19235	12	5	19200			19164	10	2
800	17162		2	17130	2	2	17098	6	7	17066	13	4	17035	2	4
700	15016	15	2	14988	16	11	14961		9	14933	6	8	14905	14	7
600	12871	10	1	12847	11	7	12823	14	11	12800			12776	6	9
500	10726	5	1	10706	6	4	10686	9	1	10666	13	4	10646	19	
400	8681		1	8565	1	1	8549	3	3	8533	6	8	8517	11	2
300	6435	15		6423	15	9	6411	17	5	6400			6388	3	4
200	4290	10		4282	10	6	4274	11	7	4266	13	4	4258	15	7
100	2145	5		2141	5	3	2137	5	9	2133	6	8	2129	7	9
90	1930	14	6	1927	2	8	1923	11	2	1920			1916	8	11
80	1716	4		1713		2	1709	16	7	1706	13	4	1703	10	2
70	1501	13	6	1498	17	8	1496	2		1493	6	8	1490	11	5
60	1287	3		1284	15	1	1282	7	5	1280			1277	12	7
50	1072	12	6	1070	12	7	1068	12	10	1066	13	4	1064	13	10
40	858	2		856	10	1	854	18	3	853	6	8	851	15	1
30	643	11	6	642	7	6	641	3	8	640			638	16	3
20	429	1		428	5		427	9	1	426	13	4	425	17	6
10	214	10	6	214	2	6	213	14	6	213	6	8	212	18	9
9	193	1	5	192	14	3	192	7		192			191	12	10
8	171	12	4	171	6		170	19	7	170	13	4	170	7	
7	150	3	4	149	17	9	149	12	1	149	6	8	149	1	1
6	128	14	3	128	9	6	128	4	8	128			127	15	3
5	107	5	3	107	1	3	106	17	3	106	13	4	106	9	4
4	85	16	2	85	13		85	9	9	85	6	8	85	3	6
3	64	7	1	64	4	9	64	2	4	64			63	17	7
2	42	18	1	42	16	6	42	14	10	42	13	4	42	11	9
1	21	9		21	8	3	21	7	5	21	6	8	21	5	10
15 ſ	16	1	9	16	1	1	16		6	16			15	19	4
10	10	14	6	10	14	1	10	13	8	10	13	4	10	12	11
5	5	7	3	5	7		5	6	10	5	6	8	5	6	5
4	4	5	9	4	5	7	4	5	5	4	5	4	4	5	2
3	3	4	3	3	4	2	3	4		3	4		3	3	10
2	2	2	10	2	2	9	2	2	8	2	2	8	2	2	7
1	1	1	5	1	1	4	1	1	4	1	1	4	1	1	3
9 d.		16			16			16			16			15	11
6		10	8		10	8		10	8		10	8		10	7
4		7	1		7	1		7	1		7	1		7	1
3		5	4		5	4		5	4		5	4		5	3
2		3	6		3	6		3	6		3	6		3	6
1		1	9		1	9		1	9		1	9		1	9

LA FRANCE
Tire
SUR L'ANGLETERRE
aux prix suivans, pour un Ecu de change.

LIVRES sterlin tirées ou negociées	VALEUR en France à 33 d. 7/8			VALEUR en France à 33 d. 15/16			VALEUR en France à 34 d.			VALEUR en France à 34 d. 1/16			VALEUR en France à 34 d. 1/8		
LIVRES S.	L.	S.	D.	L.	S.	D.	L.	S.	D	L.	S.	D.	L.	S.	D.
1000 ...	21254	12	3.	21215	9	4.	21176	9	4.	21137	12	3.	21098	10	
900 ...	19129	3	.	19093	18	4.	19058	16	4.	19023	17	.	18988	13	
800 ...	17003	13	9.	16972	7	5.	16941	3	5.	16910	1	9.	16878	16	
700 ...	14878	4	6.	14850	16	6.	14823	10	6.	14796	6	6.	14768	19	
600 ...	12752	15	4.	12729	5	7.	12705	17	7.	12682	11	4.	12659	2	
500 ...	10627	6	1.	10607	14	8.	10588	4	8.	10568	16	1.	10549	5	
400 ...	8501	16	10.	84[illegible]6	3	8.	8470	11	8.	8455		10.	8439	8	
300 ...	6376	7	8.	6364	12	9.	6352	18	9.	6341	5	8.	6329	11	
200 ...	4250	18	5.	4243	1	10.	4235	5	10.	4227	10	5.	4219	14	
100 ...	2125	9	2.	2121	10	11.	2117	12	11.	2113	15	2.	2109	17	
90 ...	1912	18	3.	1909	7	9.	1905	17	7.	1902	7	7.	1898	17	3
80 ...	1700	7	4.	1697	4	8.	1694	2	4.	1691		1.	1687	17	7
70 ...	1487	16	5.	1485	1	7.	1482	7	.	1479	12	7.	1476	17	10
60 ...	1275	5	6.	1272	18	6.	1270	11	9.	1268	5	1.	1265	18	2
50 ...	1062	14	7.	1060	15	5.	1058	16	5.	1056	17	7.	1054	18	6
40 ...	850	3	8.	848	12	4.	847	1	2.	845	10	.	843	18	9
30 ...	637	12	9.	636	9	3.	635	5	10.	634	2	6.	632	19	1
20 ...	425	1	10.	424	6	2.	423	10	7.	422	15	.	421	19	4
10 ...	212	10	11.	212	3	1.	211	15	3.	211	7	6.	210	19	8
9 ...	191	5	9.	190	18	9.	190	11	8.	190	4	9.	189	17	8
8 ...	170		8.	169	14	5.	169	8	2.	169	2	.	168	15	8
7 ...	148	15	7.	148	10	1.	148	4	8.	147	19	3.	147	13	9
6 ...	127	10	6.	127	5	10.	127	1	1.	126	16	6.	126	11	9
5 ...	106	5	5.	106	1	6.	105	17	7.	105	13	9.	105	9	10
4 ...	85		4.	84	17	2.	84	14	1.	84	11	.	84	7	10
3 ...	63	15	3.	63	12	11.	63	10	6.	63	8	3.	63	5	10
2 ...	42	10	2.	42	8	7.	42	7	.	42	5	6.	42	3	11
1 ...	21	5	1.	21	4	3.	21	3	6.	21	2	9.	21	1	11
15 s ...	15	18	9.	15	18	1.	15	17	7.	15	17	.	15	16	5
10 ...	10	12	6.	10	12	1.	10	11	9.	10	11	4.	10	10	11
5 ...	5	6	3.	5	6	.	5	5	10.	5	5	8.	5	5	5
4 ...	4	5	.	4	4	10.	4	4	8.	4	4	6.	4	4	4
3 ...	3	3	9.	3	3	7.	3	3	6.	3	3	4.	3	3	3
2 ...	2	2	6.	2	2	5.	2	2	4.	2	2	3.	2	2	2
1 ...	1	1	3.	1	1	2.	1	1	2.	1	1	1.	1	1	1
9 d.		15	11.		15	10.		15	10.		15	9.		15	9
6 .		10	7.		10	7.		10	7.		10	6.		10	6
4 .		7	1.		7	.		7	.		7	.		7	
3 .		5	3.		5	3.		5	3.		5	3.		5	3
2 .		3	6.		3	6.		3	6.		3	6.		3	6
1 .		1	9.		1	9.		1	9.		1	9.		1	9

LA FRANCE
Tire
SUR L'ANGLETERRE
aux prix ſuivans, pour un Ecu de change.

LIVRES sterlin tirées ou negociées	VALEUR en France à 34 d. 3/16			VALEUR en France à 34 d. 1/4			VALEUR en France à 34 d. 5/16			VALEUR en France à 34 d. 3/8			VALEUR en France à 34 d. 7/16		
LIVRES	L.	S.	D.	L.	S.	D.	L.	S.	D.	L.	S.	D.	L.	S.	D.
1000	21060	6	7	21021	17	6	20983	12	1	20945	9	1	20907	8	9
900	18954	5	11	18919	13	9	18885	4	10	18850	18	2	18816	13	10
800	16848	5	3	16817	10		16786	17	8	16756	7	3	16725	19	
700	14742	4	7	14715	6	3	14688	10	5	14661	16	4	14635	4	1
600	12636	3	11	12613	2	6	12590	3	3	12567	5	5	12544	9	3
500	10530	3	3	10510	18	9	10491	16		10472	14	6	10453	14	4
400	8424	2	7	8408	15		8393	8	10	8378	3	7	8362	19	6
300	6318	1	11	6306	11	3	6295	1	7	6283	12	8	6272	4	7
200	4212	1	3	4204	7	6	4196	14	5	4189	1	9	4181	9	9
100	2106		7	2102	3	9	2098	7	2	2094	10	10	2090	14	10
90	1895	8	6	1891	19	4	1888	10	5	1885	1	9	1881	13	4
80	1684	16	5	1681	15		1678	13	8	1675	12	8	1672	11	10
70	1474	4	4	1471	10	7	1468	17		1466	3	7	1463	10	4
60	1263	12	4	1261	6	3	1259		3	1256	14	6	1254	8	10
50	1053		3	1051	1	10	1049	3	7	1047	5	5	1045	7	5
40	842	8	2	840	17	6	839	6	10	837	16	4	836	5	11
30	631	16	2	630	13	1	629	10	1	628	7	3	627	4	5
20	421	4	1	420	8	9	419	13	5	418	18	2	418	2	11
10	210	12		210	4	4	209	16	8	209	9	1	209	1	5
9	189	10	9	189	3	10	188	17		188	10	2	188	3	3
8	168	9	7	168	3	5	167	17	4	167	11	3	167	5	1
7	147	8	4	147	3		146	17	8	146	12	4	146	6	11
6	126	7	2	126	2	7	125	18		125	13	5	125	8	10
5	105	6		105	2	2	104	18	4	104	14	6	104	10	8
4	84	4	9	84	1	8	83	18	8	83	15	7	83	12	6
3	63	3	7	63	1	3	62	19		62	16	8	62	14	5
2	42	2	4	42		10	41	19	4	41	17	9	41	16	3
1	21	1	2	21		5	20	19	8	20	18	10	20	18	1
15 s		15	10		15	3		14	9		14	1		13	6
10 s		10	7		10	2		9	10		9	5		9	
5 s		5	3		5	1		4	11		4	8		4	6
4 s		4	2		4	1		3	11		3	9		3	7
3 s		3	1		3			2	11		2	9		2	8
2 s		2	1		2			1	11		1	10		1	9
1 s		1			1				11			11			10
9 d		15	9		15	9		15	8		15	8		15	7
6 d		10	6		10	6		10	5		10	5		10	5
4 d		7			7			6	11		6	11		6	11
3 d		5	3		5	3		5	2		5	2		5	2
2 d		3	6		3	6		3	5		3	5		3	5
1 d		1	9		1	9		1	8		1	8		1	7

L'ANGLETERRE
Tire
SUR LA FRANCE
aux prix suivans pour un Ecu de change.

ECUS de change tirez & négociez.	VALEUR à Londres à 32. d.			VALEUR à Londres à 32. d. $\frac{1}{16}$			VALEUR à Londres à 32. d. $\frac{1}{8}$			VALEUR à Londres à 32. d. $\frac{3}{16}$			VALEUR à Londres à 32. d. $\frac{1}{4}$		
ECUS.	L.	S.	D.ſt	L.	S.	D.ſt	L.	S.	D.ſt	L.	S.	D.ſt	L.	S.	D.ſt
1000	133	6	8	133	11	10	133	17	1	134	2	3	134	7	6
900	120			120	4	7	120	9	4	120	14		120	18	9
800	106	13	4	106	17	5	107	1	8	107	5	9	107	10	
700	93	6	8	93	10	3	93	13	11	93	17	6	94	1	3
600	80			80	3	1	80	6	3	80	9	4	80	12	6
500	66	13	4	66	15	11	66	18	6	67	1	1	67	3	9
400	53	6	8	53	8	8	53	10	10	53	12	10	53	15	
300	40			40	1	6	40	3	1	40	4	8	40	6	3
200	26	13	4	26	14	4	26	15	5	26	16	5	26	17	6
100	13	6	8	13	7	2	13	7	8	13	8	2	13	8	9
90	12			12		5	12		10	12	1	4	12	1	10
80	10	13	4	10	13	8	10	14	1	10	14	6	10	15	
70	9	6	8	9	7		9	7	4	9	7	8	9	8	1
60	8			8		3	8		7	8		10	8	1	3
50	6	13	4	6	13	7	6	13	10	6	14	1	6	14	4
40	5	6	8	5	6	10	5	7		5	7	3	5	7	6
30	4			4		1	4		3	4		5	4		7
20	2	13	4	2	13	5	2	13	6	2	13	7	2	13	9
10	1	6	8	1	6	8	1	6	9	1	6	9	1	6	10
9	1	4		1	4		1	4		1	4		1	4	1
8	1	1	4	1	1	4	1	1	4	1	1	4	1	1	5
7		18	8		18	8		18	8		18	8		18	9
6		16			16			16			16			16	1
5		13	4		13	4		13	4		13	4		13	5
4		10	8		10	8		10	8		10	8		10	8
3		8			8			8			8			8	
2		5	4		5	4		5	4		5	4		5	4
1		2	8		2	8		2	8		2	8		2	8
15 ſ		2			2			2			2			2	
10		1	4		1	4		1	4		1	4		1	4
5			8			8			8			8			8
4			6			6			6			6			6
3			4			4			4			4			4
2			3			3			3			3			3
1			1			1			1			1			1
9 d															
6															
4															
3															
2															
1															

V

L'ANGLETERRE
Tire
SUR LA FRANCE
aux prix ſuivans pour un Ecu de change.

ECUS de change tirez & négociez.	VALEUR à Londres à 32. d. $\frac{5}{16}$			VALEUR à Londres à 32. d. $\frac{3}{8}$			VALEUR à Londres à 32. d. $\frac{7}{16}$			VALEUR à Londres à 32. d. $\frac{1}{2}$			VALEUR à Londres à 32. d. $\frac{9}{16}$		
ECUS.	L.	S.	D.ſt	L.	S.	D.ſt	L.	S.	D.ſt	L.	S.	D.ſt	L.	S.	D.ſt
1000	134	12	8	134	17	11	135	3	1	135	8	4	135	13	6
900	121	3	4	121	8	1	121	12	9	121	17	6	122	2	1
800	107	14	1	107	18	4	108	2	5	108	6	8	108	10	9
700	94	4	10	94	8	6	94	12	1	94	15	10	94	19	5
600	80	15	7	80	18	9	81	1	10	81	5		81	8	1
500	67	6	4	67	8	11	67	11	6	67	14	2	67	16	9
400	53	17		53	19	2	54	1	2	54	3	4	54	5	4
300	40	7	9	40	9	4	40	10	11	40	12	6	40	14	
200	26	18	6	26	19	7	27		7	27	1	8	27	2	8
100	13	9	3	13	9	9	13	10	3	13	10	10	13	11	4
90	12	2	3	12	2	9	12	3	2	12	3	9	12	4	2
80	10	15	4	10	15	9	10	16	2	10	16	8	10	17	
70	9	8	5	9	8	9	9	9	2	9	9	7	9	9	11
60	8	1	6	8	1	10	8	2	1	8	2	6	8	2	9
50	6	14	7	6	14	10	6	15	1	6	15	5	6	15	8
40	5	7	8	5	7	10	5	8	1	5	8	4	5	8	6
30	4		9	4		11	4	1		4	1	3	4	1	4
20	2	13	10	2	13	11	2	14		2	14	2	2	14	3
10	1	6	11	1	6	11	1	7		1	7	1	1	7	1
9	1	4	2	1	4	2	1	4	3	1	4	4	1	4	4
8	1	1	6	1	1	6	1	1	7	1	1	8	1	1	8
7		18	10		18	10		18	10		18	11		18	11
6		16	1		16	1		16	2		16	3		16	3
5		13	5		13	5		13	6		13	6		13	6
4		10	9		10	9		10	9		10	10		10	10
3		8			8			8	1		8	1		8	1
2		5	4		5	4		5	4		5	5		5	5
1		2	8		2	8		2	8		2	8		2	8
15 ſ		2			2			2			2			2	
10		1	4		1	4		1	4		1	4		1	4
5			8			8			8			8			8
4			6			6			6			6			6
3			4			4			4			4			4
2			3			3			3			3			3
1			1			1			1			1			1
9															
6															
4															
3															
2															
1															

L'ANGLETERRE
Tire
SUR LA FRANCE
aux prix ſuivans pour un Ecu de change.

ECUS de change tirez & négociez.	VALEUR à Londres à 32. d. $\frac{5}{8}$			VALEUR à Londres à 32. d. $\frac{11}{16}$			VALEUR à Londres à 32. d. $\frac{3}{4}$			VALEUR à Londres à 32. d. $\frac{13}{16}$			VALEUR à Londres à 32. d. $\frac{7}{8}$		
ECUS.	L.	S.	D.ſt	L.	S.	D.ſt	L.	S.	D.ſt	L.	S.	D.ſt	L.	S.	D.ſt
1000	135	18	9·	136	3	11·	136	9	2·	136	14	4·	136	19	7
900	122	6	10·	122	11	6·	122	16	3·	123		10·	123	5	7
800	108	15	·	108	19	1·	109	3	4·	109	7	5·	109	11	8
700	95	3	1·	95	6	8·	95	10	5·	95	14	·	95	17	8
600	81	11	3·	81	14	4·	81	17	6·	82		7·	82	3	9
500	67	19	4·	68	1	11·	68	4	7·	68	7	2·	68	9	9
400	54	7	6·	54	9	6·	54	11	8·	54	13	8·	54	15	10
300	40	15	7·	40	17	2·	40	18	9·	41		3·	41	1	10
200	27	3	9·	27	4	9·	27	5	11·	27	6	10·	27	7	11
100	13	11	10·	13	12	4·	13	12	11·	13	13	5·	13	13	11
90	12	4	7·	12	5	1·	12	5	7·	12	6	·	12	6	6
80	10	17	5·	10	17	10·	10	18	4·	10	18	8·	10	19	1
70	9	10	3·	9	10	7·	9	11	·	9	11	4·	9	11	8
60	8	3	1·	8	3	4·	8	3	9·	8	4	·	8	4	4
50	6	15	11·	6	16	2·	6	16	5·	6	16	8·	6	16	11
40	5	8	8·	5	8	11·	5	9	2·	5	9	4·	5	9	6
30	4	1	6·	4	1	8·	4	1	10·	4	2	·	4	2	2
20	2	14	4·	2	14	5·	2	14	7·	2	14	8·	2	14	9
10	1	7	2·	1	7	2·	1	7	3·	1	7	4·	1	7	4
9	1	4	5·	1	4	5·	1	4	6·	1	4	7·	1	4	7
8	1	1	8·	1	1	8·	1	1	9·	1	1	10·	1	1	10
7		19	·		19	·		19	·		19	1·		19	1
6		16	3·		16	3·		16	4·		16	4·		16	4
5		13	7·		13	7·		13	7·		13	8·		13	8
4		10	10·		10	10·		10	10·		10	11·		10	11
3		8	1·		8	1·		8	2·		8	2·		8	2
2		5	5·		5	5·		5	5·		5	5·		5	5
1		2	8·		2	8·		2	8·		2	8·		2	8
15 ſ		2	·		2	·		2	·		2	·		2	·
10		1	4·		1	4·		1	4·		1	4·		1	4
5			8·			8·			8·			8·			8
4			6·			6·			6·			6·			6
3			4·			4·			4·			4·			4
2			3·			3·			3·			3·			3
1			1·			1·			1·			1·			1
9 d.			·			·			·			·			·
6			·			·			·			·			·
4			·			·			·			·			·
3			·			·			·			·			·
2			·			·			·			·			·
1			·			·			·			·			·

L'ANGLETERRE
Tire
SUR LA FRANCE
aux prix suivans pour un Ecu de change.

ECUS de change tirez & négociez.	VALEUR à Londres à 32. d. $\frac{15}{16}$				VALEUR à Londres à 33. d.				VALEUR à Londres à 33. d. $\frac{1}{16}$				VALEUR à Londres à 33. d. $\frac{1}{8}$				VALEUR à Londres à 33. d. $\frac{3}{16}$			
ECUS.	L.	S.	D.	ſt	L.	S.	D.	ſt	L.	S.	D.	ſt	L.	S.	D.	ſt	L.	S.	D.	ſt
1000 …	137	4	9	·	137	10		·	137	15	2	·	138		5	·	138	5	7	
900 …	123	10	3	·	123	15		·	123	19	7	·	124	4	4	·	124	9		
800 …	109	15	9	·	110			·	110	4	1	·	110	8	4	·	110	12	5	
700 …	96	1	3	·	96	5		·	96	8	7	·	96	12	3	·	96	15	10	
600 …	82	6	10	·	82	10		·	82	13	1	·	82	16	3	·	82	19	4	
500 …	68	12	4	·	68	15		·	68	17	7	·	69		2	·	69	2	9	
400 …	54	17	10	·	55			·	55	2		·	55	4	2	·	55	6	2	
300 …	41	3	5	·	41	5		·	41	6	6	·	41	8	1	·	41	9	8	
200 …	27	8	11	·	27	10		·	27	11		·	27	12	1	·	27	13	1	
100 …	13	14	5	·	13	15		·	13	15	6	·	13	16		·	13	16	6	
90 …	12	6	11	·	12	7	6	·	12	7	11	·	12	8	4	·	12	8	10	
80 …	10	19	6	·	11			·	11		4	·	11		9	·	11	1	2	
70 …	9	12	1	·	9	12	6	·	9	12	10	·	9	13	2	·	9	13	6	
60 …	8	4	7	·	8	5		·	8	5	3	·	8	5	7	·	8	5	10	
50 …	6	17	2	·	6	17	6	·	6	17	9	·	6	18		·	6	18	3	
40 …	5	9	9	·	5	10		·	5	10	2	·	5	10	4	·	5	10	7	
30 …	4	2	3	·	4	2	6	·	4	2	7	·	4	2	9	·	4	2	11	
20 …	2	14	10	·	2	15		·	2	15	1	·	2	15	2	·	2	15	3	
10 …	1	7	5	·	1	7	6	·	1	7	6	·	1	7	7	·	1	7	7	
9 …	1	4	8	·	1	4	9	·	1	4	9	·	1	4	9	·	1	4	9	
8 …	1	1	11	·	1	2		·	1	2		·	1	2		·	1	2		
7 …		19	2	·		19	3	·		19	3	·		19	3	·		19	3	
6 …		16	5	·		16	6	·		16	6	·		16	6	·		16	6	
5 …		13	8	·		13	9	·		13	9	·		13	9	·		13	9	
4 …		10	11	·		11		·		11		·		11		·		11		
3 …		8	2	·		8	3	·		8	3	·		8	3	·		8	3	
2 …		5	5	·		5	6	·		5	6	·		5	6	·		5	6	
1 …		2	8	·		2	9	·		2	9	·		2	9	·		2	9	
15 ſ …		2		·		2		·		2		·		2		·		2		
10 …		1	4	·		1	4	·		1	4	·		1	4	·		1	4	
5 …			8	·			8	·			8	·			8	·			8	
4 …			6	·			6	·			6	·			6	·			6	
3 …			4	·			4	·			4	·			4	·			4	
2 …			3	·			3	·			3	·			3	·			3	
1 …			1	·			1	·			1	·			1	·			1	
9 d ·				·				·				·				·				
6 ·				·				·				·				·				
4 ·				·				·				·				·				
3 ·				·				·				·				·				
2 ·				·				·				·				·				
1 ·				·				·				·				·				

L'ANGLETERRE
Tire
SUR LA FRANCE
aux prix suivans pour un Ecu de change.

ECUS de change tirez & négociez.	VALEUR à Londres à 33. d. $\frac{1}{4}$			VALEUR à Londres à 33. d. $\frac{5}{16}$			VALEUR à Londres à 33. d. $\frac{3}{8}$			VALEUR à Londres à 33. d. $\frac{7}{16}$			VALEUR à Londres à 33. d. $\frac{1}{2}$		
ECUS.	L.	S.	D.ſt	L.	S.	D.ſt	L.	S.	D.ſt	L.	S.	D.ſt	L.	S.	D.ſt
1000	138	10	10	138	16		139	1	3	139	6	5	139	11	8
900	124	13	9	124	18	4	125	3	1	125	7	9	125	12	6
800	110	16	8	111		9	111	5		111	9	1	111	13	4
700	96	19	7	97	3	2	97	6	10	97	10	5	97	14	2
600	83	2	6	83	5	7	83	8	9	83	11	10	83	15	
500	69	5	5	69	8		69	10	7	69	13	2	69	15	10
400	55	8	4	55	10	4	55	12	6	55	14	6	55	16	8
300	41	11	3	41	12	9	41	14	4	41	15	11	41	17	6
200	27	14	2	27	15	2	27	16	3	27	17	3	27	18	4
100	13	17	1	13	17	7	13	18	1	13	18	7	13	19	2
90	12	9	4	12	9	9	12	10	3	12	10	8	12	11	3
80	11	1	8	11	2		11	2	5	11	2	10	11	3	4
70	9	13	11	9	14	3	9	14	7	9	15		9	15	5
60	8	6	3	8	6	6	8	6	10	8	7	1	8	7	6
50	6	18	6	6	18	9	6	19		6	19	3	6	19	7
40	5	10	10	5	11		5	11	2	5	11	5	5	11	8
30	4	3	1	4	3	3	4	3	5	4	3	6	4	3	9
20	2	15	5	2	15	6	2	15	7	2	15	8	2	15	10
10	1	7	8	1	7	9	1	7	9	1	7	10	1	7	11
9	1	4	10	1	4	11	1	4	11	1	5		1	5	1
8	1	2	1	1	2	2	1	2	2	1	2	3	1	2	4
7		19	4		19	5		19	5		19	5		19	6
6		16	7		16	7		16	7		16	8		16	9
5		13	10		13	10		13	10		13	11		13	11
4		11			11	1		11	1		11	1		11	2
3		8	3		8	3		8	3		8	4		8	4
2		5	6		5	6		5	6		5	6		5	7
1		2	9		2	9		2	9		2	9		2	9
15 ſ		2			2			2			2			2	
10		1	4		1	4		1	4		1	4		1	4
5			8			8			8			8			8
4			6			6			6			6			6
3			4			4			4			4			4
2			3			3			3			3			3
1			1			1			1			1			1
9 d.	3	q		3	q		3	q		3	q		3	q	
6	De			De			De			De			De		
4	1	T		1	T		1	T		1	T		1	T	
3	1	q		1	q		1	q		1	q		1	q	
2	1	Six		1	Six		1	Six		1	Six		1	Six	
1	1	Dou		1	Dou		1	Dou		1	Dou		1	Dou	

L'ANGLETERRE
Tire
SUR LA FRANCE
aux prix suivans pour un Ecu de change.

ECUS de change tirez & négociez.	VALEUR à Londres à 33. d. 9/16			VALEUR à Londres à 33. d. 5/8			VALEUR à Londres à 33. d. 11/16			VALEUR à Londres à 33. d. 3/4			VALEUR à Londres à 33. d. 13/16		
ECUS.	L.	S.	D ſt	L.	S.	D ſt	L.	S.	D ſt	L.	S.	D ſt	L.	S.	D ſt
1000	139	16	10	140	2	1	140	7	3	140	12	6	140	17	8
900	125	17	1	126	1	10	126	6	6	126	11	3	126	15	10
800	111	17	5	112	1	8	112	5	9	112	10		112	14	1
700	97	17	9	98	1	5	98	5		98	8	9	98	12	4
600	83	18	1	84	1	3	84	4	4	84	7	6	84	10	7
500	69	18	5	70	1		70	3	7	70	6	3	70	8	10
400	55	18	8	56		10	56	2	10	56	5		56	7	
300	41	19		42		7	42	2	2	42	3	9	42	5	3
200	27	19	4	28		5	28	1	5	28	2	6	28	3	6
100	13	19	8	14		2	14		8	14	1	3	14	1	9
90	12	11	8	12	12	1	12	12	7	12	13	1	12	13	6
80	11	3	8	11	4	1	11	4	6	11	5		11	5	4
70	9	15	9	9	16	1	9	16	5	9	16	10	9	17	2
60	8	7	9	8	8	1	8	8	4	8	8	9	8	9	
50	6	19	10	7		1	7		4	7		7	7		10
40	5	11	10	5	12		5	12	3	5	12	6	5	12	8
30	4	3	10	4	4		4	4	2	4	4	4	4	4	6
20	2	15	11	2	16		2	16	1	2	16	3	2	16	4
10	1	7	11	1	8		1	8		1	8	1	1	8	2
9	1	5	1	1	5	2	1	5	2	1	5	3	1	5	4
8	1	2	4	1	2	4	1	2	4	1	2	5	1	2	6
7		19	6		19	7		19	7		19	7		19	8
6		16	9		16	9		16	9		16	10		16	10
5		13	11		14			14			14			14	1
4		11	2		11	2		11	2		11	2		11	3
3		8	4		8	4		8	4		8	5		8	5
2		5	7		5	7		5	7		5	7		5	7
1		2	9		2	9		2	9		2	9		2	9
15 ſ		2			2			2			2			2	
10		3	4		1	4		1	4		1	4		1	4
5						8			8			8			8
4						6			6			6			6
3						4			4			4			4
2						3			3			3			3
1						1			1			1			1
9 d	3 q			3 q			3 q			3 q			3 q		
6	De			De			De			De			De		
4	1 T			1 T			1 T			1 T			1 T		
2¾	1 q			1 q			1 q			1 q			1 q		
2	1 Six			1 Six			1 Sx			1 Six			1 Six		
1	1 Dou			1 Dou			1 Dou			1 Dou			1 Dou		

L'ANGLETERRE
Tire
SUR LA FRANCE
aux prix suivans pour un Ecu de change.

ECUS de change tirez & négociez.	VALEUR à Londres à 33. d. $\frac{7}{8}$			VALEUR à Londres à 33. d. $\frac{15}{16}$			VALEUR à Londres à 34. d.			VALEUR à Londres à 34. d. $\frac{1}{16}$			VALEUR à Londres à 34. d. $\frac{1}{8}$		
ECUS.	L.	S.	D.ſt	L.	S.	D.ſt	L.	S.	D.ſt	L.	S.	D.ſt	L.	S.	D.ſt
1000	141	2	11	141	8	1	141	13	4	141	18	6	142	3	9
900	127		7	127	5	3	127	10		127	14	7	127	19	4
800	112	18	4	113	2	5	113	6	8	113	10	9	113	15	
700	98	16		98	19	7	99	3	4	99	6	11	99	10	7
600	84	13	9	84	16	10	85			85	3	1	85	6	3
500	70	11	5	70	14		70	16	8	70	19	3	71	1	10
400	56	9	2	56	11	2	56	13	4	56	15	4	56	17	6
300	42	6	10	42	8	5	42	10		42	11	6	42	13	1
200	28	4	7	28	5	7	28	6	8	28	7	8	28	8	9
100	14	2	3	14	2	9	14	3	4	14	3	10	14	4	4
90	12	14		12	14	5	12	15		12	15	5	12	15	10
80	11	5	9	11	6	2	11	6	8	11	7		11	7	5
70	9	17	6	9	17	11	9	18	4	9	18	8	9	19	
60	8	9	4	8	9	7	8	10		8	10	3	8	10	7
50	7	1	1	7	1	4	7	1	8	7	1	11	7	2	2
40	5	12	10	5	13	1	5	13	4	5	13	6	5	13	8
30	4	4	8	4	4	9	4	5		4	5	1	4	5	3
20	2	16	5	2	16	6	2	16	8	2	16	9	2	16	10
10	1	8	2	1	8	3	1	8	4	1	8	4	1	8	5
9	1	5	4	1	5	5	1	5	6	1	5	6	1	5	6
8	1	2	6	1	2	7	1	2	8	1	2	8	1	2	8
7		19	8		19	9		19	10		19	10		19	10
6		16	10		16	11		17			17			17	
5		14	1		14	1		14	2		14	2		14	2
4		11	3		11	3		11	4		11	4		11	4
3		8	5		8	5		8	6		8	6		8	6
2		5	7		5	7		5	8		5	8		5	8
1		2	9		2	9		2	10		2	10		2	10
15 ſ		2			2			2	1		2	1		2	1
10		1	4		1	4		1	5		1	5		1	5
5			8			8			8			8			8
4			6			6			6			6			6
3			4			4			4			4			4
2			3			3			3			3			3
1			1			1			1			1			1
9 d.	3 q			3 q			3 q			3 q			3 q		
6	De			De			De			De			De		
4	1 T			1 T			1 T			1 T			1 T		
3	1 q			1 q			1 q			1 q			1 q		
2	1 Six			1 Six			1 Six			1 Six			1 Six		
1	1 Dou			1 Dou			1 Dou			1 Dou			1 Dou		

L'ANGLETERRE

Tire

SUR LA FRANCE

aux prix suivans pour un Ecu de change.

ECUS de change tirez & négociez	VALEUR à Londres à 34. d. 3/16			VALEUR à Londres à 34. d. 1/4			VALEUR à Londres à 34. d. 5/16			VALEUR à Londres à 34. d. 3/8			VALEUR à Londres à 34. d. 7/16		
ECUS.	L.	S.	D.ſt	L.	S.	D.ſt	L.	S.	D.ſt	L.	S.	D.ſt	L.	S.	D.ſt
1000	142	8	11	142	14	2	142	19	4	143	4	7	143	9	10
900	128	4		128	8	9	128	13	4	128	18	1	129	2	10
800	113	19	1	114	3	4	114	7	5	114	11	8	114	15	10
700	99	14	2	99	17	11	100	1	6	100	5	2	100	8	10
600	85	9	4	85	12	6	85	15	7	85	18	9	86	1	10
500	71	4	5	71	7	1	71	9	8	71	12	3	71	14	11
400	56	19	6	57	1	8	57	3	8	57	5	10	57	7	11
300	42	14	8	42	16	3	42	17	9	42	19	4	43		11
200	28	9	9	28	10	10	28	11	10	28	12	11	28	13	11
100	14	4	10	14	5	5	14	5	11	14	6	5	14	6	11
90	12	16	4	12	16	10	12	17	3	12	17	9	12	18	2
80	11	7	10	11	8	4	11	8	8	11	9	1	11	9	6
70	9	19	4	9	19	9	10		1	10		5	10		10
60	8	10	10	8	11	3	8	11	6	8	11	10	8	12	1
50	7	2	5	7	2	8	7	2	11	7	3	2	7	3	5
40	5	13	11	5	14	2	5	14	4	5	14	6	5	14	9
30	4	5	5	4	5	7	4	5	9	4	5	11	4	6	
20	2	16	11	2	17	1	2	17	2	2	17	3	2	17	4
10	1	8	5	1	8	6	1	8	7	1	8	7	1	8	8
9	1	5	6	1	5	7	1	5	8	1	5	8	1	5	9
8	1	2	8	1	2	9	1	2	10	1	2	10	1	2	11
7		19	10		19	11	1			1			1		
6		17			17	1		17	1		17	1		17	2
5		14	2		14	3		14	3		14	3		14	4
4		11	4		11	4		11	5		11	5		11	5
3		8	6		8	6		8	6		8	6		8	7
2		5	8		5	8		5	8		5	8		5	8
1		2	10		2	10		2	10		2	10		2	10
15 ſ		2	1		2	1		2	1		2	1		2	1
10		1	5		1	5		1	5		1	5		1	5
5			8			8			8			8			8
4			6			6			6			6			6
3			4			4			4			4			4
2			3			3			3			3			3
1			1			1			1			1			1
9 d	3	q		3	q		3	q		3	q		3	q	
6	De			De			De			De			De		
4	1	T		1	T		1	T		1	T		1	T	
3	1	q		1	q		1	q		1	q		1	q	
2	1	Six		1	Six		1	Six		1	Six		1	Six	
1	1	Dou		1	Dou		1	Dou		1	Dou		1	Dou	

PARIS

Tire ou negocie

SUR HAMBOURG

aux prix de change ci-après.

MARCS Lubs tirez ou négociez.	Sommes à recevoir ou à payer en FRANCE lorſque le change eſt													
	à 16ſ. p. 0/0			à 16ſ. $\frac{1}{8}$			à 16ſ. $\frac{1}{4}$			à 16ſ. $\frac{3}{8}$			à 16ſ. $\frac{1}{2}$		
MARCS.	L.	S.	D.	L.	S.	D.	L.	S.	D.	L.	S.	D.	L.	S.	D
1000	1650		.	1651	5	.	1652	10	.	1653	15	.	1655		
900	1485		.	1486	2	6.	1487	5	.	1488	7	6.	1489	10	
800	1320		.	1321		.	1322		.	1323		.	1324		
700	1155		.	1155	17	6.	1156	15	.	1157	12	6.	1158	10	
600	990		.	990	15	.	991	10	.	992	5	.	993		
500	825		.	825	12	6.	826	5	.	826	17	6.	827	10	
400	660		.	660	10	.	661		.	661	10	.	662		
300	495		.	495	7	6.	495	15	.	496	2	6.	496	10	
200	330		.	330	5	.	330	10	.	331	15	.	331		
100	165		.	165	2	6.	165	5	.	165	7	6.	165	10	
90	148	10	.	148	12	3.	148	14	6.	148	16	9.	148	19	
80	132		.	132	2	.	132	4	.	132	6	.	132	8	
70	115	10	.	115	11	9.	115	13	6.	115	15	3.	115	17	
60	99		.	99	1	6.	99	3	.	99	4	6.	99	6	
50	82	10	.	82	11	3.	82	12	6.	82	13	9.	82	15	
40	66		.	66	1	.	66	2	.	66	3	.	66	4	
30	49	10	.	49	10	9.	49	11	6.	49	12	3.	49	13	
20	33		.	33		6.	33	1	.	33	1	6.	33	2	
10	16	10	.	16	10	3.	16	10	6.	16	10	9.	16	11	
9	14	17	.	14	17	2.	14	17	5.	14	17	8.	14	17	10
8	13	4	.	13	4	2.	13	4	4.	13	4	7.	13	4	9
7	11	11	.	11	11	2.	11	11	4.	11	11	6.	11	11	8
6	9	18	.	9	18	1.	9	18	3.	9	18	5.	9	18	7
5	8	5	.	8	5	1.	8	5	3.	8	5	4.	8	5	6
4	6	12	.	6	12	1.	6	12	2.	6	12	3.	6	12	4
3	4	19	.	4	19	.	4	19	1.	4	19	2.	4	19	3
2	3	6	.	3	6	.	3	6	1.	3	6	1.	3	6	2
1	1	13	.	1	13	.	1	13	.	1	13	.	1	13	1
12 ſ	1	4	9.	1	4	9.	1	4	9.	1	4	9	1	4	9
8		16	6.		16	6.		16	6.		16	6.		16	6
4		8	3.		8	3.		8	3.		8	3.		8	3
2		4	1.		4	1.		4	1.		4	1.		4	1
1		2	.		2	.		2	.		2	.		2	
9 d		1	6.		1	6.		1	6.		1	6.		1	6
6		1	.		1	.		1	.		1	.		1	
4			8.			8.			8.			8.			8
3			6.			6.			6.			6.			6
2			4.			4.			4.			4.			4
1 1			2.			2.			2.			2.			2

PARIS
Tiré ou negocie
SUR HAMBOURG
aux prix de change ci-après.

MARCS Lubs tirez ou négociez.	à 165 ⅛			à 165 ¾			à 165 ⅞			à 166. p 0/0			à 166 ⅛		
MARCS.	L	S	D	L	S	D	L	S	D	L	S	D	L	S	D
1000	1656	5		1657	10		1658	15		1660			1661	5	
900	1490	12	6	1491	15		1492	17	6	1494			1495	2	6
800	1325			1326			1327			1328			1329		
700	1159	7	6	1160	5		1161	2	6	1162			1162	17	6
600	993	15		994	10		995	5		996			996	15	
500	828	2	6	828	15		829	7	6	830			830	12	6
400	662	10		663			663	10		664			664	10	
300	496	17	6	497	5		497	12	6	498			498	7	6
200	331	5		331	10		331	15		332			332	5	
100	165	12	6	165	15		165	17	6	166			166	2	6
90	149	1	3	149	3	6	149	5	9	149	8		149	10	3
80	132	10		132	12		132	14		132	16		132	18	
70	115	18	9	116		6	116	2	3	116	4		116	5	9
60	99	7	6	99	9		99	10	6	99	12		99	13	6
50	82	16	3	82	17	6	82	18	9	83			83	1	3
40	66	5		66	6		66	7		66	8		66	9	
30	49	13	9	49	14	6	49	15	3	49	16		49	16	9
20	33	2	6	33	3		33	3	6	33	4		33	4	6
10	16	11	3	16	11	6	16	11	9	16	12		16	12	3
9	14	18	1	14	18	4	14	18	6	14	18	9	14	19	
8	13	5		13	5	2	13	5	4	13	5	7	13	5	9
7	11	11	10	11	12		11	12	2	11	12	4	11	12	6
6	9	18	9	9	18	10	9	19		9	19	2	9	19	4
5	8	5	7	8	5	9	8	5	10	8	6		8	6	1
4	6	12	6	6	12	7	6	12	8	6	12	9	6	12	10
3	4	19	4	4	19	5	4	19	6	4	19	7	4	19	8
2	3	6	3	3	6	3	3	6	4	3	6	4	3	6	5
1	1	13	1	1	13	1	1	13	2	1	13	2	1	13	2
12 ſ				1	4	9	1	4	9	1	4	10	1	4	10	1	4	10
8					16	6		16	6		16	7		16	7		16	7
4					8	3		8	3		8	3		8	3		8	3
2					4	1		4	1		4	1		4	1		4	1
1					2			2			2			2			2	
9 d					1	6		1	6		1	6		1	6		1	6
6					1			1			1			1			1	
4						8			8			8			8			8
3						6			6			6			6			6
2						4			4			4			4			4
1						2			2			2			2			2

PARIS

Tire ou negocie

SUR HAMBOURG

aux prix de change ci-après.

MARCS Lubs tirez ou négociez.	Sommes à recevoir ou à payer en FRANCE lorsque le change est à 166 1/4			à 166 3/8			à 166 1/2			à 166 5/8			à 166 3/4		
MARCS.	L.	S.	D.	L.	S.	D.	L.	S.	D.	L.	S.	D.	L.	S.	D.
1000	1662	10		1663	15		1665			1666	5		1667	10	
900	1496	5		1497	7	6	1498	10		1499	12	6	1500	15	
800	1330			1331			1332			1333			1334		
700	1163	15		1164	12	6	1165	10		1166	7	6	1167	5	
600	997	10		998	5		999			999	15		1000	10	
500	831	5		831	17	6	832	10		833	2	6	833	15	
400	665			665	10		666			666	10		667		
300	498	15		499	2	6	499	10		499	17	6	500	5	
200	332	10		332	15		333			333	5		333	10	
100	166	5		166	7	6	166	10		166	12	6	166	15	
90	149	12	6	149	14	9	149	17		149	19	3	150	1	6
80	133			133	2		133	4		133	6		133	8	
70	116	7	6	116	9	3	116	11		116	12	9	116	14	6
60	99	15		99	16	6	99	18		99	19	6	100	1	
50	83	2	6	83	3	9	83	5		83	6	3	83	7	6
40	66	10		66	11		66	12		66	13		66	14	
30	49	17	6	49	18	3	49	19		49	19	9	50		6
20	33	5		33	5	6	33	6		33	6	6	33	7	
10	16	12	6	16	12	9	16	13		16	13	3	16	13	6
9	14	19	3	14	19	5	14	19	8	14	19	11	15		1
8	13	6		13	6	2	13	6	4	13	6	7	13	6	9
7	11	12	9	11	12	11	11	13	1	11	13	3	11	13	5
6	9	19	6	9	19	7	9	19	9	9	19	11	10		1
5	8	6	3	8	6	4	8	6	6	8	6	7	8	6	9
4	6	13		6	13	1	6	13	2	6	13	3	6	13	4
3	4	19	9	4	19	9	4	19	10	4	19	11	5		
2	3	6	6	3	6	6	3	6	7	3	6	7	3	6	8
1	1	13	3	1	13	3	1	13	3	1	13	3	1	13	4
12 ſ	1	4	10	1	4	10	1	4	10	1	4	10	1	5	
8		16	7		16	7		16	7		16	7		16	8
4		8	3		8	3		8	3		8	3		8	4
2		4	1		4	1		4	1		4	1		4	2
1		2			2			2			2			2	1
9 d		1	6		1	6		1	6		1	6		1	6
6		1			1			1			1			1	
4			8			8			8			8			8
3			6			6			6			6			6
2			4			4			4			4			4
1			2			2			2			2			2

PARIS
Tire ou negocie
SUR HAMBOURG
aux prix de change ci-après.

MARCS Lubs tirez ou négociez. — Sommes à recevoir ou à payer en FRANCE lorsque le change est

MARCS	à 166 $\frac{7}{8}$ (L. S. D.)	à 167 p $\frac{0}{0}$ (L. S. D.)	à 167 $\frac{1}{8}$ (L. S. D.)	à 167 $\frac{1}{4}$ (L. S. D.)	à 167 $\frac{3}{8}$ (L. S. D.)
1000	1668 15 .	1670 .	1671 5 .	1672 10 .	1673 15
900	1501 17 6	1503 .	1504 2 6	1505 5 .	1506 7 6
800	1335 .	1336 .	1337 .	1338 .	1339
700	1168 2 6	1169 .	1169 17 6	1170 15 .	1171 12 6
600	1001 5 .	1002 .	1002 15 .	1003 10 .	1004 5
500	834 7 6	835 .	835 12 6	836 5 .	836 17 6
400	667 10 .	668 .	668 10 .	669 .	669 10
300	500 12 6	501 .	501 7 6	501 15 .	502 2 6
200	333 15 .	334 .	334 5 .	334 10 .	334 15
100	166 17 6	167 .	167 2 6	167 5 .	167 7 6
90	150 3 9	150 6 .	150 8 3	150 10 6	150 12 9
80	133 10 .	133 12 .	133 14 .	133 16 .	133 18
70	116 16 3	116 18 .	116 19 9	117 1 6	117 3 3
60	100 2 6	100 4 .	100 5 6	100 7 .	100 8 6
50	83 8 9	83 10 .	83 11 3	83 12 6	83 13 9
40	66 15 .	66 16 .	66 17 .	66 18 .	66 19
30	50 1 3	50 2 .	50 2 9	50 3 6	50 4 3
20	33 7 6	33 8 .	33 8 6	33 9 .	33 9 6
10	16 13 9	16 14 .	16 14 3	16 14 6	16 14 9
9	15 . 4	15 . 7	15 . 9	15 1 .	15 1 3
8	13 7 .	13 7 2	13 7 4	13 7 7	13 7 9
7	11 13 7	11 13 9	11 13 11	11 14 1	11 14 3
6	10 . 3	10 . 4	10 . 6	10 . 8	10 . 10
5	8 6 10	8 7 .	8 7 1	8 7 3	8 7 4
4	6 13 6	6 13 7	6 13 8	6 13 9	6 13 10
3	5 . 1	5 . 2	5 . 3	5 . 4	5 . 5
2	3 6 9	3 6 9	3 6 10	3 6 10	3 6 11
1	1 13 4	1 13 4	1 13 5	1 13 5	1 13 5
12 ſ	1 5 .	1 5 .	1 5 .	1 5 .	1 5
8 ſ	16 8 .	16 8 .	16 8 .	16 8 .	16 8
4 ſ	8 4 .	8 4 .	8 4 .	8 4 .	8 4
2 ſ	4 2 .	4 2 .	4 2 .	4 2 .	4 2
1 ſ	2 1 .	2 1 .	2 1 .	2 1 .	2 1
9 d	1 6 .	1 6 .	1 6 .	1 6 .	1 6
6 d	1 .	1 .	1 .	1 .	1
4 d	8 .	8 .	8 .	8 .	8
3 d	6 .	6 .	6 .	6 .	6
2 d	4 .	4 .	4 .	4 .	4
1 d	2 .	2 .	2 .	2 .	2

PARIS

Tire ou négocie

SUR HAMBOURG,

aux prix de change ci-après.

MARCS Lubs tirez ou négociez.	Sommes à recevoir ou à payer en FRANCE, lorsque le Change est à 167. $\frac{1}{2}$			à 167. $\frac{5}{8}$			à 167. $\frac{3}{4}$			à 167. $\frac{7}{8}$			à 168. p. $\frac{0}{0}$		
MARCS.	L.	S.	D	L.	S.	D.	L.	S.	D.	L.	S.	D.	L.	S.	D.
1000 ...	1675		.	1676	5	.	1677	10	.	1678	15	.	1680		
900 ...	1507	10	.	1508	12	6	1509	15	.	1510	17	6	1512		
800 ...	1340		.	1341		.	1342		.	1343		.	1344		
700 ...	1172	10	.	1173	7	6	1174	5	.	1175	2	6	1176		
600 ...	1005		.	1005	15	.	1006	10	.	1007	5	.	1008		
500 ...	837	10	.	838	2	6	838	15	.	839	7	6	840		
400 ...	670		.	670	10	.	671		.	671	10	.	672		
300 ...	502	10	.	502	17	6	503	5	.	503	12	6	504		
200 ...	335		.	335	5	.	335	10	.	335	15	.	336		
100 ...	167	10	.	167	12	6	167	15	.	167	17	6	168		
90 ...	150	15	.	150	17	3	190	19	6	151	1	9	151	4	
80 ...	134		.	134	2	.	134	4	.	134	6	.	134	8	
70 ...	117	5	.	117	6	9	117	8	6	117	10	3	117	12	
60 ...	100	10	.	100	11	6	100	13	.	100	14	6	100	16	
50 ...	83	15	.	83	16	3	83	17	6	83	18	9	84		
40 ...	67		.	67	1	.	67	2	.	67	3	.	67	4	
30 ...	50	5	.	50	5	9	50	6	6	50	7	3	50	8	
20 ...	33	10	.	33	10	6	33	11	.	33	11	6	33	12	
10 ...	16	15	.	16	15	3	16	15	6	16	15	9	16	16	
9 ...	15	1	6	15	1	8	15	1	11	15	2	2	15	2	4
8 ...	13	8	.	13	8	2	13	8	4	13	8	7	13	8	9
7 ...	11	14	6	11	14	8	11	14	10	11	15	.	11	15	2
6 ...	10	1	.	10	1	2	10	1	3	10	1	5	10	1	7
5 ...	8	7	6	8	7	8	8	7	9	8	7	10	8	8	
4 ...	6	14	.	6	14	2	6	14	2	6	14	3	6	14	4
3 ...	5		6	5		7	5		7	5		8	5		9
2 ...	3	7	.	3	7	.	3	7	1	3	7	1	3	7	2
1 ...	1	13	6	1	13	6	1	13	6	1	13	6	1	13	7
12 s. ...	1	5	1	1	5	1	1	5	1	1	5	1	1	5	1
8 ...		16	9		16	9		16	9		16	9		16	9
4 ...		8	4		8	4		8	4		8	4		8	4
2 ...		4	2		4	2		4	2		4	2		4	2
1 ...		2	1		2	1		2	1		2	1		2	1
9 d.		1	6		1	6		1	6		1	6		1	6
6 .		1	.		1	.		1	.		1	.		1	
4 .			8			8			8			8			8
3 .			6			6			6			6			6
2 .			4			4			4			4			4
1 .			2			2			2			2			2
...			.			.			.			.			
...			.			.			.			.			

PARIS
Tire ou négocie
SUR HAMBOURG,
aux prix de change ci après.

MARCS Lubs tirez ou négociez.	168. $\frac{1}{8}$			168. $\frac{1}{4}$			168. $\frac{3}{8}$			168. $\frac{1}{2}$		
MARCS.	L.	S.	D.	L.	S.	D.	L.	S.	D.	L.	S.	D.
1000	1681	5	·	1682	10	·	1683	15	·	1685		·
900	1513	2	6	1514	5	·	1515	7	6	1516	10	·
800	1345		·	1346		·	1347		·	1348		·
700	1176	17	6	1177	15	·	1178	12	6	1179	10	·
600	1008	15	·	1009	10	·	1010	5	·	1011		·
500	840	12	6	841	5	·	841	17	6	842	10	·
400	672	10	·	673		·	673	10	·	674		·
300	504	7	6	504	15	·	505	2	6	505	10	·
200	336	5	·	336	10	·	336	15	·	337		·
100	168	2	6	168	5	·	168	7	6	168	10	·
90	151	6	3	151	8	6	151	10	9	151	13	·
80	134	10	·	134	12	·	134	14	·	134	16	·
70	117	13	9	117	15	6	117	17	3	117	19	·
60	100	17	6	100	19	·	101		6	101	2	·
50	84	1	3	84	2	6	84	3	9	84	5	·
40	67	5	·	67	6	·	67	7	·	67	8	·
30	50	8	9	50	9	6	50	10	3	50	11	·
20	33	12	6	33	13	·	33	13	6	33	14	·
10	16	16	3	16	16	6	16	16	9	16	17	·
9	15	2	7	15	2	10	15	3	·	15	3	3
8	13	9	·	13	9	2	13	9	4	13	9	7
7	11	15	4	11	15	6	11	15	8	11	15	10
6	10	1	9	10	1	10	10	2	·	10	2	2
5	8	8	1	8	8	3	8	8	4	8	8	6
4	6	14	6	6	14	7	6	14	8	6	14	9
3	5		10	5		11	5	1	·	5	1	1
2	3	7	3	3	7	3	3	7	4	3	7	4
1	1	13	7	1	13	7	1	13	8	1	13	8
12 ſ	1	5	1	1	5	1	1	5	2	1	5	2
8		16	9		16	9		16	10		16	10
4		8	4		8	4		8	5		8	5
2		4	2		4	2		4	2		4	2
1		2	1		2	1		2	1		2	1
9 d		1	6		1	6		1	6		1	6
6		1	·		1	·		1	·		1	·
4			8			8			8			8
3			6			6			6			6
2			4			4			4			4
1			2			2			2			2
			·			·			·			·
			·			·			·			·

BORDEAUX & HAMBOURG

Tirent & négocient, ſçavoir,

BORDEAUX ſur Hambourg, & HAMBOURG ſur la France,

à 27. ſols Lubs par Ecu de change.

ECUS de change tirez & négociez	VALEUR à Hambourg en Marcs Lubs			PRODUIT de la negociation à Bordeaux, à 26. ſ. $\frac{1}{2}$			PRODUIT de la négociation à Bordeaux, à 26. ſ. $\frac{5}{8}$			PRODUIT de la négociation à Bordeaux, à 26. ſ. $\frac{3}{4}$			PRODUIT de la négociation à Bordeaux, à 26. ſ. $\frac{7}{8}$		
ECUS.	M.	S.	D.	L.	S.	D.	L.	S.	D.	L.	S.	D.	L.	S.	D.
1000	1687	8		3056	12		3042	5		3028		8	3013	19	
900	1518	12		2750	18	9	2738		6	2725	4	7	2712	11	1
800	1350			2445	5	7	2433	16		2422	8	6	2411	3	2
700	1181	4		2139	12	4	2129	11	6	2119	12	5	2109	15	3
600	1012	8		1833	19	2	1825	7		1816	16	4	1808	7	4
500	843	12		1528	6		1521	2	6	1514		4	1506	19	6
400	675			1222	12	9	1216	18		1211	4	5	1205	11	7
300	506	4		916	19	7	912	13	6	908	8	2	904	3	8
200	337	8		611	6	4	608	9		605	12	1	602	15	9
100	168	12		305	13	2	304	4	6	302	16		301	7	10
90	151	14		275	1	10	273	16		272	10	4	271	5	
80	135			244	10	6	243	7	7	242	4	9	241	2	3
70	118	2		213	19	2	212	19	1	211	19	2	210	19	5
60	101	4		183	7	10	182	10	8	181	13	7	180	16	8
50	84	6		152	16	7	152	2	3	151	8		150	13	11
40	67	8		122	5	3	121	13	9	121	2	4	120	11	1
30	50	10		91	13	11	91	5	4	90	16	9	90	8	4
20	33	12		61	2	7	60	16	10	60	11	2	60	5	6
10	16	14		30	11	3	30	8	5	30	5	7	30	2	9
9	15	3		27	10	1	27	7	6	27	5		27	2	5
8	13	8		24	9		24	6	8	24	4	5	24	2	2
7	11	13		21	7	10	21	5	10	21	3	10	21	1	11
6	10	2		18	6	9	18	5		18	3	4	18	1	7
5	8	7		15	5	7	15	4	2	15	2	9	15	1	4
4	6	12		12	4	6	12	3	4	12	2	2	12	1	1
3	5	1		9	3	4	9	2	6	9	1	8	9		9
2	3	6		6	2	3	6	1	8	6	1	1	6		6
1	1	11		3	1	1	3		10	3		6	3		3
15 ſ	1	4	3	2	5	9	2	5	8	2	5	4	2	5	2
10		13	6	1	10	6	1	10	5	1	10	3	1	10	1
5		6	9		15	3		15	2		15	1		15	
4		5	5		12	2		12	2		12	1		12	
3		4			9	1		9	1		9			9	
2		2	8		6	1		6	1		6			6	
1		1	4		3			3			3			3	
9 d		1			2	3		2	3		2	3		2	3
6			8		1	6		1	6		1	6		1	6
4			5		1			1			1			1	
3			4			9			9			9			9
2			2			6			6			6			6
1			1			3			3			3			3

BORDEAUX & HAMBOURG

Tirent & négocient ; ſçavoir,

BORDEAUX ſur Hambourg, & HAMBOURG ſur la France,
à 27. ſols Lubs par Ecu de change.

ECUS de change tirez & négociez.	PRODUIT de la négociation à Bordeaux, à 27. ſ. $\frac{1}{8}$			PRODUIT de la négociation à Bordeaux, à 27. ſ. $\frac{1}{4}$			PRODUIT de la négociation à Bordeaux, à 27. ſ. $\frac{3}{8}$			PRODUIT de la négociation à Bordeaux ; à 27. ſ. $\frac{1}{2}$		
ECUS.	L.	S.	D.	L.	S.	D.	L.	S.	D.	L.	S.	D.
1000	2986	3	6	2972	9	6	2958	18		2945	9	1
900	2687	11	1	2675	4	6	2663		2	2650	18	2
800	2388	18	9	2377	19	7	2367	2	4	2356	7	3
700	2090	6	5	2080	14	7	2071	4	7	2061	16	4
600	1791	14	1	1783	9	8	1775	6	9	1767	5	5
500	1493	1	9	1486	4	9	1479	9		1472	14	6
400	1194	9	4	1188	19	9	1183	11	2	1178	3	7
300	895	17		891	14	10	887	13	4	883	12	8
200	597	4	8	594	9	10	591	15	7	589	1	9
100	298	12	4	297	4	11	295	17	9	294	10	10
90	268	15	1	267	10	5	266	5	11	265	1	9
80	238	17	10	237	15	11	236	14	2	235	12	8
70	209		7	208	1	5	207	2	5	206	3	7
60	179	3	4	178	6	11	177	10	7	176	14	6
50	149	6	2	148	12	5	147	18	10	147	5	5
40	119	8	11	118	17	11	118	7	1	117	16	4
30	89	11	8	89	3	5	88	15	3	88	7	3
20	59	14	5	59	8	11	59	3	6	58	18	2
10	29	17	2	29	14	5	29	11	9	29	9	1
9	26	17	5	26	14	11	26	12	6	26	10	2
8	23	17	8	23	15	6	23	13	4	23	11	3
7	20	18		20	16	1	20	14	2	20	12	4
6	17	18	3	17	16	7	17	15		17	13	5
5	14	18	7	14	17	2	14	15	10	14	14	6
4	11	18	10	11	17	9	11	16	8	11	15	7
3	8	19	1	8	18	3	8	17	6	8	16	8
2	5	19	5	5	18	10	5	18	4	5	17	9
1	2	19	8	2	19	5	2	19	2	2	18	10
15 ſ	2	4	9	2	4	6	2	4	4	2	4	1
10	1	9	10	1	9	8	1	9	7	1	9	5
5		14	11		14	10		14	9		14	8
4		11	11		11	10		11	10		11	9
3		8	11		8	10		8	10		8	9
2		5	11		5	11		5	11		5	10
1		2	11		2	11		2	11		2	11
9 d		2	2		2	1		2	1		2	1
6		1	5		1	5		1	5		1	5
4			11			11			11			11
3			8			8			8			8
2			5			5			5			5
1			2			2			2			2

BORDEAUX & HAMBOURG

Tirent & négocient ; ſçavoir ,

BORDEAUX ſur Hambourg, & HAMBOURG ſur la France ,

à 27. ſ. 1/8 Lubs par Ecu de change.

ECUS de change tirez & négociez	Valeur à Hambourg en Marcs Lubs — M	S	D	L	Produit de la négociation à Bordeaux, à 26. ſ. 1/8 — L	S	D	Produit à Bordeaux, à 26. ſ. 3/4 — L	S	D	Produit à Bordeaux, à 26. ſ. 7/8 — L	S	D	Produit à Bordeaux, à 27. ſ. — L	S	D
1000	1695	5			3056	6	9	3042	1	1	3027	18	1	3013	17	9
900	1525	12	6		2750	14		2737	16	11	2725	2	3	2712	9	11
800	1356	4			2445	1	4	2433	12	10	2422	6	5	2411	2	2
700	1186	11	6		2139	8	8	2129	8	9	2119	10	7	2109	14	5
600	1017	3			1833	16		1825	4	7	1816	14	10	1808	6	7
500	847	10	6		1528	3	4	1521		6	1513	19		1506	18	10
400	678	2			1222	10	8	1216	16	5	1211	3	2	1205	11	1
300	508	9	6		916	18		912	12	3	908	7	5	904	3	3
200	339	1			611	5	4	608	8	2	605	11	7	602	15	6
100	169	8	6		305	12	8	304	4	1	301	15	9	301	7	9
90	152	9	3		275	1	4	273	15	8	272	10	2	271	4	11
80	135	10			244	10	1	243	7	3	242	4	7	241	2	2
70	118	10	9		213	18	10	212	18	10	211	19		210	19	5
60	101	11	6		183	7	7	182	10	5	181	13	5	180	16	7
50	84	12	3		152	16	4	152	2		151	7	10	150	13	10
40	67	13			122	5		121	13	7	121	2	3	120	11	1
30	50	13	9		91	13	9	91	5	2	90	16	8	90	8	3
20	33	14	6		61	2	6	60	16	9	60	11	1	60	5	6
10	16	15	3		30	11	3	30	8	4	30	5	6	30	2	9
9	15	4	1		27	10	1	27	7	6	27	4	11	27	2	5
8	13	9			24	9		24	6	8	24	4	4	24	2	2
7	11	13	10		21	7	10	21	5	10	21	3	10	21	1	11
6	10	2	9		18	6	9	18	5		18	3	3	18	1	7
5	8	7	7		15	5	7	15	4	2	15	2	9	15	1	4
4	6	12	6		12	4	6	12	3	4	12	2	1	12	1	1
3	5	1	4		9	3	4	9	2	6	9	1	7	9		9
2	3	6	3		6	2	3	6	1	8	6	1	1	6		6
1	1	11	1		3	1	1	3		10	3		6	3		3
15 ſ	1	4	3		2	5	9	2	5	8	2	5	4	2	5	2
10		13	6		1	10	6	1	10	5	1	10	3	1	10	1
5		6	9			15	3		15	2		15	1		15	
4		5	5			12	2		12	2		12	1		12	
3		4				9	1		9	1		9			9	
2		2	8			6	1		6	1		6			6	
1		1	4			3			3			3			3	
9 d		1				2	3		2	3		2	3		2	3
6			8			1	6		1	6		1	6		1	6
4			5			1			1			1			1	
3			4				9			9			9			9
2			2				6			6			6			6
1			1				3			3			2			3

BORDEAUX & HAMBOURG

Tirent & négocient ; ſçavoir ,

BORDEAUX ſur Hambourg , & HAMBOURG ſur la France ,
à 27. ſols $\frac{1}{2}$ Lubs par Ecu de change.

ECUS de change tirez & négociez.	PRODUIT de la négociation à Bordeaux, à 27. ſ. $\frac{1}{4}$			PRODUIT de la négociation à Bordeaux, à 27. ſ. $\frac{3}{8}$			PRODUIT de la négociation à Bordeaux, à 27. ſ. $\frac{1}{2}$			PRODUIT de la négociation à Bordeaux, à 27. ſ. $\frac{5}{8}$		
ECUS.	L.	S.	D.	L.	S.	D.	L.	S.	D.	L.	S.	D.
1000	2986	4	9	2972	12		2959	1	9	2945	14	
900	1687	12	3	2675	6	9	2663	3	6	2651	2	7
800	1388	19	9	2378	1	7	2367	5	4	2356	11	2
700	1090	7	3	2080	16	4	2071	7	2	2061	19	9
600	1791	14	10	1783	11	2	1775	9		1767	8	4
500	1493	2	4	1486	6		1479	10	10	1472	17	
400	1194	9	10	1189		9	1183	12	8	1178	5	7
300	895	17	5	891	15	7	887	14	6	883	14	2
200	597	4	11	594	10	4	591	16	4	589	2	9
100	298	12	5	297	5	2	295	18	2	294	11	4
90	268	15	2	267	10	7	266	6	4	265	2	2
80	238	17	11	237	16	1	236	14	6	235	13	
70	209		8	208	1	7	207	2	8	206	3	11
60	179	3	5	178	7	1	177	10	10	176	14	9
50	149	6	2	148	12	7	147	19	1	147	5	8
40	119	8	11	118	18		118	7	3	117	16	6
30	89	11	8	89	3	6	88	15	5	88	7	4
20	59	14	5	59	9		59	3	7	58	18	3
10	29	17	2	29	14	6	29	11	9	29	9	1
9	26	17	5	26	15		26	12	6	26	10	2
8	23	17	8	23	15	7	23	13	4	23	11	3
7	20	18		20	16	1	20	14	2	20	12	4
6	17	18	3	17	16	8	17	15		17	13	5
5	14	18	7	14	17	3	14	15	10	14	14	6
4	11	18	10	11	17	9	11	16	8	11	15	7
3	8	19	1	8	18	4	8	17	6	8	16	8
2	5	19	5	5	18	10	5	18	4	5	17	9
1	2	19	8	2	19	5	2	19	2	2	18	10
15 ſ	2	4	9	2	4	6	2	4	4	2	4	1
10	1	9	10	1	9	8	1	9	7	1	9	5
5		14	11		14	10		14	9		14	8
4		11	11		11	10		11	10		11	9
3		8	11		8	10		8	10		8	9
2		5	11		5	11		5	11		5	10
1		2	11		2	11		2	11		2	11
9 d		2	2		2	1		2	1		2	1
6		1	5		1	5		1	5		1	5
4			11			11			11			11
3			8			8			8			8
2			5			5			5			5
1			2			2			2			2

BORDEAUX & HAMBOURG

Tirent & négocient ; sçavoir ,

BORDEAUX sur Hambourg , & HAMBOURG sur la France,

à 27. sols ¼ Lubs par Ecu de change.

ECUS de change tirez & négociez.	VALEUR à Hambourg en Marcs Lubs. (M. S. D. L.)			PRODUIT de la negociation à Bordeaux, à 26. f. ¼ (L. S. D.)			PRODUIT de la negociation à Bordeaux, à 26. f. ⅞ (L. S. D.)			PRODUIT de la negociation à Bordeaux, à 27. f. (L. S. D.)			PRODUIT de la negociation à Bordeaux, à 27. f. ⅛ (L. S. D.)		
ECUS.	M.	S.	D.	L.	S.	D.	L.	S.	D.	L.	S.	D.	L.	S.	D.
1000	1703	5		3056	1	5	3041	17	2	3027	15	6	3013	16	5
900	1532	15	8	2750	9	3	2737	13	5	2724	19	11	2712	8	9
800	1362	10	4	2444	17	1	2433	9	8	2422	4	4	2411	1	1
700	1192	5	1	2139	4	11	2129	6		2119	8	10	2109	13	5
600	1021	15	9	1833	12	10	1825	2	3	1816	13	3	1808	5	10
500	851	10	6	1528		8	1520	18	7	1513	17	9	1506	18	2
400	681	5	2	1222	8	6	1216	14	10	1211	2	2	1205	10	6
300	510	15	10	916	16	5	912	11	1	908	6	7	904	2	11
200	340	10	7	611	4	3	608	7	5	605	11	1	602	15	3
100	170	5	3	305	12	1	304	3	8	302	15	6	301	7	7
90	153	4	8	275		10	273	15	3	272	9	11	271	4	9
80	136	4	2	244	9	8	243	6	11	242	4	4	241	2	
70	119	3	8	213	18	5	212	18	6	211	18	10	210	19	3
60	102	3	1	183	7	3	182	10	2	181	13	3	180	16	6
50	85	2	7	152	16		152	1	10	151	7	9	150	13	9
40	68	2	1	122	4	10	121	13	5	121	2	2	120	11	
30	51	1	6	91	13	7	91	5	1	90	16	7	90	8	3
20	34	1		61	2	5	60	16	8	60	11	1	60	5	6
10	17		6	30	11	2	30	8	4	30	5	6	30	2	9
9	15	5	3	27	10		27	7	6	27	4	11	27	2	5
8	13	10		24	8	11	24	6	8	24	4	4	24	2	2
7	11	14	9	21	7	9	21	5	10	21	3	10	21	1	11
6	10	3	6	18	6	8	18	5		18	3	3	18	1	7
5	8	8	3	15	5	7	15	4	2	15	2	9	15	1	4
4	6	13		12	4	5	12	3	4	12	2	1	12	1	1
3	5	1	9	9	3	4	9	2	6	9	1	7	9		9
2	3	6	6	6	2	2	6	1	8	6	1	1	6		6
1	1	11	3	3	1	1	3		10	3		6	3		3
15 f	1	4	4	2	5	9	2	5	8	2	5	4	2	5	2
10		13	7	1	10	6	1	10	5	1	10	3	1	10	1
5		6	9		15	3		15	2		15	1		15	
4		5	5		12	2		12	2		12	1		12	
3		4			9	1		9	1		9			9	
2		2	8		6	1		6	1		6			6	
1		1	4		3			3			3			3	
9 d		1			2	3		2	3		2	3		2	3
6			8		1	6		1	6		1	6		1	6
4			5		1			1			1			1	
3			4			9			9			9			9
2			2			6			6			6			6
1			1			3			3			3			3

BORDEAUX & HAMBOURG

Tirent & négocient ; ſçavoir,

BORDEAUX ſur Hambourg, & HAMBOURG ſur la France,
à 27. ſols $\frac{1}{4}$ Lubs par Ecu de change.

ECUS de change tirez & négociez.	PRODUIT de la négociation à Bordeaux, à 27. ſ. $\frac{3}{8}$			PRODUIT de la négociation à Bordeaux, à 27. ſ. $\frac{1}{2}$			PRODUIT de la négociation à Bordeaux, à 27. ſ. $\frac{5}{8}$			PRODUIT de la négociation à Bordeaux, à 27. ſ. $\frac{3}{4}$		
ECUS.	L.	S.	D	L.	S.	D	L.	S.	D	L.	S.	D
1000	2986	6		2972	14	6	2959	5	6	2945	18	11
900	2687	13	4	2675	9		2663	6	11	2651	7	
800	2389		9	2378	3	7	2367	8	4	2356	15	1
700	2090	8	2	2080	18	1	2071	9	10	2062	3	2
600	1791	15	7	1783	12	8	1775	11	3	1767	11	4
500	1493	3		1486	7	3	1479	12	9	1472	19	5
400	1194	10	4	1182	1	9	1183	14	2	1178	7	6
300	895	17	9	891	16	4	887	15	7	883	15	8
200	597	5	2	594	10	10	591	17	1	589	3	9
100	298	12	7	297	5	5	295	18	6	294	11	10
90	268	15	3	267	10	10	266	6	7	265	2	7
80	238	18		237	16	4	236	14	9	235	13	5
70	209		9	208	1	9	207	2	11	206	4	3
60	179	3	6	178	7	3	177	11	1	176	15	1
50	149	6	3	148	12	8	147	19	3	147	5	11
40	119	9		118	18	2	118	7	4	117	16	8
30	89	11	9	89	3	7	88	15	6	88	7	6
20	59	14	6	59	9	1	59	3	8	58	18	4
10	29	17	3	29	14	6	29	11	10	29	9	2
9	26	17	6	26	15		26	12	7	26	10	3
8	23	17	9	23	15	7	23	13	5	23	11	4
7	20	18	1	20	16	1	20	14	3	20	12	5
6	17	18	4	17	16	8	17	15	1	17	13	6
5	14	18	7	14	17	3	14	15	11	14	14	7
4	11	18	10	11	17	9	11	16	8	11	15	8
3	8	19	2	8	18	4	8	17	6	8	16	9
2	5	19	5	5	18	10	5	18	4	5	17	10
1	2	19	8	2	19	5	2	19	2	2	18	11
15 ſ	2	4	9	2	4	6	2	4	4	2	4	2
10	1	9	10	1	9	8	1	9	7	1	9	5
5		14	11		14	10		14	9		14	8
4		11	11		11	10		11	10		11	9
3		8	11		8	10		8	10		8	9
2		5	11		5	11		5	11		5	10
1		2	11		2	11		2	11		2	11
9 d		2	2		2	2		2	2		2	2
6		1	5		1	5		1	5		1	5
4			11			11			11			11
3			8			8			8			8
2			5			5			5			5
1			2			2			2			2

BORDEAUX & HAMBOURG

Tirent & négocient; ſçavoir,

BORDEAUX ſur Hambourg, & HAMBOURG ſur la France,

à 27. ſ. $\frac{3}{8}$ Lubs par Ecu de change.

ECUS de change tirez & négociez.	VALEUR à Hambourg en Marcs Lubs.	PRODUIT de la négociation à Bordeaux, à 26. ſ. $\frac{7}{8}$	PRODUIT de la négociation à Bordeaux, à 27. ſ.	PRODUIT de la négociation à Bordeaux, à 27. ſ. $\frac{1}{8}$	PRODUIT de la négociation à Bordeaux, à 27. ſ. $\frac{1}{4}$
ECUS.	M. S. D. L.	L. S. D.	L. S. D.	L. S. D.	L. S. D
1000	1710 15 –	3055 16 3	3041 11 1	3027 12 11	3013 15 2
900	1539 13 6	2750 4 7	2737 7 11	2724 17 7	2712 7 7
800	1368 12 –	2444 13 –	2433 4 10	2422 2 4	2411 – 1
700	1197 10 6	2139 1 4	2129 1 9	2119 7 –	2109 12 7
600	1026 9 –	1833 9 9	1824 18 7	1816 11 9	1808 5 1
500	855 7 6	1527 18 1	1520 15 6	1513 16 5	1506 17 7
400	684 6 –	1222 6 6	1216 12 5	1211 1 2	1205 10 –
300	513 4 6	916 14 10	912 9 3	908 5 10	904 2 6
200	342 3 –	611 3 3	608 6 2	605 10 7	602 15 –
100	171 1 6	305 11 7	304 3 1	302 15 3	301 7 6
90	153 15 9	275 – 5	273 14 9	272 9 8	271 4 9
80	136 14 –	244 9 3	243 6 5	242 4 2	241 2 –
70	119 12 3	213 18 1	212 18 1	211 18 8	210 19 3
60	102 10 6	183 6 11	182 9 10	181 13 1	180 16 6
50	85 8 9	152 15 9	152 1 6	151 7 7	150 13 9
40	68 7 –	122 4 7	121 13 2	121 2 1	120 11 –
30	51 5 3	91 13 5	91 4 11	90 16 6	90 8 3
20	34 3 6	61 2 3	60 16 7	60 11 –	60 5 6
10	17 1 9	30 11 1	30 8 3	30 5 6	30 2 9
9	15 6 4	27 9 11	27 7 5	27 4 11	27 2 5
8	13 11 –	24 8 10	24 6 7	24 4 4	24 2 2
7	11 15 7	21 7 9	21 5 9	21 3 10	21 1 11
6	10 4 3	18 6 7	18 4 11	18 3 3	18 1 7
5	8 8 10	15 5 6	15 4 1	15 2 9	15 1 4
4	6 13 6	12 4 5	12 3 3	12 2 2	12 1 1
3	5 2 1	9 3 3	9 2 5	9 1 7	9 – 9
2	3 6 9	6 2 1	6 1 7	6 1 1	6 – 6
1	1 11 4	3 1 1	3 – 9	3 – 6	3 – 3
15ſ	1 – 6	2 5 9	2 5 6	2 5 4	2 5 2
10	– 13 8	1 10 6	1 10 4	1 10 3	1 10 1
5	– 6 10	– 15 3	– 15 2	– 15 1	– 15 –
4	– 5 5	– 12 2	– 12 1	– 12 1	– 12 –
3	– 4 –	– 9 1	– 9 –	– 9 –	– 9 –
2	– 2 8	– 6 1	– 6 –	– 6 –	– 6 –
1	– 1 4	– 3 –	– 3 –	– 3 –	– 3 –
9 d	– 1 –	– 2 3	– 2 3	– 2 3	– 2 3
6	– – 8	– 1 6	– 1 6	– 1 6	– 1 6
4	– – 5	– 1 –	– 1 –	– 1 –	– 1 –
3	– – 4	– – 9	– – 9	– – 9	– – 9
2	– – 2	– – 6	– – 6	– – 6	– – 6
1	– – 1	– – 3	– – 3	– – 3	– – 3

BORDEAUX & HAMBOURG

Tirent & négocient ; ſçavoir,

BORDEAUX ſur Hambourg, & HAMBOURG ſur la France à 27. ſols $\frac{3}{8}$ Lubs par Ecu de change.

ÉCUS de change, tirez & négociez	PRODUIT de la négociation à Bordeaux, à 27. ſ. $\frac{1}{2}$			PRODUIT de la négociation à Bordeaux, à 27. ſ. $\frac{5}{8}$			PRODUIT de la négociation à Bordeaux, à 27. ſ. $\frac{3}{4}$			PRODUIT de la négociation à Bordeaux, à 27. ſ. $\frac{7}{8}$		
ÉCUS	L.	S.	D.	L.	S.	D.	L.	S.	D.	L.	S.	D.
1000	2986	7	3	2972	17	.	2959	9	2	2946	3	9
900	2687	14	6	2675	11	3	2663	10	3	2651	11	4
800	2389	1	9	2378	5	7	2367	11	4	2356	19	.
700	2090	9	.	2080	19	10	2071	12	5	2062	6	7
600	1791	16	4	1783	14	2	1775	13	6	1767	14	3
500	1493	3	7	1486	8	6	1479	14	7	1473	1	10
400	1194	10	10	1189	2	9	1183	15	8	1178	9	6
300	895	18	2	891	17	1	887	16	9	883	17	1
200	597	5	5	594	11	4	591	17	10	589	4	9
100	298	12	8	297	5	8	295	18	11	294	12	4
90	268	15	4	267	11	1	266	7	.	265	3	1
80	238	18	1	237	16	6	236	15	1	235	13	10
70	209	.	10	208	1	11	207	3	2	206	4	7
60	179	3	7	178	7	4	177	11	4	176	15	4
50	149	6	4	148	12	10	147	19	5	147	6	2
40	119	9	.	118	18	3	118	7	6	117	16	11
30	89	11	9	89	3	8	88	15	8	88	7	8
20	59	14	6	59	9	1	59	3	9	58	18	5
10	29	17	3	29	14	6	29	11	10	29	9	2
9	26	17	6	26	15	.	26	12	7	26	10	3
8	23	17	9	23	15	7	23	13	5	23	11	4
7	20	18	.	20	16	1	20	14	3	20	12	5
6	17	18	4	17	16	8	17	15	1	17	13	6
5	14	18	7	14	17	3	14	15	11	14	14	7
4	11	18	10	11	17	9	11	16	8	11	15	8
3	8	19	2	8	18	4	8	17	6	8	16	9
2	5	19	5	5	18	10	5	18	4	5	17	10
1	2	19	8	2	19	5	2	19	2	2	18	11
15 ſ		2	4	9	2	4	6	2	4	4	2	4	2
10		1	9	10	1	9	8	1	9	7	1	9	5
5			14	11		14	10		14	9		14	8
4			11	11		11	10		11	10		11	9
3			8	11		8	10		8	10		8	9
2			5	11		5	11		5	11		5	10
1			2	11		2	11		2	11		2	11
9 d			2	2		2	2		2	2		2	2
6			1	5		1	5		1	5		1	5
4				11			11			11			11
3				8			8			8			8
2				5			5			5			5
1				2			2			2			2

BORDEAUX & HAMBOURG

Tirent & négocient ; ſçavoir,

BORDEAUX ſur Hambourg & HAMBOURG ſur la France,
à 27. ſols ½ Lubs par Ecu de change.

ECUS de change tirez & négociez.	VALEUR à Hambourg en Marcs Lubs — M.	S.	D.	PRODUIT à Bordeaux à 27. ſols. — L.	S.	D.	PRODUIT à 27. ſ. ⅛ — L.	S.	D.	PRODUIT à 27. ſ. ¼ — L.	S.	D.	PRODUIT à 27. ſ. ⅜ — L.	S.	D.
1000	1718	12		3055	11	1	3041	9	5	3027	10	5	3013	13	11
900	1546	14		2749	19	11	2737	6	5	2724	15	4	2712	6	6
800	1375			2444	8	10	2433	3	6	2422		4	2410	19	1
700	1203	2		2138	17	9	2129		7	2119	5	3	2109	11	8
600	1031	4		1833	6	7	1824	17	7	1816	10	3	1808	4	4
500	859	6		1527	15	6	1520	14	8	1513	15	2	1506	16	11
400	687	8		1222	4	5	1216	11	9	1211		2	1205	9	6
300	515	10		916	13	3	912	8	9	908	5	1	904	2	2
200	343	12		611	2	2	608	5	10	605	10	1	602	14	9
100	171	14		305	11	1	304	2	11	302	15		301	7	4
90	154	11		274	19	11	273	14	5	272	9	6	271	4	
80	137	8		244	8	10	243	6	4	242	4		241	1	10
70	120	5		213	17	9	212	18		211	18	6	210	19	1
60	103	2		183	6	7	182	9	9	181	13		180	13	4
50	85	15		152	15	6	152	1	5	151	7	6	150	13	8
40	68	12		122	4	5	121	13	2	121	2		120	12	11
30	51	9		91	13	3	91	4	10	90	16	6	90	8	2
20	34	6		61	2	2	60	16	7	60	11		60	5	5
10	17	3		30	11	1	30	8	3	30	5	6	30	2	8
9	15	7	6	27	9	11	27	7	5	27	4	11	27	2	4
8	13	12		24	8	10	24	6	7	24	4	4	24	2	1
7	12		6	21	7	9	21	5	9	21	3	10	21	1	10
6	10	5		18	6	7	18	4	11	18	3	3	18	1	7
5	8	9	6	15	5	6	15	4	1	15	2	9	15	1	4
4	6	14		12	4	5	12	3	3	12	2	2	12	1	
3	5	2	6	9	3	3	9	2	5	9	1	7	9		9
2	3	7		6	2	2	6	1	7	6	1	1	6		6
1	1	11	6	3	1	1	3		9	3		6	3		3
15 ʃ	1		7	2	5	9	2	5	6	2	5	4	2	5	2
10		13	9	1	10	6	1	10	4	1	10	3	1	10	1
5		6	10		15	3		15	2		15	1		15	
4		5	6		12	2		12	1		12	1		12	
3		4	1		9	1		9			9			9	
2		2	9		6	1		6			6			6	
1		1	4		3			3			3			3	
9 d		1			2	3		2	3		2	3		2	3
6			8		1	6		1	6		1	6		1	6
4			5		1			1			1			1	
3			4			9			9			9			9
2						6			6			6			6
1						3			3			3			3

BORDEAUX & HAMBOURG

Tirent & négocient ; ſçavoir,

BORDEAUX ſur Hambourg & HAMBOURG ſur la France,
à 27. ſols ½ Lubs par Ecu de change.

ECUS de change tirez & négociez.	PRODUIT de la négociation à Bordeaux à 27. ſ. 5/8			PRODUIT de la négociation à Bordeaux à 27. ſ. 3/4			PRODUIT de la négociation à Bordeaux à 27. ſ. 7/8			PRODUIT de la négociation à Bordeaux à 28. ſols.		
ECUS.	L.	S.	D.	L.	S.	D.	L.	S.	D.	L.	S.	D.
1000	2986	8	6.	2972	19	5.	2959	12	9.	2946	8	6.
900	2687	15	7.	2675	13	5.	2663	13	5.	2651	15	7.
800	2389	2	9.	2378	7	6.	2367	14	2.	2357	2	9.
700	2090	9	11.	2081	1	7.	2071	14	11.	2062	9	11.
600	1791	17	1.	1783	15	7.	1775	15	7.	1767	17	1.
500	1493	4	3.	1486	9	8.	1479	16	4.	1473	4	3.
400	1194	11	4.	1189	3	9.	1183	17	1.	1178	11	4.
300	895	18	6.	891	17	9.	887	17	9.	883	18	6.
200	597	5	8.	594	11	10.	591	18	6.	589	5	8.
100	298	12	10.	297	5	11.	295	19	3.	294	12	10.
90	268	15	6.	267	11	3.	266	7	3.	265	3	6.
80	238	18	3.	237	16	8.	236	15	4.	235	14	3.
70	209		11.	208	2	1.	207	3	5.	206	4	11.
60	179	3	8.	178	7	6.	177	11	6.	176	15	8.
50	149	6	5.	148	12	11.	147	19	7.	147	6	5.
40	119	9	1.	118	18	4.	118	7	8.	117	17	1.
30	89	11	10.	89	3	9.	88	15	9.	88	7	10.
20	59	14	6.	59	9	2.	59	3	10.	58	18	6.
10	29	17	3.	29	14	7.	29	11	11.	29	9	3.
9	26	17	6.	26	15	1.	26	12	8.	26	10	3.
8	23	17	9.	23	15	8	23	13	6.	23	11	4.
7	20	18	.	20	16	2.	20	14	4.	20	12	5.
6	17	18	4.	17	16	9.	17	15	1.	17	13	6.
5	14	18	7.	14	17	3.	14	15	11.	14	14	7.
4	11	18	10.	11	17	10.	11	16	9.	11	15	8.
3	8	19	2.	8	18	4.	8	17	6.	8	16	9.
2	5	19	5.	5	18	11.	5	18	4.	5	17	10.
1	2	19	8.	2	19	5.	2	19	2.	2	18	11.
15 ſ	2	4	9.	2	4	6.	2	4	4.	2	4	1.
10	1	9	10.	1	9	8.	1	9	7.	1	9	5.
5		14	11.		14	10.		14	9.		14	8.
4		11	11.		11	10.		11	10.		11	9.
3		8	11.		8	10.		8	10.		8	9.
2		5	11.		5	11.		1	11.		5	10.
1		2	11.		2	11.		2	11.		2	11.
9 d		2	2.		2	1.		2	1.		2	1.
6		1	5.		1	5.		1	5.		1	5.
4			11.			11.			11.			11.
3			8.			8.			8.			8.
2			5.			5.			5.			5.
1			2.			2.			2.			2.

BORDEAUX & HAMBOURG

Tirent & négocient; sçavoir,

BORDEAUX sur Hambourg & HAMBOURG sur la France,
à 27. sols $\frac{1}{8}$ Lubs par Ecu de change.

ÉCUS de change tirez & négociez.	VALEUR à Hambourg en Marcs Lubs.			PRODUIT de la négociation à Bordeaux à 27. s. $\frac{1}{8}$			PRODUIT de la négociation à Bordeaux à 27. s. $\frac{1}{4}$			PRODUIT de la négociation à Bordeaux à 27. d. $\frac{3}{8}$			PRODUIT de la négociation à Bordeaux à 27. s. $\frac{1}{2}$		
ÉCUS	M	S	D	L	S	D	L	S	D	L	S	D	L	S	P
1000	1726	9		3055	5	11	3041	5	8	3027	7	11	3013	12	8
900	1553	14	6	2749	15	3	2737	3	1	2724	13	1	2712	5	4
800	1381	4		2444	4	8	2433		6	2421	18	4	2410	18	1
700	1208	9	6	2138	14	1	2128	17	11	2118	3	6	2109	10	10
600	1035	15		1833	3	6	1824	15	4	1816	8	9	1808	3	7
500	863	4	6	1527	12	11	1520	12	10	1513	13	11	1506	16	4
400	690	10		1222	2	4	1216	10	3	1210	19	2	1205	9	
300	517	15	6	916	11	9	912	7	8	908	4	4	904	1	9
200	345	5		611	1	2	608	5	1	605	9	7	602	14	6
100	172	10	6	305	10	7	304	2	6	302	14	9	301	7	3
90	155	6	3	274	19	6	273	14	3	272	9	3	271	4	6
80	138	2		244	8	5	243	16		242	3	9	241	1	9
70	120	13	9	213	17	4	212	17	9	211	18	3	210	19	
60	103	9	6	183	6	4	182	9	6	181	12	10	180	16	4
50	86	5	3	152	15	3	152	1	3	151	7	4	150	13	7
40	69	1		122	4	2	121	13		121	1	10	120	10	10
30	51	12	9	91	13	2	91	4	9	90	16	5	90	8	2
20	34	8	6	61	2	1	60	16	6	60	10	11	60	5	5
10	17	4	3	30	11		30	8	3	30	5	5	30	2	8
9	15	8	7	27	9	10	27	7	5	27	4	10	27	2	4
8	13	13		24	8	9	24	6	7	24	4	4	24	2	1
7	12	1	4	21	7	8	21	5	9	21	3	9	21	1	10
6	10	5	9	18	6	7	18	4	11	18	3	3	18	1	7
5	8	10	1	15	5	6	15	4	1	15	2	8	15	1	4
4	6	14	6	12	4	4	12	3	3	12	2	2	12	1	
3	5	2	10	9	3	3	9	2	5	9	1	7	9		9
2	3	7	3	6	2	2	6	1	7	6	1	1	6		6
1	1	11	7	3	1	1	3		9	3		6	3		3
15 s.	1		7	2	5	9	2	5	6	2	5	4	2	5	2
10		13	9	1	10	6	1	10	4	1	10	3	1	10	1
5		6	10		15	3		15	2		15	1		15	
4		5	6		12	3		12	1		12	1		12	
3		4	1		9	1		9	0		9	0		9	
2		2	9		6	1		6	0		6	0		6	
1		1	4		3			3			3			3	
9 d.		1			2	3		2	3		2	3		2	3
6 .			8		1	6		1	6		1	6		1	6
4 .			5		1			1			1			1	
3 .			4			9			9			9			9
2 .			2			6			6			6			6
1 .			1			3			3			3			3

BORDEAUX & HAMBOURG

Tirent & négocient; ſçavoir,

BORDEAUX ſur Hambourg & HAMBOURG ſur la France,
à 27. ſols $\frac{5}{8}$ Lubs par Ecu de change.

ECUS de change tirez & négociez.	PRODUIT de la négociation à Bordeaux à 27. ſ. $\frac{3}{4}$			PRODUIT de la négociation à Bordeaux à 27. ſ. $\frac{7}{8}$			PRODUIT de la négociation à Bordeaux à 28. ſols.			PRODUIT de la négociation à Bordeaux à 28. ſ. $\frac{1}{8}$		
ECUS.	L.	S.	D	L.	S.	D.	L.	S.	D.	L.	S.	D.
1000	2986	9	8	2973	1	10	2959	16	5	2946	13	4
900	2687	16	8	2675	15	7	2663	16	9	2652		
800	2389	3	8	2378	9	5	2367	17	1	2357	6	8
700	2090	10	9	2081	3	3	2071	17	5	2062	13	4
600	1791	17	9	1783	17	1	1775	17	10	1768		
500	1493	4	10	1486	10	11	1479	18	2	1473	6	8
400	1194	11	10	1189	4	8	1183	18	6	1178	13	4
300	895	18	10	891	18	6	887	18	11	884		
200	597	5	11	594	12	4	591	19	3	589	6	8
100	298	12	11	297	6	2	295	19	7	294	13	4
90	268	15	7	267	11	6	266	7	7	265	4	
80	238	18	4	237	16	11	236	15	8	235	14	8
70	209	1		208	2	3	207	3	8	206	5	4
60	179	5	9	178	7	8	177	11	9	176	16	
50	149	6	5	148	13	1	147	19	9	147	6	8
40	119	9	2	118	18	5	118	7	10	117	17	4
30	89	11	10	89	3	10	88	15	10	88	8	
20	59	14	7	59	9	2	59	3	11	58	18	8
10	29	17	5	29	14	7	29	11	11	29	9	4
9	26	17	6	26	15	1	26	12	8	26	10	4
8	23	17	9	23	15	8	23	13	6	23	11	5
7	20	18		20	16	2	20	14	4	20	12	6
6	17	18	4	17	16	9	17	15	1	17	13	7
5	14	18	7	14	17	3	14	15	11	14	14	8
4	11	18	10	11	17	10	11	16	9	11	15	8
3	8	19	2	8	18	4	8	17	6	8	16	9
2	5	19	5	5	18	11	5	18	4	5	17	10
1	2	19	8	2	19	5	2	19	2	2	18	11
15 ſ	2	4	9	2	4	6	2	4	4	2	4	2
10	1	9	10	1	9	8	1	9	7	1	9	5
5		14	11		14	10		14	9		14	8
4		11	11		11	10		11	10		11	9
3		8	11		8	10		8	10		8	9
2		5	11		5	11		5	11		5	10
1		2	11		2	11		2	11		2	11
9 d.		2	2		2	2		2	2		2	2
6		1	5		1	5		1	5		1	5
4			11			11			11			11
3			8			8			8			8
2			5			5			5			5
1			2			2			2			2

BORDEAUX & HAMBOURG

Tirent & négocient ; ſçavoir,

BORDEAUX ſur Hambourg & HAMBOURG ſur la France,
à 27. ſols $\frac34$ Lubs par Ecu de change.

ECUS de change tirez & négociez	VALEUR à Hambourg en Marcs Lubs			PRODUIT de la négociation à Bordeaux à 27. ſ. $\frac14$			PRODUIT de la négociation à Bordeaux à 27. ſ. $\frac38$			PRODUIT de la négociation à Bordeaux à 27. ſ. $\frac12$			PRODUIT de la négociation à Bordeaux à 27. ſ. $\frac58$		
ECUS	M.	S.	D.L	L.	S.	D.	L.	S.	D.	L.	S.	D.	L.	S.	D.
1000	1734	6		3055		11	3041	1	11	3027	5	5	3013	11	5
900	1560	15		2749	10	9	2736	19	8	2724	19	10	2712	4	3
800	1387	8		2444		8	2432	17	6	2421	16	4	2410	17	1
700	1214	1		2138	10	7	2128	15	4	2119	1	9	2109	9	11
600	1040	10		1833		6	1824	13	1	1816	7	3	1808	2	10
500	867	3		1527	10	5	1520	10	11	1513	12	8	1506	15	8
400	693	12		1222		4	1216	8	9	1210	18	2	1205	8	6
300	520	5		916	10	3	912	6	6	908	3	7	904	1	5
200	346	14		611		2	608	4	4	605	9	1	602	14	3
100	173	7		305	10	1	304	2	2	302	14	6	301	7	1
90	156	1	6	274	19		273	13	11	272	9		271	4	4
80	138	12		244	8		243	5	8	242	3	7	241	1	8
70	121	6	6	213	17		212	17	6	211	18	1	210	18	11
60	104	1		183	6		182	9	3	181	12	8	180	16	3
50	86	11	6	152	15		152	1	1	151	7	3	150	13	6
40	69	6		122	4		121	12	10	121	1	9	120	10	10
30	52		6	91	13		91	4	7	90	16	4	90	8	1
20	34	11		61	2		60	16	5	60	10	10	60	5	5
10	17	5	6	30	11		30	8	2	30	5	5	30	2	8
9	15	9	9	27	9	10	27	7	4	27	4	10	27	2	4
8	13	14		24	8	9	24	6	6	24	4	4	24	2	1
7	12	2	3	21	7	8	21	5	8	21	3	9	21	1	10
6	10	6	6	18	6	7	18	4	10	18	3	3	18	1	7
5	8	10	9	15	5	6	15	4	1	15	2	8	15	1	4
4	6	15		12	4	4	12	3	3	12	2	2	12	1	
3	5	3	3	9	3	3	9	2	5	9	1	7	9		9
2	3	7	6	6	2	2	6	1	7	6	1	1	6		6
1	1	11	9	3	1	1	3		9	3		6	3		3
15 ſ	1		3	2	5	9	2	5	6	2	5	4	2	5	2
10		13	10	1	10	6	1	10	4	1	10	3	1	10	1
5		6	5		15	3		15	2		15	1		15	
4		5	6		12	2		12	1		12	1		12	
3		4	1		9	1		9			9			9	
2		2	9		6	1		6			6			6	
1		1	4		3			3			3			3	
9 d			1		2	3		2	3		2	3		2	3
6			8		1	6		1	6		1	6		1	6
4			5		1			1			1			1	
3			4			9			9			9			9
2			2			6			6			6			6
1			1			3			3			3			3

BORDEAUX & HAMBOURG

Tirent & négocient ; sçavoir,

BORDEAUX sur Hambourg & HAMBOURG sur la France,
à 27. sols $\frac{3}{4}$ Lubs par Ecu de change.

ECUS de change tirez & négociez.	PRODUIT de la négociation à Bordeaux à 27. f. $\frac{7}{8}$			PRODUIT de la négociation à Bordeaux à 28. fols.			PRODUIT de la négociation à Bordeaux à 28. f. $\frac{1}{8}$			PRODUIT de la négociation à Bordeaux à 28 f. $\frac{1}{4}$		
ECUS	L.	S.	D.	L.	S.	D.	L.	S.	D.	L.	S.	D.
1000 ...	2986	10	11.	2973	4	3.	2960		.	2946	18	.
900 ...	2687	17	9.	2675	17	9.	2664		.	2652	4	2.
800 ...	2389	4	8.	2378	11	4.	2368		.	2357	10	4.
700 ...	2090	11	7.	2081	4	11.	2072		.	2062	16	7.
600 ...	1791	18	6.	1783	18	6.	1776		.	1768	2	9.
500 ...	1493	5	5.	1486	12	1.	1480		.	1473	9	.
400 ...	1194	12	4.	1189	5	8.	1184		.	1178	15	2.
300 ...	895	19	3.	891	19	3.	888		.	884	1	4.
200 ...	597	6	2.	594	12	10.	592		.	589	7	7.
100 ...	298	13	1.	297	6	5.	296		.	294	13	9.
90 ...	267	15	9.	267	11	9.	266	8	.	265	4	4.
80 ...	237	18	5.	237	17	1.	236	16	.	235	15	.
70 ...	208	1	1.	208	2	5.	207	4	.	206	5	7.
60 ...	178	3	10.	178	7	10.	177	12	.	176	16	3.
50 ...	148	6	6.	148	13	2.	148		.	147	6	10.
40 ...	118	9	2.	118	18	6.	118	8	.	117	17	6.
30 ...	88	11	11.	89	3	11.	88	16	.	88	8	1.
20 ...	58	14	7.	59	9	3.	59	4	.	58	18	9.
10 ...	29	17	3.	29	14	7.	29	12	.	29	9	4.
9 ...	26	17	6.	26	15	1.	26	12	9.	26	10	4.
8 ...	23	17	9.	23	15	8	23	13	7.	23	11	5.
7 ...	20	18	.	20	16	2.	20	14	4.	20	12	6.
6 ...	17	18	4.	17	16	9.	17	15	2.	17	13	7.
5 ...	14	18	7.	14	17	3.	14	16	.	14	14	8.
4 ...	11	18	10.	11	17	10.	11	16	9.	11	15	8.
3 ...	8	19	2.	8	18	4.	8	17	7.	8	16	9.
2 ...	5	19	5.	5	18	11.	5	18	4.	5	17	10.
1 ...	2	19	8.	2	19	5.	2	19	2.	2	18	11.
15 f ...	2	4	9.	2	4	6.	2	4	4.	2	4	1.
10 ...	1	9	10.	1	9	8.	1	9	7.	1	9	5.
5 ...		14	11.		14	10.		14	9.		14	8.
4 ...		11	11.		11	10.		11	10.		11	9.
3 ...		8	11.		8	10.		8	10.		8	9.
2 ...		5	11.		5	11.		5	11.		5	10.
1 ...		2	11.		2	11.		2	11.		2	11.
9 d.		2	2.		2	1.		2	1.		2	1.
6 .		1	5.		1	5.		1	5.		1	5.
4 .			11.			11.			11.			11.
3 .			8.			8.			8.			8.
2 .			5.			5.			5.			5.
1 .			2.			2.			2.			2.

BORDEAUX & HAMBOURG

Tirent & négocient ; ſçavoir,

BORDEAUX ſur Hambourg & HAMBOURG ſur la France,
à 27. ſols $\frac{7}{8}$ Lubs par Ecu de change.

ECUS de change tirez & négociez.	VALEUR à Hambourg en Marcs Lubs.			PRODUIT de la négociation à Bordeaux à 27. ſ. $\frac{3}{8}$			PRODUIT de la négociation à Bordeaux à 27. ſ. $\frac{1}{2}$			PRODUIT de la négociation à Bordeaux à 27. ſ. $\frac{5}{8}$			PRODUIT de la négociation à Bordeaux à 27. ſ. $\frac{3}{4}$		
ECUS.	M.	S.	D.	L.	S.	D.	L.	S.	D.	L.	S.	D.	L.	S.	D.
1000	1742	3		3054	15	10	3040	18	2	3027	2	11	3013	10	3
900	1567	15	6	2749	6	3	2736	16	4	2724	8	7	2712	3	2
800	1393	12		2443	16	8	2432	14	6	2421	14	4	2410	16	2
700	1219	8	6	2138	7	1	2128	12	8	2119			2109	9	2
600	1045	5		1832	17	6	1824	10	10	1816	5	9	1808	2	1
500	871	1	6	1527	7	11	1520	9	1	1513	11	5	1506	15	1
400	696	14		1221	18	4	1216	7	3	1210	17	2	1205	8	1
300	522	10	6	916	8	9	912	5	5	908	2	10	904	1	
200	348	7		610	19	2	608	3	7	605	8	7	602	14	
100	174	3	6	305	9	7	304	1	9	302	14	3	301	7	
90	156	12	9	274	13	7	273	13	6	272	8	9	271	4	3
80	139	6		244	7	8	243	5	4	242	3	4	241	1	7
70	121	15	3	213	16	8	212	17	2	211	17	11	210	18	10
60	104	8	6	183	5	9	182	9		181	12	6	180	16	2
50	87	1	9	152	14	9	152		10	151	7	1	150	13	6
40	69	11		122	3	10	121	12	8	121	1	8	120	10	9
30	52	4	3	91	12	10	91	4	6	90	16	3	90	8	1
20	34	13	6	61	1	11	60	16	4	60	10	10	60	5	4
10	17	6	9	30	10	11	30	8	2	30	5	5	30	2	8
9	15	10	10	27	9	9	27	7	4	27	4	10	27	2	4
8	13	15		24	8	8	24	6	6	24	4	4	24	2	1
7	12	3	1	21	7	7	21	5	8	21	3	9	21	1	10
6	10	7	3	18	6	6	18	4	10	18	3	3	18	1	7
5	8	11	4	15	5	5	15	4	1	15	2	8	15	1	4
4	6	15	6	12	4	4	12	3	3	12	2	2	12	1	
3	5	3	7	9	3	3	9	2	5	9	1	7	9		9
2	3	7	9	6	2	2	6	1	7	6	1	1	6		6
1	1	11	10	3	1	1	3		9	3		6	3		3
15 ſ	1			2	5	9	2	5	6	2	5	4	2	5	2
10		13	11	1	10	6	1	10	4	1	10	3	1	10	1
5		6	11		15	3		15	2		15	1		15	
4		5	6		12	2		12	1		12	1		12	
3		4	1		9	1		9			9			9	
2		2	9		6	1		6			6			6	
1		1	4		3			3			3			3	
9 d		1			2	3		2	3		2	3		2	3
6			8		1	6		1	6		1	6		1	6
4			5		1			1			1			1	
3			4			9			9			9			9
2			2			6			6			6			6
1			1			3			3			3			3

BORDEAUX & HAMBOURG

Tirent & négocient ; ſçavoir,

BORDEAUX ſur Hambourg & HAMBOURG ſur la France, à 27. ſols $\frac{7}{8}$ Lubs par Ecu de change.

ECUS de change tirez & négociez.	PRODUIT de la négociation à Bordeaux à 28. ſols.			PRODUIT de la négociation à Bordeaux à 28. ſ. $\frac{1}{8}$			PRODUIT de la négociation à Bordeaux à 28. ſ. $\frac{1}{4}$			PRODUIT de la négociation à Bordeaux à 28. ſ. $\frac{3}{8}$		
ECUS.	L.	S.	D.	L.	S.	D.	L.	S.	D.	L.	S.	D.
1000	2986	12	1	2973	6	8	2960	3	6	2947	2	8
900	2687	18	10	2676			2664	3	1	2652	8	4
800	2389	5	8	2378	13	4	2368	2	9	2357	14	1
700	2090	12	5	2081	6	8	2072	2	5	2062	19	10
600	1791	19	3	1784			1776	2	1	1768	5	7
500	1493	6		1486	13	4	1480	1	9	1473	11	4
400	1194	12	10	1189	6	8	1184	1	4	1178	17	
300	895	19	7	892			888	1		884	2	9
200	597	6	5	594	13	4	592		8	589	8	6
100	298	13	2	297	6	8	296		4	294	14	3
90	268	15	10	267	12		266	8	3	265	4	9
80	238	18	6	237	17	4	236	16	3	235	15	4
70	209	1	2	208	2	8	207	4	2	206	5	11
60	179	3	10	178	8		177	12	2	176	16	6
50	149	6	7	148	13	4	148		2	147	7	1
40	119	9	3	118	18	8	118	8	1	117	17	8
30	89	11	11	89	4		88	16	1	88	8	3
20	59	14	7	59	9	4	59	4		58	18	10
10	29	17	3	29	14	8	29	12		29	9	5
9	26	17	6	26	15	2	26	12	9	26	10	5
8	23	17	9	23	15	8	23	13	7	23	11	6
7	20	18		20	16	3	20	14	4	20	12	7
6	17	18	4	17	16	9	17	15	2	17	13	7
5	14	18	7	14	17	4	14	16		14	14	8
4	11	18	10	11	17	10	11	16	9	11	15	9
3	8	19	2	8	18	4	8	17	7	8	16	9
2	5	19	5	5	18	11	5	18	4	5	17	10
1	2	19	8	2	19	5	2	19	2	2	18	11
15 ſ	2	4	9	2	4	6	2	4	4	2	4	2
10	1	9	10	1	9	8	1	9	7	1	9	5
5		14	11		14	10		14	9		14	8
4		11	11		11	10		11	10		11	9
3		8	11		8	10		8	10		8	9
2		5	11		5	11		5	11		5	10
1		2	11		2	11		2	11		2	11
9 d.		2	2		2	1		2	1		2	1
6		1	5		1	5		1	5		1	5
4			11			11			11			11
3			8			8			8			8
2			5			5			5			5
1			2			2			2			2

BORDEAUX & HAMBOURG

Tirent & négocient ; ſçavoir,

BORDEAUX ſur Hambourg & HAMBOURG ſur la France,
à 28. ſols Lubs par Ecu de change.

ÉCUS de change tirez & négociez.	VALEUR à Hambourg en Marcs Lubs.				PRODUIT de la négociation à Bordeaux à 27. ſ. $\frac{1}{2}$			PRODUIT de la négociation à Bordeaux à 27. ſ. $\frac{5}{8}$			PRODUIT de la négociation à Bordeaux à 27. ſ. $\frac{1}{4}$			PRODUIT de la négociation à Bordeaux à 27. ſ. $\frac{7}{8}$		
ÉCUS	M	S	D	L	L	S	D	L	S	D	L	S	D	L	S	D
1000	1750			•	3054	10	10	3040	14	5	3027		6	3013	9	
900	1575			•	2749	1	9	2736	12	11	2724	6	5	2712	2	1
800	1400			•	2443	12	8	2432	11	6	2421	12	4	2410	15	2
700	1225			•	2138	3	7	2128	10	1	2118	18	4	2109	8	3
600	1050			•	1832	14	6	1824	8	7	1816	4	3	1808	1	4
500	875			•	1527	5	5	1520	7	2	1513	10	3	1506	14	6
400	700			•	1221	16	4	1216	5	9	1210	16	2	1205	7	7
300	525			•	916	7	3	912	4	3	908	2	1	904		8
200	350			•	610	18	2	608	2	10	605	8	1	602	13	9
100	175			•	305	9	1	304	1	5	302	14		301	6	10
90	157	8			274	18	2	273	13	3	272	8	7	271	4	1
80	140				244	7	3	243	5	1	242	3	2	241	1	5
70	122	8			213	16	4	212	16	11	211	17	9	210	18	9
60	105				183	5	5	182	8	10	181	12	4	180	16	1
50	87	8			152	14	6	152		8	151	7		150	13	5
40	70				122	3	7	121	12	6	121	1	7	120	10	8
30	52	8			91	12	8	91	4	5	90	16	2	90	8	
20	35				61	1	9	60	16	3	60	10	9	60	5	4
10	17	8			30	10	10	30	8	1	30	5	4	30	2	8
9	15	12			27	9	9	27	7	3	27	4	9	27	2	4
8	14				24	8	8	24	6	5	24	4	3	24	2	1
7	12	4			21	7	7	21	5	7	21	3	8	21	1	10
6	10	8			18	6	6	18	4	10	18	3	2	18	1	7
5	8	12			15	5	5	15	4		15	2	8	15	1	4
4	7				12	4	4	12	3	2	12	2	1	12	1	
3	5	4			9	3	3	9	2	5	9	1	7	9		9
2	3	8			6	2	2	6	1	7	6	1		6		6
1	1	12			3	1	1	3		9	3		6	3		3
15 ſ	1	1			2	5	9	2	5	6	2	5	4	2	5	2
10	14				1	10	6	1	10	4	1	10	3	1	10	1
5	7					15	3		15	2		15	1		15	
4	5	7				12	2		12	1		12	1		12	
3	4	1				9	1		9			9			9	
2	2	9				6	1		6			6			6	
1	1	4				3			3			3			3	
9 d	1					2	3		2	3		2	3		2	3
6	8					1	6		1	6		1	6		1	6
4	5					1			1			1			1	
3							9			9			9			9
2	2						6			6			6			6
1	1						3			3			3			3

BORDEAUX & HAMBOURG

Tirent & négocient ; fçavoir,

BORDEAUX fur Hambourg & HAMBOURG fur la France,
à 28. fols Lubs par Ecu de change.

ECUS de change tirez & négociez.	PRODUIT de la négociation à Bordeaux à 28. ſ. $\frac{1}{8}$			PRODUIT de la négociation à Bordeaux à 28. ſ. $\frac{1}{4}$			PRODUIT de la négociation à Bordeaux à 28 ſ. $\frac{3}{8}$			PRODUIT de la négociation à Bordeaux à 28 ſ. $\frac{1}{2}$		
ECUS.	L.	S.	D.	L.	S.	D.	L.	S.	D.	L.	S.	D.
1000	2986	13	4.	2973	9	.	2960	7	.	2947	7	4.
900	2688		.	2676	2	1.	2664	6	3.	2652	12	7.
800	2389	6	8.	2378	15	2.	2368	5	7.	2357	17	10.
700	2090	13	4.	2081	8	3.	2072	4	10.	2063	3	1.
600	1792		.	1784	1	4.	1776	4	2.	1768	8	4.
500	1493	6	8.	1486	14	6.	1480	3	6.	1473	13	8.
400	1194	13	4.	1189	7	7.	1184	2	9.	1178	18	11.
300	896		.	892		8.	888	2	1.	884	4	2.
200	597	6	8.	594	13	9.	592	1	4.	589	9	5.
100	298	13	4.	297	6	10.	296		8.	294	14	8.
90	268	16	.	267	12	1.	266	8	7.	265	5	2.
80	238	18	8.	237	17	5.	236	16	6.	235	15	8.
70	209	1	4.	208	2	9.	207	4	5.	206	6	3.
60	179	4	.	178	8	1.	177	12	4.	176	16	9.
50	149	6	8.	148	13	5.	148		4.	147	7	4.
40	119	9	4.	118	18	8.	113	8	3.	117	17	10.
30	89	12	.	89	4	.	88	16	2.	88	8	4.
20	59	14	8.	59	9	4.	59	4	1.	58	18	11.
10	29	17	4.	29	14	8.	29	12	.	29	9	5.
9	26	17	7.	26	15	2.	26	12	9.	26	10	5.
8	23	17	10.	23	15	8	23	13	7.	23	11	6.
7	20	18	1.	20	16	3.	20	14	4.	20	12	7.
6	17	18	4.	17	16	9.	17	15	2.	17	13	7.
5	14	18	8.	14	17	4.	14	16	.	14	14	8.
4	11	18	11.	11	17	10.	11	16	9.	11	15	9.
3	8	19	2.	8	18	4.	8	17	7.	8	16	9.
2	5	19	5.	5	18	11.	5	18	4.	5	17	10.
1	2	19	8.	2	19	5.	2	19	2.	2	18	11.
15 ſ	2	4	9.	2	4	6.	2	4	4.	2	4	2.
10	1	9	10.	1	9	8.	1	9	7.	1	9	5.
5		14	11.		14	10.		14	9.		14	8.
4		11	11.		11	10.		11	10.		11	9.
3		8	11.		8	10.		8	10.		8	9.
2		5	11.		5	11.		5	11.		5	10.
1		2	11.		2	11.		2	11.		2	11.
9 d		2	2.		2	2.		2	2.		2	2.
6		1	5.		1	5.		1	5.		1	5.
4			11.			11.			11.			11.
3			8.			8.			8.			8.
2			5.			5.			5.			5.
1			2.			2.			2.			2.

BORDEAUX & HAMBOURG

Tirent & négocient ; ſçavoir,

BORDEAUX ſur Hambourg & HAMBOURG ſur la France, a 28. ſols $\frac{1}{8}$ Lubs par Ecu de change.

ECUS de change tirez & négociez.	VALEUR à Hambourg en Marcs Lubs.			PRODUIT de la négociation à Bordeaux à 27. ſ. $\frac{5}{8}$			PRODUIT de la négociation à Bordeaux à 27. ſ. $\frac{3}{4}$			PRODUIT de la négociation à Bordeaux à 27. ſ. $\frac{7}{8}$			PRODUIT de la négociation à Bordeaux à 28. ſols.		
ECUS	M.	S.	D.	I.	S.	D.	L.	S.	D.	L.	S.	D.	L.	S.	D.
1000	1757	13		3054	5	11	3039	3	9	3026	18	1	3013	7	10
900	1582		6	2748	17	3	2735	5	4	2724	4	3	2712	1	
800	1406	4		2443	8	8	2431	7		2421	10	5	2410	14	3
700	1230	7	6	2138		1	2127	8	7	2118	16	7	2109	7	5
600	1054	11		1832	11	6	1823	10	3	1816	2	10	1808		8
500	878	14	6	1527	2	11	1519	11	10	1513	9		1506	13	11
400	703	2		1221	14	4	1215	13	6	1210	15	2	1205	7	1
300	527	5	6	916	5	9	911	15	1	903	1	5	904		4
200	351	9		610	17	2	607	16	9	605	7	7	602	13	6
100	175	12	6	305	8	7	303	18	4	302	13	9	301	6	9
90	158	3	3	274	17	8	273	10	6	272	8	4	271	4	
80	140	10		244	6	10	243	2	8	242	3		241	1	4
70	123		9	213	16		212	14	10	211	17	7	210	18	8
60	105	7	6	183	5	1	182	7		181	12	3	180	16	
50	87	14	3	152	14	5	151	19	2	151	6	10	150	13	4
40	70	5		122	3	5	121	11	4	121	1	6	120	10	8
30	52	11	9	91	12	6	91	3	6	90	16	1	90	8	
20	35	2	6	61	1	8	60	15	8	60	10	9	60	5	4
10	17	9	3	30	10	10	30	7	10	30	5	4	30	2	8
9	15	13	1	27	9	9	27	7		27	4	9	27	2	4
8	14	1		24	8	8	24	6	3	24	4	3	24	2	1
7	12	4	10	21	7	7	21	5	5	21	3	8	21	1	10
6	10	8	9	18	6	6	18	4	8	18	3	2	18	1	7
5	8	12	7	15	5	5	15	3	11	15	2	8	15	1	4
4	7		6	12	4	4	12	3	1	12	2	1	12	1	
3	5	4	4	9	3	3	9	2	4	9	1	7	9		9
2	3	8	3	6	2	2	6	1	6	6	1		6		6
1	1	12	1	3	1	1	3		9	3		6	3		3
15 ſ	1	1		2	5	9	2	5	6	2	5	4	2	5	2
10		14		1	10	6	1	10	4	1	10	3	1	10	1
5		7			15	3		15	2		15	1		15	
4		5	7		12	2		12	1		12	1		12	
3		4	1		9	1		9			9			9	
2		2	9		6	1		6			6			6	
1		1	4		3			3			3			3	
9 d		1			2	3		2	3		2	3		2	3
6			8		1	6		1	6		1	6		1	6
4			5		1			1			1			1	
3			4			9			9			9			9
2			2			6			6			6			6
1			1			3			3			3			3

BORDEAUX & HAMBOURG

Tirent & négocient; ſçavoir,

BORDEAUX ſur Hambourg & HAMBOURG ſur la France,
à 28. ſols ⅛ Lubs par Ecu de change.

ECUS de change tirez & négociez.	PRODUIT de la négociation à Bordeaux à 28 ſ. ¼			PRODUIT de la négociation à Bordeaux à 28. ſ. ⅜			PRODUIT de la négociation à Bordeaux à 28. ſ. ½			PRODUIT de la négociation à Bordeaux à 28. ſ. ⅝		
ECUS.	L.	S.	D.	L.	S.	D.	L.	S.	D.	L.	S.	D.
1000	2986	14	6	2973	11	4	2960	10	6	2947	11	11
900	2688	1		2676	4	2	2664	9	5	2652	16	8
800	2389	7	7	2378	17		2368	8	4	2358	1	6
700	2090	14	1	2081	9	11	2072	7	4	2063	6	4
600	1792		8	1784	2	9	1776	6	3	1768	11	1
500	1493	7	3	1486	15	8	1480	5	3	1473	15	11
400	1194	13	9	1189	8	6	1184	4	2	1179		9
300	896		4	892	1	4	888	3	1	884	5	6
200	597	6	10	594	14	3	592	2	1	589	10	4
100	298	13	5	297	7	1	296	1		294	15	2
90	268	16		267	12	4	266	8	10	265	5	7
80	238	18	8	237	17	8	236	16	9	235	16	1
70	209	1	4	208	2	11	207	4	8	206	6	7
60	179	4		178	8	3	177	12	7	176	17	1
50	149	6	8	148	13	6	148		6	147	7	7
40	119	9	4	118	18	10	118	8	4	117	18	
30	89	12		89	4	1	88	16	3	88	8	6
20	59	14	8	59	9	5	59	4	2	58	19	
10	29	17	4	29	14	8	29	12	1	29	9	6
9	26	17	7	26	15	2	26	12	10	26	10	6
8	23	17	10	23	15	8	23	13	8	23	11	7
7	20	18	1	20	16	3	20	14	5	20	12	7
6	17	18	4	17	16	9	17	15	3	17	13	8
5	14	18	8	14	17	4	14	16		14	14	9
4	11	18	11	11	17	10	11	16	10	11	15	9
3	8	19	2	8	18	4	8	17	7	8	16	10
2	5	19	5	5	18	11	5	18	5	5	17	10
1	2	19	8	2	19	5	2	19	2	2	18	11
45 ſ	2	4	9	2	4	6	2	4	4	2	4	2
30	1	9	10	1	9	8	1	9	7	1	9	5
15		14	11		14	10		14	9		14	8
12		11	11		11	10		11	10		11	9
9		8	11		8	10		8	10		8	9
6		5	11		5	11		5	11		5	10
3		2	11		2	11		2	11		2	11
9 d.		2	2		2	2		2	2		2	2
6		1	5		1	5		1	5		1	5
4			11			11			11			11
3			8			8			8			8
2			5			5			5			5
1			2			2			2			2

BORDEAUX & HAMBOURG

Tirent & négocient ; fçavoir,

BORDEAUX fur Hambourg, & HAMBOURG fur la France.

à 2 8 fols ¼ Lubs, par Ecu de change.

ECUS de change tirez & negociez.	VALEUR à Hambourg en Marcs Lubs.				PRODUIT de la négociation à Bordeaux, à 27 f. ¾			PRODUIT de la négociation à Bordeaux, à 27. f. ⅞			PRODUIT de la negociation à Bordeaux, à 28. fol.			PRODUIT de la negociation à Bordeaux, à 28. f. ⅛		
ECUS.	M.	S.	D.	L	L.	S.	D.	L.	S.	D.	L.	S.	D.	L.	S.	D.
1000	1765	10		'	3054	2		3040	7	2	3026	15	8	3013	6	8
900	1589	1			2748	12	10	2736	6	5	2724	2	1	2712		
800	1412	8			2443	4	9	2434	5	8	2421	8	6	2410	13	4
700	1235	15			2137	16	8	2128	5		2118	14	11	2109	6	8
600	1059	6			1832	8	7	1824	4	3	1816	1	4	1808		
500	882	13			1527		6	1520	3	7	1513	7	10	1506	13	4
400	706	4			1221	12	4	1216	2	10	1210	14	3	1205	6	8
300	529	11			916	4	3	912	2	1	908		8	904		
200	353	2			610	16	2	608	1	5	605	7	1	602	13	4
100	176	9			305	8	1	304		8	302	13	6	301	6	8
90	158	14	6		274	17	3	273	12	7	272	8	1	271	4	
80	141	4			244	6	5	243	4	6	242	2	9	241	1	4
70	123	9	6		213	15	7	212	16	5	211	17	5	210	18	8
60	105	15			183	4	10	182	8	4	181	12	1	180	16	
50	88	4	6		152	14		152		4	151	6	9	150	13	4
40	70	10			122	3	2	121	12	3	121	1	4	120	10	8
30	52	15	6		91	12	5	91	4	2	90	16		90	8	
20	35	5			61	1	7	60	16	1	60	10	8	60	5	4
10	17	10	6		30	10	9	30	8		30	5	4	30	2	8
9	15	14	3		27	9	8	27	7	2	27	4	9	27	2	4
8	14	2			24	8	7	24	6	4	24	4	3	24	2	1
7	12	5	9		21	7	6	21	5	7	21	3	8	21	1	10
6	10	9	6		18	6	5	18	4	9	18	3	2	18	1	7
5	8	13	3		15	5	4	15	4		15	2	8	15	1	4
4	7	1			12	4	3	12	3	2	12	2	1	12	1	
3	5	4	9		9	3	2	9	2	4	9	1	7	9		9
2	3	8	6		6	2	1	6	1	7	6	1		6		6
1	1	12	3		3	1		3		9	3		6	3		3
15 f	1	1	1		2	5	9	2	5	6	2	5	4	2	5	2
10		14	1		1	10	6	1	10	4	1	10	3	1	10	1
5		7				15	3		15	2		15	1		15	
4		5	7			12	1		12	1		12	1		12	
3		4	1			9			9			9			9	
2		2	9			6			6			6			6	
1		1	4			3			3			3			3	
9 d		1		8		2	3		2	3		2	3		2	3
6				8		1	6		1	6		1	6		1	6
4				5		1			1			1			1	
3				4					9			9				9
2				2					6			6				6
1				3					3			3				3

BORDEAUX & HAMBOURG

Tirent & négocient, fçavoir,

BORDEAUX fur Hambourg, & HAMBOURG fur la France,

à 28 fols $\frac{1}{4}$ Lubs, par Ecu de change.

ECUS de change tirez & negociez.	PRODUIT de la negociation à Bordeaux, à 28 f. $\frac{3}{8}$			PRODUIT de la negociation à Bordeaux, à 28 f. $\frac{1}{2}$			PRODUIT de la negociation à Bordeaux, à 28 f. $\frac{5}{8}$			PRODUIT de la negociation à Bordeaux, à 28 f. $\frac{3}{4}$		
ECUS.	L.	S.	D.	L.	S.	D.	L.	S.	D.	L.	S.	D.
1000	2986	15	8	2973	13	8	2960	13	11	2947	16	6
900	2688	2	1	2676	6	5	2664	12	6	2653		10
800	2589	8	6	2378	18	11	2368	11	1	2358	5	2
700	2090	14	11	2081	11	6	2072	9	8	2063	9	6
600	1792	1	4	1784	4	2	1776	8	4	1768	13	10
500	1493	7	10	1486	16	10	1480	6	11	1473	18	3
400	1194	14	3	1189	9	5	1184	5	6	1179	2	7
300	896		8	892	2	1	888	4	2	884	6	11
200	597	7	1	594	14	8	592	2	9	589	11	3
100	298	13	6	297	7	4	296	1	4	294	15	7
90	268	16	1	267	12	7	266	9	2	265	6	
80	238	18	9	237	17	10	236	17		235	16	5
70	209	1	5	208	3	1	207	4	11	206	6	10
60	179	4	1	178	8	4	177	12	9	176	17	4
50	149	6	9	148	13	8	148		8	147	7	9
40	119	9	4	118	18	11	118	8	6	117	18	2
30	89	12		89	4	2	88	16	4	88	8	8
20	59	14	8	59	9	5	59	4	3	58	19	1
10	29	17	4	29	14	8	29	12	1	29	9	6
9	26	17	7	26	15	2	26	12	10	26	10	6
8	23	17	10	23	15	8	23	13	8	23	11	7
7	20	18	1	20	16	3	20	14	5	20	12	7
6	17	18	4	17	16	9	17	15	3	17	13	8
5	14	18	8	14	17	4	14	16		14	14	9
4	11	18	11	11	17	10	11	16	10	11	15	9
3	8	19	2	8	18	4	8	17	7	8	16	10
2	5	19	5	5	18	11	5	18	5	5	17	10
1	2	19	8	2	19	5	2	19	2	2	18	11
15 f	2	4	9	2	4	6	2	4	4	2	4	2
10	1	9	10	1	9	8	1	9	7	1	9	5
5		14	11		14	10		14	9		14	8
4		11	11		11	10		11	10		11	9
3		8	11		8	10		8	10		8	9
2		5	11		5	11		5	11		5	10
1		2	11		2	11		2	11		2	11
9 d		2	2		2	2		2	2		2	2
6		1	5		1	5		1	5		1	5
4			11			11			11			11
3			8			8			8			8
2			5			5			5			5
1			2			2			2			2

BORDEAUX & HAMBOURG

Tirent & négocient ; ſçavoir,

BORDEAUX ſur Hambourg, & HAMBOURG ſur la France.

à 28 ſols 3/5 Lubs, par Ecu de change.

ECUS de change tirez & negociez.	VALEUR à Hambourg en Marcs Lubs.			PRODUIT de la negociation à Bordeaux, à 27 ſ. 7/8			PRODUIT de la negociation à Bordeaux, à 28 ſ.			PRODUIT de la negociation à Bordeaux, à 28 ſ. 1/8			PRODUIT de la negociation à Bordeaux, à 28 ſ. 1/4		
ECUS.	M.	S.	D.	L.	S.	D.	L.	S.	D.	L.	S.	D.	L.	S.	D.
1000	1773	7		3053	16	2	3040	3	6	3026	13	4	3013	5	5
900	1596	1	6	2748	8	6	2736	3	1	2724			2711	18	10
800	1418	12		2443		11	2432	2	9	2421	6	8	2410	12	4
700	1241	6	6	2137	13	3	2128	2	5	2118	13	4	2109	5	9
600	1064	1		1832	5	8	1824	2	1	1816			1807	19	3
500	886	11	6	1526	18	1	1520	1	9	1513	6	8	1506	12	8
400	709	6		1221	10	5	1216	1	4	1210	13	4	1205	6	2
300	532		6	916	2	10	912	1		908			903	19	7
200	354	11		610	15	2	608		8	605	6	8	602	13	1
100	177	5	6	305	7	7	304		4	302	13	4	301	6	6
90	159	9	9	274	16	9	273	12	3	272	8		271	3	10
80	141	14		244	6		243	4	3	242	2	8	241	1	2
70	124	2	3	213	15	3	212	16	2	211	17	4	210	18	6
60	106	6	6	183	4	6	182	8	2	181	12		180	15	10
50	88	10	9	152	13	9	152		2	151	6	8	150	13	3
40	70	15		122	3		121	12	1	121	1	4	120	10	7
30	53	3	3	91	12	3	91	4	1	90	16		90	7	11
20	35	7	6	61	1	6	60	16		60	10	8	60	5	3
10	17	11	9	30	10	9	30	8		30	5	4	30	2	7
9	15	15	4	27	9	8	27	7	2	27	4	9	27	2	3
8	14	3		24	8	7	24	6	4	24	4	3	24	2	
7	12	6	7	21	7	6	21	5	7	21	3	8	21	1	9
6	10	10	3	18	6	5	18	4	9	18	3	2	18	1	6
5	8	13	10	15	5	4	15	4		15	2	8	15	1	3
4	7	1	6	12	4	3	12	3	2	12	2	1	12	1	
3	5	5	1	9	3	2	9	2	4	9	1	7	9		9
2	3	8	9	6	2	1	6	1	7	6	1	1	6		6
1	1	12	4	3	1		3		9	3		6	3		3
15 ſ		1	3	2	5	9	2	5	6	2	5	4	2	5	2
10		14	2	1	10	6	1	10	4	1	10	3	1	10	1
5		7	1		15	3		15	2		15	1		15	
4		5	8		12	1		12	1		12	1		12	
3		4	3		9			9			9			9	
2		2	10		6			6			6			6	
1		1	5		3			3			3			3	
9 d			1		2	3		2	3		2	3		2	3
6					1	6		1	6		1	6		1	6
4					1			1			1			1	
3						9			9			9			9
2						6			6			6			6
1						3			3			3			3

BORDEAUX & HAMBOURG

Tirent & négocient; ſçavoir,

BORDEAUX ſur Hambourg, & HAMBOURG ſur la France,

à 28 ſols-⅜ Lubs, par Ecu de change,

ECUS de change tirez & negociez.	PRODUIT de la negociation à Bordeaux, à 28 ſ. ½			PRODUIT de la negociation à Bordeaux, à 28 ſ. ⅝			PRODUIT de la negociation à Bordeaux, à 28 ſ. ¾			PRODUIT de la negociation à Bordeaux, à 28 ſ. ⅞		
ECUS.	L.	S.	D.	L.	S.	D.	L.	S.	D.	L.	S.	D.
1000	2986	16	10	2973	15	11	2960	17	4	2948	1	
900	2688	3	1	2676	8	3	2664	15	7	2653	4	10
800	2389	9	5	2379		8	2368	13	10	2358	8	9
700	2090	15	9	2081	13	1	2072	12	1	2063	12	8
600	1792	2	1	1784	5	6	1776	10	4	1768	16	7
500	1493	8	5	1486	17	11	1480	8	8	1474		6
400	1194	14	8	1189	10	4	1184	6	11	1179	4	4
300	896	1		892	2	9	888	5	2	884	8	3
200	597	7	4	594	15	2	592	3	5	589	12	2
100	298	13	8	297	7	7	296	1	8	294	16	1
90	268	16	3	267	12	9	266	9	6	265	6	5
80	238	18	11	237	18		236	17	4	235	16	10
70	209	1	6	208	3	9	207	5	2	206	7	3
60	179	4	2	178	8	6	177	13		176	17	7
50	149	6	10	148	13	9	148		10	147	8	
40	119	9	5	118	19	0	118	8	8	117	18	5
30	89	12	1	89	4	3	88	16	6	88	8	9
20	59	14	8	59	10	6	59	4	4	58	19	2
10	29	17	4	29	16	9	29	12	2	29	9	7
9	26	17	7	26	17		26	12	11	26	10	7
8	23	17	10	23	17	4	23	13	8	23	11	8
7	20	18	1	20	17	8	20	14	6	20	12	8
6	17	18	4	17	18		17	15	3	17	13	9
5	14	18	8	14	18	4	14	16	1	14	14	9
4	11	18	11	11	18	8	11	16	10	11	15	10
3	8	19	2	8	19		8	17	7	8	16	10
2	5	19	5	5	19	4	5	18	5	5	17	11
1	2	19	8	2	19	8	2	19	2	2	18	11
15 ſ	2	4	9	2	4	6	2	4	4	2	4	2
10	1	9	10	1	9	8	1	9	7	1	9	5
5		14	11		14	10		14	9		14	8
4		11	11		11	10		11	10		11	9
3		8	11		8	10		8	10		8	9
2		5	11		5	11		5	11		5	10
1		2	11		2	11		2	11		2	11
9 d		2	2		2	2		2	2		2	2
6		1	5		1	5		1	5		1	5
4			11			11			11			11
3			8			8			8			8
2			5			5			5			5
1			2			2			2			2

BORDEAUX & HAMBOURG

Tirent & négocient; ſçavoir,

BORDEAUX ſur Hambourg, & HAMBOURG ſur la France.

à 28 ſols ½ Lubs, par Ecu de change.

ECUS de change tirez & negociez	VALEUR à Hambourg en Marcs Lubs			PRODUIT de la négociation à Bordeaux, à 28 ſ.			PRODUIT de la négociation à Bordeaux, à 28. ſ. 1/8			PRODUIT de la negociation à Bordeaux, à 28. ſ. 1/4			PRODUIT de la negociation à Bordeaux, à 28 ſ. 3/8		
ECUS	M.	S.	D.	L.	S.	D.	L.	S.	D.	L.	S.	D.	L.	S.	D.
1000	1781	4		3053	11	5	3040			3026	10	11	3013	4	3
900	1603	2		2748	4	3	2736			2723	17	9	2711	17	9
800	1425			2442	17	1	2432			2421	4	8	2410	11	4
700	1246	14		2137	9	11	2128			2118	11	7	2109	4	11
600	1068	12		1832	2	10	1824			1815	18	6	1807	18	6
500	890	10		1526	15	8	1520			1513	5	5	1506	12	1
400	712	8		1221	8	6	1216			1210	12	4	1205	5	8
300	534	6		916	1	5	912			907	19	3	903	19	3
200	356	4		610	14	3	608			605	6	2	602	12	10
100	178	2		305	7	1	304			302	13	1	301	6	5
90	160	5		274	16	4	273	12		272	7	9	271	3	9
80	142	8		244	5	8	243	4		242	2	5	241	1	1
70	124	11		213	14	11	212	16		211	17	1	210	18	5
60	106	14		183	4	3	182	8		181	11	10	180	15	10
50	89	1		152	13	6	152			151	6	6	150	13	2
40	71	4		122	2	10	121	12		121	1	2	120	10	6
30	53	7		91	12	1	91	4		90	15	11	90	7	11
20	35	10		61	1	5	60	16		60	10	7	60	5	3
10	17	13		30	10	8	30	8		30	5	3	30	2	7
9	16		6	27	9	7	27	7	2	27	4	8	27	2	3
8	14	4		24	8	6	24	6	4	24	4	2	24	2	
7	12	7	6	21	7	5	21	5	7	21	3	8	21	1	9
6	10	11		18	6	4	18	4	9	18	3	1	18	1	6
5	8	14	6	15	5	4	15	4		15	2	7	15	1	3
4	7	2		12	4	3	12	3	2	12	2	1	12	1	
3	5	5	6	9	3	2	9	2	4	9	1	6	9		9
2	3	9		6	2	1	6	1	7	6	1		6		6
1	1	12	6	3	1		3		9	3		6	3		3
15 ſ	1	5	4	2	5	9	2	5	6	2	5	4	2	5	2
10		14	3	1	10	6	1	10	4	1	10	3	1	10	1
5		7	1		15	3		15	2		15	1		15	
4		5	8		12	1		12	1		12	1		12	
3		4	3		9			9			9			9	
2		2	10		6			6			6			6	
1		1	5		3			3			3			3	
9 d		1			2	3		2	3		2	3		2	3
6			8		1	6		1	6		1	6		1	6
4			5		1			1			1			1	
3			4			9			9			9			9
2			2			6			6			6			6
1			1			3			3			3			3

BORDEAUX & HAMBOURG

Tirent & négocient, fçavoir ,

BORDEAUX fur Hambourg, & HAMBOURG fur la France.

à 28 fols $\frac{1}{2}$ Lubs, par Ecu de change.

ECUS de change tirez & negociez.	PRODUIT de la negotiation à Bordeaux, à 28 f. $\frac{5}{8}$			PRODUIT de la negociation à Bordeaux, à 28 f. $\frac{3}{4}$			PRODUIT de la negociation à Bordeaux, à 28 f. $\frac{7}{8}$			PRODUIT de la negociation à Bordeaux, à 29 f.		
ECUS.	L.	S.	D.	L.	S.	D.	L.	S.	D.	L.	S.	D.
1000 ···	2986	17	11·	2973	18	3·	2961		9·	2947	12	7·
900 ···	2688	4	1·	2676	10	5·	2664	18	8·	2652	17	3·
800 ···	2389	10	4·	2379	2	7·	2368	16	7·	2358	2	·
700 ···	2090	16	6·	2081	14	9·	2072	14	6·	2063	6	9·
600 ···	1792	2	9·	1784	6	11·	1776	12	5·	1768	11	6·
500 ···	1493	8	11	1486	19	1·	1480	10	4·	1473	16	3·
400 ···	1194	15	2·	1189	11	3·	1184	8	3·	1179	1	·
300 ···	896	1	4·	892	3	5·	888	6	2·	884	5	9·
200 ···	597	7	7·	594	15	7·	592	4	1·	589	10	6·
100 ···	298	13	9·	297	7	9·	296	2	·	294	15	3·
90 ···	268	16	4·	267	12	11·	266	9	9·	265	5	8·
80 ···	238	19	·	239	18	2·	236	17	7·	235	16	2·
70 ···	209	1	7·	208	3	5·	207	5	4·	206	6	8·
60 ···	179	4	3·	178	8	7·	177	13	2·	176	17	1·
50 ··	149	6	10·	148	13	10·	148	1	·	147	7	7·
40 ···	119	9	6·	118	19	1·	118	8	9·	117	18	1·
30 ···	89	12	1·	89	4	3·	88	16	7·	88	8	6·
20 ···	59	14	9·	59	9	6·	59	4	4·	58	19	·
10 ···	29	17	4·	29	14	9·	29	12	2·	29	9	6·
9 ···	26	17	7·	26	15	3·	26	12	11·	26	10	6·
8 ···	23	17	10·	23	15	9·	23	13	8·	23	11	7·
7 ···	20	18	1·	20	16	3·	20	14	6·	20	12	7·
6 ···	17	18	4·	17	16	10·	17	15	3·	17	13	8·
5 ···	14	18	8·	14	17	4·	14	16	1·	14	14	9·
4 ···	11	18	11·	11	17	10·	11	16	10·	11	15	9·
3 ···	8	19	2·	8	18	5·	8	17	7·	8	16	10·
2 ···	5	19	5·	5	18	11·	5	18	5·	5	17	10·
1 ···	2	19	8·	2	19	5·	2	19	2·	2	18	11·
15 f ···	2	4	9·	2	4	6·	2	4	4·	2	4	2·
10 ···	1	9	10·	1	9	8·	1	9	7·	1	9	5·
5 ···		14	11·		14	10·		14	9·		14	8·
4 ···		11	11·		11	10·		11	10·		11	9·
3 ···		8	11·		8	10·		8	10·		8	9·
2 ···		5	11·		5	11·		5	11·		5	10·
1 ···		2	11·		2	11·		2	11·		2	11·
9 d ·		2	2·		2	2·		2	2·		2	2·
6 ·		1	5·		1	5·		1	5·		1	5·
4 ·			11·			11·			11·			11·
3 ·			8·			8·			8·			8·
2 ·			5·			5·			5·			5·
1 ·			2·			2·			2·			2·

BORDEAUX & HAMBOURG

Tirent & négocient ; fçavoir,

BORDEAUX fur Hambourg, & HAMBOURG fur la France.

à 28 fols ⅝ Lubs, par Ecu de change.

ÉCUS de change tirez & negociez.	VALEUR à Hambourg en Marcs Lubs.			PRODUIT de la negociation à Bordeaux, à 28 f. ⅛			PRODUIT de la negociation à Bordeaux, à 28 f. ¼			PRODUIT de la negociation à Bordeaux, à 28 f. ⅜			PRODUIT de la negociation à Bordeaux, à 28 f. ½		
ÉCUS.	M.	S.	D.	L.	S.	D.	L.	S.	D.	L.	S.	D.	L.	S.	D.
1000	1789	1		3053	6	8	3039	16	5	3026	8	7	3013	3	1
900	1610	2	6	2748			2735	16	9	2723	15	8	2711	16	9
800	1431	4		2442	13	4	2431	17	1	2421	2	10	2410	10	5
700	1252	5	6	2137	6	8	2127	17	5	2118	10		2109	4	1
600	1073	7		1832			1823	17	10	1815	17	1	1807	17	10
500	894	8	6	1526	13	4	1519	18	2	1513	4	3	1506	11	6
400	715	10		1221	6	8	1215	18	6	1210	11	5	1205	5	2
300	536	11	6	916			911	18	11	907	18	6	903	18	11
200	357	13		610	13	4	607	19	3	605	5	8	602	12	7
100	178	14	6	305	6	8	303	19	7	302	12	10	301	6	3
90	161		3	274	16		273	11	7	272	7	6	271	3	7
80	143	2		244	5	4	243	3	8	242	2	3	241	1	
70	125	3	9	213	14	8	212	15	8	211	16	11	210	18	4
60	107	5	6	183	4		182	7	9	181	11	8	180	15	9
50	89	7	3	152	13	4	151	19	9	151	6	5	150	13	1
40	71	9		122	2	8	121	11	10	121	1	1	120	10	6
30	53	10	9	91	12		91	3	10	90	15	10	90	7	10
20	35	12	6	61	1	4	60	15	11	60	10	6	60	5	3
10	17	14	3	30	10	8	30	7	11	30	5	3	30	2	7
9	15	1	7	27	9	7	27	7	1	27	4	8	27	2	3
8	13	5		24	8	6	24	6	4	24	4	2	24	2	
7	11	8	4	21	7	5	21	5	6	21	3	8	21	1	9
6	9	11	9	18	6	4	18	4	9	18	3	1	18	1	6
5	7	15	1	15	5	4	15	3	11	15	2	7	15	1	3
4	6	2	6	12	4	3	12	3	2	12	2	1	12	1	
3	5	5	10	9	3	2	9	2	4	9	1	6	9		9
2	3	9	3	6	2	1	6	1	7	6	1		6		6
1	1	12	7	3	1		3		9	3		6	3		3
15 f	1	1	4	2	5	9	2	5	6	2	5	4	2	5	2
10		14	3	1	10	6	1	10	4	1	10	3	1	10	1
5		7	1		15	3		15	2		15	1		15	
4		5	8		12	1		12	1		12	1		12	
3		4	3		9			9			9			9	
2		2	10		6			6			6			6	
1		1	5		3			3			3			3	
9 d		1			2	3		2	3		2	3		2	3
6			8		1	6		1	6		1	6		1	6
4			5		1			1			1			1	
3			4			9			9			9			9
2			2			6			6			6			6
1			1			3			3			3			3

BORDEAUX & HAMBOURG

Tirent & négocient; ſçavoir,

BORDEAUX ſur Hambourg, & HAMBOURG ſur la France,

à 28 ſols¼ Lubs, par Ecu de change.

ECUS de change tirez & negociez.	PRODUIT de la negociation à Bordeaux, à 28 ſ. 3/4			PRODUIT de la negociation à Bordeaux, à 28 ſ. 7/8			PRODUIT de la negociation à Bordeaux, à 29 ſ.			PRODUIT de la negociation à Bordeaux, à 29 ſ. 1/8		
ECUS.	L.	S.	D.	L.	S.	D.	L.	S.	D.	L.	S.	D.
1000	2986	19	1	2974		6	2961	4	1	2948	9	11
900	2688	5	2	2676	12	5	2665	1	8	2653	12	11
800	2389	11	3	2379	4	4	2368	19	3	2358	15	11
700	2090	17	4	2081	16	4	2072	16	10	2063	18	11
600	1792	3	5	1784	8	3	1776	14	5	1769	1	11
500	1493	9	6	1487		3	1480	12		1474	4	11
400	1194	15	7	1189	12	2	1184	9	7	1179	7	11
300	896	1	8	892	4	1	888	7	2	884	10	11
200	597	7	9	594	16	1	592	4	9	589	13	11
100	298	13	10	297	8		296	2	4	294	16	11
90	268	16	5	267	13	2	266	10	1	265	7	2
80	238	19		237	18	4	236	17	10	235	17	6
70	209	1	8	208	3	7	207	5	7	206	7	10
60	179	4	3	178	8	9	177	13	4	176	18	1
50	149	6	11	148	14		148	1	2	147	8	5
40	119	9	6	118	19	2	118	8	11	117	18	9
30	89	12	1	89	4	4	88	16	8	88	9	
20	59	14	9	59	9	7	59	4	5	58	19	4
10	29	17	4	29	14	9	29	12	2	29	9	8
9	26	17	7	26	15	3	26	12	11	26	10	8
8	23	17	10	23	15	9	23	13	8	23	11	8
7	20	18	1	20	16	3	20	14	6	20	12	9
6	17	18	4	17	16	10	17	15	3	17	13	9
5	14	18	8	14	17	4	14	16	1	14	14	10
4	11	18	11	11	17	10	11	16	10	11	15	10
3	8	19	2	8	18	5	8	17	7	8	16	10
2	5	19	5	5	18	11	5	18	5	5	17	11
1	2	19	8	2	19	5	2	19	2	2	18	11
15 ſ	2	4	9	2	4	6	2	4	4	2	4	2
10	1	9	10	1	9	8	1	9	7	1	9	5
5		14	11		14	10		14	9		14	8
4		11	11		11	10		11	10		11	9
3		8	11		8	10		8	10		8	9
2		5	11		5	11		5	11		5	10
1		2	11		2	11		2	11		2	11
9 d		2	2		2	2		2	2		2	2
6		1	5		1	5		1	5		1	5
4			11			11			11			11
3			8			8			8			8
2			5			5			5			5
1			2			2			2			2

BORDEAUX & HAMBOURG

Tirent & négocient; fçavoir,

BORDEAUX fur Hambourg, & HAMBOURG fur la France.

à 28 fols ¼ Lubs, par Ecu de change.

ECUS de change tirez & negociez.	VALEUR à Hambourg en Marcs Lubs.				PRODUIT de la négociation à Bordeaux, à 28 ſ. ¼			PRODUIT de la négociation à Bordeaux, à 28. ſ. ⅜			PRODUIT de la negociation à Bordeaux, à 28. ſ. ½			PRODUIT de la negociation à Bordeaux, à 28. ſ. ⅝		
ECUS.	M.	S.	D.	L	L.	S.	D.	L.	S.	D.	L.	S.	D.	L.	S.	D.
1000	1796	14			3053	1	11	3039	12	11	3016	6	3	3013	2	
900	1617	3			2747	15	8	2735	13	7	2723	13	7	2711	15	9
800	1437	8			2442	9	6	2431	14	4	2421	1		2410	9	7
700	1257	13			2137	3	4	2127	15		2118	8	4	2109	3	4
600	1078	2			1831	17	1	1823	15	9	1815	15	9	1807	17	2
500	898	7			1526	10	11	1519	16	5	1513	3	1	1506	11	
400	718	12			1221	4	9	1215	17	2	1210	10	6	1205	4	9
300	539	1			915	18	6	911	17	10	907	17	10	903	18	7
200	359	6			610	12	4	607	18	7	605	5	3	602	12	4
100	179	11			305	6	2	303	19	3	302	12	7	301	6	2
90	161	11	6		274	15	6	273	11	3	272	7	3	271	3	6
80	143	12			244	4	11	243	3	4	242	2		241		11
70	125	12	6		213	14	3	212	15	5	211	16	9	210	18	3
60	107	13			183	3	8	182	7	6	181	11	6	180	15	8
50	89	13	6		152	13	1	151	19	7	151	6	3	150	13	1
40	71	14			122	2	5	121	11	8	121	1		120	10	5
30	53	14	6		91	11	10	91	3	9	90	15	9	90	7	10
20	35	15			61	1	2	60	15	10	60	10	6	60	5	2
10	17	15	6		30	10	7	30	7	11	30	5	3	30	2	7
9	16	2	9		27	9	6	27	7	1	27	4	8	27	2	3
8	14	6			24	8	5	24	6	4	24	4	2	24	2	
7	12	9	3		21	7	4	21	5	6	21	3	8	21	1	9
6	10	12	6		18	6	4	18	4	9	18	3	1	18	1	6
5	8	15	9		15	5	3	15	3	11	15	2	7	15	1	3
4	7	3			12	4	2	12	3	2	12	2	1	12	1	
3	5	6	3		9	3	2	9	2	4	9	1	6	9		9
2	3	9	6		6	2	1	6	1	7	6	1		6		6
1	1	12	8		3	1		3		9	3		6	3		3
15 ſ	1	5	6		2	5	9	2	5	6	2	5	4	2	5	2
10		14	4		1	10	6	1	10	4	1	10	3	1	10	1
5		7	2			15	3		15	2		15	1		15	
4		5	9			12	1		12	1		12	1		12	
3		4	3			9			9			9			9	
2		2	10			6			6			6			6	
1		1	5			3			3			3			3	
9 d	1					2	3		2	3		2	3		2	3
6						1	6		1	6		1	6		1	6
4						1			1			1			1	
3							9			9			9			9
2							6			6			6			6
1							3			3			3			3

BORDEAUX & HAMBOURG

Tirent & négocient, sçavoir ,

BORDEAUX sur Hambourg, & HAMBOURG sur la France.

à 28 sols ¾ Lubs, par Ecu de change.

ECUS de change tirez & negociez.	PRODUIT de la negociation à Bordeaux , à 28 f. ⅞			PRODUIT de la negociation à Bordeaux , à 29 f.			PRODUIT de la negociation à Bordeaux , à 29 f. ⅛			PRODUIT de la negociation à Bordeaux , à 29 f. ¼		
ECUS.	L.	S.	D.	L.	S.	D.	L.	S.	D.	L.	S.	D.
1000	2987		3	2974	2	9	2961	7	5	2948	14	4
900	2688	6	2	2676	14	5	2665	4	8	2653	16	10
800	2389	12	2	2379	6	2	2369	1	11	2358	19	5
700	2090	18	2	2081	17	11	2072	19	2	2064	2	
600	1792	4	1	1784	9	7	1776	16	5	1769	4	7
500	1493	10	1	1487	1	4	1480	13	8	1474	7	2
400	1194	16	1	1189	13	1	1184	10	11	1179	9	8
300	896	2		892	4	9	888	8	2	884	12	3
200	597	8		594	16	6	592	5	5	589	14	10
100	298	14		297	8	3	296	2	8	294	17	5
90	268	16	7	267	13	5	266	10	4	265	7	8
80	238	19	2	237	18	7	236	18	1	235	17	11
70	209	1	9	208	3	9	207	5	10	206	8	2
60	179	4	4	178	8	11	177	13	7	176	18	5
50	149	7		148	14	1	148	1	4	147	8	8
40	119	9	7	118	19	3	118	9		117	18	11
30	89	12	2	89	4	5	88	16	9	88	9	2
20	59	14	9	59	9	7	59	4	6	58	19	5
10	29	17	4	29	14	9	29	12	3	29	9	8
9	26	17	7	26	15	3	26	13		26	10	8
8	23	17	10	23	15	9	23	13	9	23	11	8
7	20	18	1	20	16	3	20	14	6	20	12	9
6	17	18	4	17	16	10	17	15	4	17	13	9
5	14	18	8	14	17	4	14	16	1	14	14	10
4	11	18	11	11	17	10	11	16	10	11	15	10
3	8	19	2	8	18	5	8	17	8	8	16	10
2	5	19	5	5	18	11	5	18	5	5	17	11
1	2	19	8	2	19	5	2	19	2	2	18	11
15 f	2	4	9	2	4	6	2	4	6	2	4	2
10	1	9	10	1	9	8	1	9	7	1	9	5
5		14	11		14	10		14	9		14	8
4		11	11		11	10		11	10		11	9
3		8	11		8	10		8	10		8	9
2		5	11		5	11		5	11		5	10
1		2	11		2	11		2	11		2	11
9 d		2	2		2	2		2	2		2	2
6		1	5		1	5		1	5		1	5
4			11			11			11			11
3			8			8			8			8
2			5			5			5			5
1			2			2			2			2

BORDEAUX & HAMBOURG

Tirent & négocient ; ſçavoir,

BORDEAUX ſur Hambourg, & HAMBOURG ſur la France.

à 28 ſols ⅞ Lubs, par Ecu de change.

ECUS de change tirez & negociez.	VALEUR à Hambourg en Marcs Lubs.			PRODUIT de la negociation à Bordeaux, à 28 ſ. ⅜			PRODUIT de la negociation à Bordeaux, à 28 ſ. ½			PRODUIT de la negociation à Bordeaux, à 28 ſ. ⅝			PRODUIT de la negociation à Bordeaux, à 28 ſ. ¾		
ECUS.	M.	S.	D.L	L.	S.	D.	L.	S.	D.	L.	S.	D.	L.	S.	D.
1000	1804	11	·	3052	17	3	3039	9	5	3026	4	·	3013		10
900	1624	3	6	2747	11	6	2735	10	5	2723	11	7	2711	14	9
800	1443	12	·	2442	5	9	2431	11	6	2420	19	2	2410	8	8
700	1263	4	6	2137		·	2127	12	7	2118	6	9	2109	2	7
600	1082	13	·	1831	14	4	1823	13	7	1815	14	4	1807	16	6
500	902	5	6	1526	8	7	1519	14	8	1513	2	·	1506	10	5
400	721	14	·	1221	2	10	1215	15	9	1210	9	7	1205	4	4
300	541	6	6	915	17	2	911	16	9	907	17	2	903	18	3
200	360	15	·	610	11	5	607	17	10	605	4	9	602	12	2
100	180	7	6	305	5	8	303	18	11	302	12	4	301	6	1
90	162	6	9	274	15	1	273	11	·	272	7	1	271	3	4
80	144	6	·	244	4	6	243	3	1	242	1	10	241		9
70	126	5	3	213	13	11	212	15	2	211	16	7	210	18	2
60	108	4	6	183	3	4	182	7	4	181	11	4	180	15	7
50	90	3	9	152	12	10	151	19	5	151	6	2	150	13	
40	72	3	·	122	2	3	121	11	6	121		11	120	10	4
30	54	2	3	91	11	8	91	3	8	90	15	8	90	7	9
20	36	1	6	61	1	1	60	15	9	60	10	5	60	5	2
10	18		9	30	10	6	30	7	10	30	5	2	30	2	7
9	16	3	10	27	9	5	27	7	·	27	4	7	27	2	3
8	14	7	·	24	8	4	24	6	3	24	4	1	24	2	
7	12	10	1	21	7	4	21	5	5	21	3	7	21	1	9
6	10	13	3	18	6	3	18	4	8	18	3	1	18	1	6
5	9		4	15	5	3	15	3	11	15	2	7	15	1	3
4	7	3	6	12	4	2	12	3	1	12	2	·	12	1	
3	5	6	7	9	3	1	9	2	4	9	1	6	9		9
2	3	9	9	6	2	1	6	1	6	6	1	·	6		6
1	1	12	10	3	1	·	3		9	3		6	3		3
15 ſ	1	1	7	2	5	9	2	5	6	2	5	4	2	5	2
10		14	5	1	10	6	1	10	4	1	10	3	1	10	1
5		7	2		15	3		15	2		15	1		15	
4		5	9		12	1		12	1		12	1		12	
3		4	3		9	·		9	·		9	·		9	
2		2	10		6	·		6	·		6	·		6	
1		1	5		3	·		3	·		3	·		3	
9 d		1	·		2	3		2	3		2	3		2	3
6			8		1	6		1	6		1	6		1	6
4			5		1	·		1	·		1	·		1	
3			4			9			9			9			9
2			2			6			6			6			6
1			1			3			3			3			3

BORDEAUX & HAMBOURG

Tirent & négocient; ſçavoir,

BORDEAUX ſur Hambourg, & HAMBOURG ſur la France.

à 28 ſols $\frac{7}{8}$ Lubs, par Ecu de change.

ECUS de change tirez & negociez.	PRODUIT de la negociation à Bordeaux, à 29 ſ.			PRODUIT de la negociation à Bordeaux, à 29 ſ. $\frac{1}{8}$			PRODUIT de la negociation à Bordeaux, à 29 ſ. $\frac{1}{4}$			PRODUIT de la negociation à Bordeaux, à 29 ſ. $\frac{3}{8}$		
ECUS.	L.	S.	D.	L.	S.	D.	L.	S.	D	L.	S.	D.
1000	2987	1	4	2974	4	11	2961	10	9	1948	18	8
900	2688	7	2	2676	16	5	2665	7	8	2654		9
800	2389	13	·	2379	7	11	2369	4	7	2359	2	11
700	2090	18	11	2081	19	5	2073	1	6	2064	5	
600	1792	4	9	1784	10	11	1776	18	5	1769	7	2
500	1493	10	8	1487	2	5	1480	15	4	1474	10	4
400	1194	16	6	1189	13	11	1184	12	3	1179	12	5
300	896	2	4	892	5	5	888	9	2	884	13	7
200	597	8	3	594	16	11	592	6	1	589	15	8
100	298	14	1	297	8	5	296	3	·	294	17	10
90	268	16	8	267	13	6	266	10	8	265	8	
80	238	19	3	237	18	8	236	18	4	235	18	3
70	209	1	10	208	3	10	207	6	1	206	8	5
60	179	4	5	178	9	·	177	13	9	176	18	8
50	149	7	·	148	14	2	148	1	6	147	8	11
40	119	9	7	118	19	4	118	9	2	117	19	1
30	89	12	2	89	4	6	88	16	10	88	9	4
20	59	14	9	59	9	8	59	4	7	58	19	6
10	29	17	4	29	14	10	29	12	3	29	9	9
9	26	17	7	26	15	4	26	13	·	26	10	9
8	23	17	10	23	15	10	23	13	9	23	11	9
7	20	18	1	20	16	4	20	14	6	20	12	9
6	17	18	4	17	16	10	17	15	4	17	13	10
5	14	18	8	14	17	5	14	16	1	14	14	10
4	11	18	11	11	17	11	11	16	10	11	15	10
3	8	19	2	8	18	5	8	17	8	8	16	11
2	5	19	5	5	18	11	5	18	5	5	17	11
1	2	19	8	2	19	5	2	19	2	2	18	11
15 ſ	2	4	9	2	4	6	2	4	4	2	4	2
10	1	9	10	1	9	8	1	9	7	1	9	5
5		14	11		14	10		14	9		14	8
4		11	11		11	10		11	10		11	9
3		8	11		8	10		8	10		8	9
2		5	11		5	11		5	11		5	10
1		2	11		2	11		2	11		2	11
9 d		2	2		2	2		2	2		2	2
6		1	5		1	5		1	5		1	5
4			11			11			11			11
3			8			8			8			8
2			5			5			5			5
1			2			2			2			2

LA FRANCE
Tire
SUR GENES & SUR LIVORNE,
aux prix suivans, pour une Piastre.

PIASTRES tirées ou negociées.	à 4 livres.			à 4 liv. 6 den.			à 4 liv. 1 s.			à 4 liv. 1 s. 6 d.			à 4 liv. 2 s.		
PIASTRES.	L.	S.	D.	L.	S.	D.	L.	S.	D.	L.	S.	D.	L.	S.	D.
1000	4000			4025			4050			4075			4100		
900	3600			3622	10		3645			3667	10		3690		
800	3200			3220			3240			3260			3280		
700	2800			2817	10		2835			2852	10		2870		
600	2400			2415			2430			2445			2460		
500	2000			2012	10		2025			2037	10		2050		
400	1600			1610			1620			1630			1640		
300	1200			1207	10		1215			1222	10		1230		
200	800			805			810			815			820		
100	400			402	10		405			407	10		410		
90	360			362	5		364	10		366	15		369		
80	320			322			324			326			328		
70	280			281	15		283	10		285	5		287		
60	240			241	10		243			244	10		246		
50	200			201	5		202	10		203	15		205		
40	160			161			162			163			164		
30	120			120	15		121	10		122	5		123		
20	80			80	10		81			81	10		82		
10	40			40	5		40	10		40	15		41		
9	36			36	4	6	36	9		36	13	6	36	18	
8	32			32	4		32	8		32	12		32	16	
7	28			28	3	6	28	7		28	10	6	28	14	
6	24			24	3		24	6		24	9		24	12	
5	20			20	2	6	20	5		20	7	6	20	10	
4	16			16	2		16	4		16	6		16	8	
3	12			12	1	6	12	3		12	4	6	12	6	
2	8			8	1		8	2		8	3		8	4	
1	4			4		6	4	1		4	1	6	4	2	
15 ʃ	3			3		4	3	0	9	3	1	1	3	1	6
10	2			2		3	2	0	6	2		9	2	1	
5	1			1		1	1	0	3	1		4	1		6
4		16			16	1		16	2		16	3		16	4
3		12			12			12			12	1		12	3
2		8			8	0		8	0		8	1		8	2
1		4			4			4			4			4	1
9 d		3			3			3			3			3	0
6		2			2			2			2			2	0
4		1	4		1	4		1	4		1	4		1	4
3		1			1			1			1			1	
2			8			8			8			8			8
1			4			4			4			4			4

LA FRANCE

Tire

SUR GENES & SUR LIVORNE,

aux prix suivans, pour une Piastre.

PIASTRES tirées ou negociées — Sommes à recevoir ou à payer en FRANCE, lorsque le Change est

PIASTRES.	à 4 liv. 2 ſ. 6 d.			à 4 liv. 3 ſ.			à 4 l. 3 ſ. 6 d.			à 4 liv. 4 ſ.			à 4 l. 4 ſ. 6 d.		
	L.	S.	D.	L.	S.	D.	L.	S.	D.	L.	S.	D.	L.	S.	D.
1000	4125			4150			4175			4200			4225		
900	3712	10		3735			3757	10		3780			3802	10	
800	3300			3320			3340			3360			3380		
700	2887	10		2905			2922	10		2940			2957	10	
600	2475			2490			2505			2520			2535		
500	2062	10		2075			2087	10		2100			2112	10	
400	1650			1660			1670			1680			1690		
300	1237	10		1245			1252	10		1260			1267	10	
200	825			830			835			840			845		
100	412	10		415			417	10		420			422	10	
90	371	5		373	10		375	15		378			380	5	
80	330			332			334			336			338		
70	288	15		290	10		292	5		294			295	15	
60	247	10		249			250	10		252			253	10	
50	206	5		207	10		208	15		210			211	5	
40	165			166			167			168			169		
30	123	15		124	10		125	5		126			126	15	
20	82	10		83			83	10		84			84	10	
10	41	5		41	10		41	15		42			42	5	
9	37	2	6	37	7		37	11	6	37	16		38		6
8	33			33	4		33	8		33	12		33	16	
7	28	17	6	29	1		29	4	6	29	8		29	11	6
6	24	15		24	18		25	1		25	4		25	7	
5	20	12	6	20	15		20	17	6	21			21	2	6
4	16	10		16	12		16	14		16	16		16	18	
3	12	7	6	12	9		12	10	6	12	12		12	13	6
2	8	5		8	6		8	7		8	8		8	9	
1	4	2	6	4	3		4	3	6	4	4		4	4	6
15 ſ	3	1	10	3	2	3	3	2	7	3	3		3	3	4
10	2	1	3	2	1	6	2	1	9	2	2		2	2	3
5	1	0	7	1	0	9	1	0	10	1	1		1	1	1
4		16	6		16	7		16	8		16	9		16	10
3		12	3		12	4		12	6		12	6		12	7
2		8	2		8	3		8	4		8	4		8	5
1		4	1		4	1		4	2		4	2		4	2
9 d		3			3			3	1		3	1		3	1
6		2	0		2	0		2	1		2	1		2	1
4		1	4		1	4		1	4		1	4		1	4
3		1			1			1			1			1	
2			8			8			8			8			8
1			4			4			4			4			4

LA FRANCE
Tire
SUR GENES & SUR LIVORNE,
aux prix ſuivans, pour une Piaſtre.

PIASTRES tirées ou negociées	à 4 liv. 5 ſ.			à 4 l. 5 ſ. 6 d.			à 4 liv. 6 ſ.			à 4 l. 6 ſ. 6 d.			à 4 liv. 7 ſ.		
PIASTRES.	L.	S.	D.	L.	S.	D.	L.	S.	D.	L.	S.	D.	L.	S.	D.
1000	4250			4275			4300			4325			4350		
900	3825			3847	10		3870			3892	10		3915		
800	3400			3420			3440			3460			3480		
700	2975			2992	10		3010			3027	10		3045		
600	2550			2565			2580			2595			2610		
500	2125			2137	10		2150			2162	10		2175		
400	1700			1710			1720			1730			1740		
300	1275			1282	10		1290			1297	10		1305		
200	850			855			860			865			870		
100	425			427	10		430			432	10		435		
90	382	10		384	15		387			389	5		391	10	
80	340			342			344			346			348		
70	297	10		299	5		301			302	15		304	10	
60	255			256	10		258			259	10		261		
50	212	10		213	15		215			216	5		217	10	
40	170			171			172			173			174		
30	127	10		128	5		129			129	15		130	10	
20	85			85	10		86			86	10		87		
10	42	10		42	15		43			43	5		43	10	
9	38	5		38	9	6	38	14		38	18	6	39	3	
8	34			34	4		34	8		34	12		34	16	
7	29	15		29	18	6	30	2		30	5	6	30	9	
6	25	10		25	13		25	16		25	19		26	2	
5	21	5		21	7	6	21	10		21	12	6	21	15	
4	17			17	2		17	4		17	6		17	8	
3	12	15		12	16	6	12	18		12	19	6	13	1	
2	8	10		8	11		8	12		8	13		8	14	
1	4	5		4	5	6	4	6		4	6	6	4	7	
15 ſ	3	3	9	3	4	1	3	4	6	3	4	10	3	5	3
10	2	2	6	2	2	9	2	3		2	3	3	2	3	6
5	1	1	3	1	1	4	1	1	6	1	1	7	1	1	9
4		17			17	1		17	2		17	3		17	4
3		12	9		12	9		12	10		12	10		13	1
2		8	6		8	6		8	7		8	7		8	8
1		4	3		4	3		4	3		4	3		4	4
9 d		3	1		3	1		3	1		3	1		3	3
6		2	1		2	1		2	1		2	1		2	3
4		1	5		1	5		1	5		1	5		1	7
3		1			1			1			1			1	3
2			8			8			8			8			8
1			4			4			4			4			4

LA FRANCE
Tire
SUR GENES & SUR LIVORNE,
aux prix suivans, pour une Piastre.

PIASTRES tirées ou negociées	à 4 l. 7 f. 6 d.			à 4 liv. 8 f.			à 4 l. 8 f. 6 d.			à 4 liv. 9 f.			à 4 l. 9 f. 6 d.		
PIASTRES	L.	S.	D.	L.	S.	D.	L.	S.	D.	L.	S.	D.	L.	S.	D.
1000	4373			4405			4425			4450			4475		
900	3937	10		3960			3982	10		4005			4027	10	
800	3500			3520			3540			3560			3580		
700	3062	10		3080			3097	10		3115			3132	10	
600	2625			2640			2655			2670			2685		
500	2187	10		2200			2212	10		2225			2237	10	
400	1750			1760			1770			1780			1790		
300	1312	10		1320			1327	10		1335			1342	10	
200	875			880			885			890			895		
100	437	10		440			442	10		445			447	10	
90	393	15		396			398	5		400	10		402	15	
80	350			352			354			356			358		
70	306	5		308			309	15		311	10		313	5	
60	262	10		264			265	10		267			268	10	
50	218	15		220			221	5		222	10		223	15	
40	175			176			177			178			179		
30	131	5		132			132	15		133	10		134	5	
20	87	10		88			88	10		89			89	10	
10	43	15		44			44	5		44	10		44	15	
9	39	7	6	39	12		39	16	6	40	1		40	5	6
8	35			35	4		35	8		35	12		35	16	
7	30	12	6	30	16		30	19	6	31	3		31	6	6
6	26	5		26	8		26	11		26	14		26	17	
5	21	17	6	22			22	2	6	22	5		22	7	6
4	17	10		17	12		17	14		17	16		17	18	
3	13	2	6	13	4		13	5	6	13	7		13	8	6
2	8	15		8	16		8	17		8	18		8	19	
1	4	7	6	4	8		4	8	6	4	9		4	9	6
15 f	3	5	7	3	6		3	6	4	3	6	9	3	7	1
10	2	3	9	2	4		2	4	3	2	4	6	2	4	9
5	1	1	10	1	2		1	2	1	1	2	3	1	2	4
4		17	6		17	7		17	8		17	8		17	9
3		13	1		13	1		13	3		13	3		13	3
2		8	9		8	9		8	10		8	10		8	10
1		4	4		4	4		4	5		4	5		4	5
9 d		3	3		3	3		3	3		3	3		3	3
6		2	2		2	2		2	2		2	2		2	2
4		1	5		1	5		1	5		1	5		1	5
3		1	1		1	1		1	1		1	1		1	1
2		0	8			8			8			8			8
1			4			4			4			4			4

LA ·FRANCE

Tire

SUR GENES & SUR LIVORNE,

aux prix suivans pour une Piastre:

PIASTRES tirées ou négociées. — Sommes à recevoir ou à payer en FRANCE, lorsque le Change est

PIASTRES	4. liv. 10. ſ.			4. l. 10. ſ. 6. d.			4. liv. 11. ſ.			4. l. 11. ſ. 6. d.			4. liv. 12. ſ.		
PIASTRES	L.	S.	D.	L.	S.	D.	L.	S.	D.	L.	S.	D.	L.	S.	D.
1000	4500			4525			4550			4575			4600		
900	4050			4072	10		4095			4117	10		4140		
800	3600			3620			3640			3660			3680		
700	3150			3167	10		3185			3202	10		3220		
600	2700			2715			2730			2745			2760		
500	2250			2262	10		2275			2287	10		2300		
400	1800			1810			1820			1830			1840		
300	1350			1357	10		1365			1372	10		1380		
200	900			905			910			915			920		
100	450			452	10		455			457	10		460		
90	405			407	5		409	10		411	15		414		
80	360			362			364			366			368		
70	315			316	15		318	10		320	5		322		
60	270			271	10		273			274	10		276		
50	225			226	5		227	10		228	15		230		
40	180			181			182			183			184		
30	135			135	15		136	10		137	5		138		
20	90			90	10		91			91	10		92		
10	45			45	5		45	10		45	15		46		
9	40	10		40	14	6	40	19		41	3	6	41	8	
8	36			36	4		36	8		36	12		36	16	
7	31	10		31	13	6	31	17		32		6	32	4	
6	27			27	3		27	6		27	9		27	12	
5	22	10		22	12	6	22	15		22	17	6	23		
4	18			18	2		18	4		18	6		18	8	
3	13	10		13	11	6	13	13		13	14	6	13	16	
2	9			9	1		9	2		9	3		9	4	
1	4	10		4	10	6	4	11		4	11	6	4	12	
15 ſ	3	7	6	3	7	10	3	8	3	3	8	7	3	9	
10	2	5		2	5	3	2	5	6	2	5	9	2	6	
5	1	2	6	1	2	7	1	2	9	1	2	10	1	3	
4		18			18	1		18	2		18	3		18	4
3		13	6		13	6		13	7		13	8		13	9
2		9			9			9	1		9	1		9	2
1		4	6		4	6		4	6		4	6		4	7
9 d		3	4		3	4		3	4		3	5		3	5
6		2	3		2	3		2	3		2	3		2	3
4		1	6		1	6		1	6		1	6		1	6
3		1	1		1	1		1	1		1	1		1	1
2			9			9			9			9			9
1			4			4			4			4			4

LA FRANCE
Tire
SUR GENES & SUR LIVORNE,
aux prix suivans, pour une Piastre.

Sommes à recevoir ou à payer en FRANCE, lorsque le Change est

PIASTRES tirées ou négociées.	à 4.l. 12.ſ. 6.d.			à 4. liv. 13.ſ.			à 4.l. 13.ſ. 6.d.			à 4. liv. 14.ſ.			à 4.l. 14.ſ. 6.d.		
PIASTRES.	L.	S.	D.	L.	S.	D.	L.	S.	D.	L.	S.	D.	L.	S.	D.
1000	4625			4650			4675			4700			4725		
900	4162	10		4185			4207	10		4230			4252	10	
800	3700			3720			3740			3760			3780		
700	3237	10		3255			3272	10		3290			3307	10	
600	2775			2790			2805			2820			2835		
500	2312	10		2325			2337	10		2350			2362	10	
400	1850			1860			1870			1880			1890		
300	1387	10		1395			1402	10		1410			1417	10	
200	925			930			935			940			945		
100	462	10		465			467	10		470			472	10	
90	416	5		418	10		420	15		423			425	5	
80	370			372			374			376			378		
70	323	15		325	10		327	5		329			330	15	
60	277	10		279			280	10		282			283	10	
50	231	5		232	10		233	15		235			236	5	
40	185			186			187			188			189		
30	138	15		139	10		140	5		141			141	15	
20	92	10		93			93	10		94			94	10	
10	46	5		46	10		46	15		47			47	5	
9	41	12	6	41	17		42	1	6	42	6		42	10	6
8	37			37	4		37	8		37	12		37	16	
7	32	7	6	32	11		32	14	6	32	18		33	1	6
6	27	15		27	18		28	1		28	4		28	7	
5	23	2	6	23	5		23	7	6	23	10		23	12	6
4	18	10		18	12		18	14		18	16		18	18	
3	13	17	6	13	19		14		6	14	2		14	3	6
2	9	5		9	6		9	7		9	8		9	9	
1	4	12	6	4	13		4	13	6	4	14		4	14	6
15 ſ	3	9	4	3	9	9	3	10	1	3	10	6	3	10	10
10 ſ	2	6	3	2	6	6	2	6	9	2	7		2	7	3
5 ſ	1	3	1	1	3	3	1	3	4	1	3	6	1	3	7
4 ſ		18	6		18	7		18	8		18	9		18	10
3 ſ		13	10		13	11		14			14	1		14	2
2 ſ		9	3		9	3		9	4		9	4		9	5
1 ſ		4	7		4	7		4	8		4	8		4	8
9 d		3	5		3	5		3	6		3	6		3	6
6		2	3		2	3		2	4		2	4		2	4
4		1	6		1	6		1	6		1	6		1	6
3		1	1		1	1		1	2		1	2		1	2
2			9			9			9			9			9
1			4			4			4			4			4

LA FRANCE
Tire
SUR GENES & SUR LIVORNE,
aux prix ſuivans, pour une Piaſtre.

Sommes à recevoir ou à payer en FRANCE, lorſque le Change eſt

PIASTRES tirées ou négociées.	à 4. liv. 15. ſ.			à 4. L. 15. ſ. 6. d.			à 4. liv. 16. ſ.			à 4. l. 16. ſ. 6. d.			à 4. liv. 17. ſ.		
PIASTRES.	L.	S.	D.	L.	S.	D.	L.	S.	D.	L.	S.	D.	L.	S.	D.
1000	4750			4775			4800			4825			4850		
900	4275			4297	10		4320			4342	10		4365		
800	3800			3820			3840			3860			3880		
700	3325			3342	10		3360			3377	10		3395		
600	2850			2865			2880			2895			2910		
500	2375			2387	10		2400			2412	10		2425		
400	1900			1910			1920			1930			1940		
300	1425			1432	10		1440			1447	10		1455		
200	950			955			960			965			970		
100	475			477	10		480			482	10		485		
90	427	10		429	15		432			434	5		436	10	
80	380			382			384			386			388		
70	332	10		334	5		336			337	15		339	10	
60	285			286	10		288			289	10		291		
50	237	10		238	15		240			241	5		242	10	
40	190			191			192			193			194		
30	142	10		143	5		144			144	15		145	10	
20	95			95	10		96			96	10		97		
10	47	10		47	15		48			48	5		48	10	
9	42	15		42	19	6	43	4		43	8	6	43	13	
8	38			38	4		38	8		38	12		38	16	
7	33	5		33	8	6	33	12		33	15	6	33	19	
6	28	10		28	13		28	16		28	19		29	2	
5	23	15		23	17	6	24			24	2	6	24	5	
4	19			19	2		19	4		19	6		19	8	
3	14	5		14	6	6	14	8		14	9	6	14	11	
2	9	10		9	11		9	12		9	13		9	14	
1	4	15		4	15	6	4	16		4	16	6	4	17	
15 ſ	3	11	3	3	11	7	3	12		3	12	4	3	12	9
10	2	7	6	2	7	9	2	8		2	8	3	2	8	6
5	1	3	9	1	3	10	1	4		1	4	1	1	4	3
4		19			19	1		19	2		19	3		19	4
3		14	3		14	3		14	4		14	5		14	6
2		9	6		9	6		9	7		9	7		9	8
1		4	9		4	9		4	9		4	9		4	10
9 d.		3	6		3	6		3	7		3	7		3	7
6		2	4		2	4		2	4		2	4		2	5
4		1	7		1	7		1	7		1	7		1	7
3		1	2		1	2		1	2		1	2		1	2
2			9			9			9			9			9
1			4			4			4			4			4

LA FRANCE
Tire
SUR GENES & SUR LIVORNE,
aux prix suivans, pour une Piaſtre.

PIASTRES tirées ou négociées.	Sommes à recevoir ou à payer en FRANCE, lorſque le Change eſt														
	à 4.l. 17. ſ. 6.d.			à 4. liv. 18. ſ.			à 4.l. 18. ſ. 6.d.			à 4. liv. 19. ſ.			à 4.l. 19. ſ. 6.d.		
PIASTRES	L.	S.	D.	L.	S.	D.	L.	S.	D.	L.	S.	D.	L.	S.	D.
1000	4875		·	4900		·	4925		·	4950		·	4975		
900	4387	10	·	4410		·	4432	10	·	4455		·	4477	10	
800	3900		·	3920		·	3940		·	3960		·	3980		
700	3412	10	·	3430		·	3447	10	·	3465		·	3482	10	
600	2925		·	2940		·	2955		·	2970		·	2985		
500	2437	10	·	2450		·	2462	10	·	2475		·	2487	10	
400	1950		·	1960		·	1970		·	1980		·	1990		
300	1462	10	·	1470		·	1477	10	·	1485		·	1492	10	
200	975		·	980		·	985		·	990		·	995		
100	487	10	·	490		·	492	10	·	495		·	497	10	
90	438	15	·	441		·	443	5	·	445	10	·	447	15	
80	390		·	392		·	394		·	396		·	398		
70	341	5	·	343		·	344	15	·	346	10	·	348	5	
60	292	10	·	294		·	295	10	·	297		·	298	10	
50	243	15	·	245		·	246	5	·	247	10	·	248	15	
40	195		·	196		·	197		·	198		·	199		
30	146	5	·	147		·	147	15	·	148	10	·	149	5	
20	97	10	·	98		·	98	10	·	99		·	99	10	
10	48	15	·	49		·	49	5	·	49	10	·	49	15	
9	43	17	6	44	2	·	44	6	6	44	11	·	44	15	6
8	39		·	39	4	·	39	8	·	39	12	·	39	16	
7	34	2	6	34	6	·	34	9	6	34	13	·	34	16	6
6	29	5	·	29	8	·	29	11	·	29	14	·	29	17	
5	24	7	6	24	10	·	24	12	6	24	15	·	24	17	6
4	19	10	·	19	12	·	19	14	·	19	16	·	19	18	
3	14	12	6	14	14	·	14	15	6	14	17	·	14	18	6
2	9	15	·	9	16	·	9	17	·	9	18	·	9	19	
1	4	17	6	4	18	·	4	18	6	4	19	·	4	19	6
15 ſ	3	13	1	3	13	6	3	13	10	3	14	3	3	14	7
10	2	8	9	2	9	·	2	9	3	2	9	6	2	9	9
5	1	4	4	1	4	6	1	4	7	1	4	9	1	4	10
4		19	6		19	7		19	8		19	9		19	10
3		14	7		14	8		14	9		14	10		14	11
2		9	9		9	9		9	10		9	10		9	11
1		4	10		4	10		4	11		4	11		4	11
9 d		3	7		3	8		3	8		3	8		3	8
6		2	5		2	5		2	5		2	5		2	5
4		1	7		1	7		1	7		1	7		1	7
3		1	2		1	2		1	2		1	2		1	2
2			9			9			9			9			9
1			4			4			4			4			4

LA ROCHELLE ou NANTES

Tirent ou negocient

SUR LA HOLLANDE

aux prix suivans pour cent florins.

FLORINS de Banque tirez ou négociez. — Sommes à recevoir ou à payer en FRANCE lorsque le change est

FLORINS de Banque tirez ou négociez.	à 100.l.tourn. pour 100.florins.			à 200. 1/4			à 200. 1/2			à 200. 3/4			à 201.		
FLORIN	L	S	D	L	S	D	L	S	D	L	S	D	L	S	D
1000	2000			2002	10		2005			2007	10		2010		
900	1800			1802	5		1804	10		1806	15		1809		
800	1600			1602			1604			1606			1608		
700	1400			1401	15		1403	10		1405	5		1407		
600	1200			1201	10		1203			1204	10		1206		
500	1000			1001	5		1002	10		1003	15		1005		
400	800			801			802			803			804		
300	600			600	15		601	10		602	5		603		
200	400			400	10		401			401	10		402		
100	200			200	5		200	10		200	15		201		
90	180			180	4	6	180	9		180	13	6	180	18	
80	160			160	4		160	8		160	12		160	16	
70	140			140	3	6	140	7		140	10	6	140	14	
60	120			120	3		120	6		120	9		120	12	
50	100			100	2	6	100	5		100	7	6	100	10	
40	80			80	2		80	4		80	6		80	8	
30	60			60	1	6	60	3		60	4	6	60	6	
20	40			40	1		40	2		40	3		40	4	
10	20			20		6	20	1		20	1	6	20	2	
9	18			18		5	18		10	18	1	4	18	1	9
8	16			16		4	16		9	16	1	2	16	1	7
7	14			14		4	14		8	14	1		14	1	4
6	12			12		3	12		7	12		10	12	1	2
5	10			10		3	10		6	10		9	10	1	
4	8			8		2	8		4	8		7	8		9
3	6			6		1	6		3	6		5	6		7
2	4			4		1	4		2	4		3	4		4
1	2			2			2		1	2		1	2		2
15 f	1	10		1	10		1	10		1	10		1	10	1
10	1			1			1			1			1		1
5		10			10			10			10			10	
4		8			8			8			8			8	
3		6			6			6			6			6	
2		4			4			4			4			4	
1		2			2			2			2			2	
12 d		1	6		1	6		1	6		1	6		1	6
8		1			1			1			1			1	
4			6			6			6			6			6
2			3			3			3			3			3
1			1			1			1			1			1

LA ROCHELLE ou NANTES

Tirent ou negocient
SUR LA HOLLANDE
aux prix suivans pour cent florins.

FLORINS de Banque tirez ou négociez.	à 201. ¼			à 201. ½			à 201. ¾			à 202.			à 202. ¼		
FLORINS.	L.	S.	D.	L.	S.	D.	L.	S.	D.	L.	S.	D.	L.	S.	D.
1000	2012	10		2015			2017	10		2020			2022	10	
900	1811	5		1813	10		1815	15		1818			1820	5	
800	1610			1612			1614			1616			1618		
700	1408	15		1410	10		1412	5		1414			1415	15	
600	1207	10		1209			1210	10		1212			1213	10	
500	1006	5		1007	10		1008	15		1010			1011	5	
400	805			806			807			808			809		
300	603	15		604	10		605	5		606			606	15	
200	402	10		403			403	10		404			404	10	
100	201	5		201	10		201	15		202			202	5	
90	181	2	6	181	7		181	11	6	181	16		182		6
80	161			161	4		161	8		161	12		161	16	
70	140	17	6	141	1		141	4	6	141	8		141	11	6
60	120	15		120	18		121	1		121	4		121	7	
50	100	12	6	100	15		100	17	6	101			101	2	6
40	80	10		80	12		80	14		80	16		80	18	
30	60	7	6	60	9		60	10	6	60	12		60	13	6
20	40	5		40	6		40	7		40	8		40	9	
10	20	2	6	20	3		20	3	6	20	4		20	4	6
9	18	2	3	18	2	8	18	3	1	18	3	7	18	4	
8	16	2		16	2	4	16	2	9	16	3	2	16	3	7
7	14	1	9	14	2	1	14	2	5	14	2	9	14	3	1
6	12	1	6	12	1	9	12	2	1	12	2	4	12	2	8
5	10	1	3	10	1	6	10	1	9	10	2		10	2	3
4	8	1		8	1	2	8	1	4	8	1	7	8	1	9
3	6		9	6		10	6	1		6	1	2	6	1	4
2	4		6	4		7	4		8	4		9	4		10
1	2		3	2		3	2		4	2		4	2		5
15 s	1	10	1	1	10	1	1	10	3	1	10	3	1	10	3
10	1		1	1		1	1		2	1		2	1		2
5		10			10			10	1		10	1		10	1
4		8			8			8			8			8	1
3		6			6			6			6			6	
2		4			4			4			4			4	
1		2			2			2			2			2	
12 d		1	6		1	6		1	6		1	6		1	6
8		1			1			1			1			1	
4			6			6			6			6			6
2			3			3			3			3			3
1			1			1			1			1			1

LA ROCHELLE ou NANTES

Tirent ou negocient
SUR LA HOLLANDE

aux prix suivans pour cent florins.

FLORINS de Banque tirez ou négociez.	Sommes à recevoir ou à payer en FRANCE lorsque le change est													
	à 202.½			à 202.¾			à 203.			à 203.¼			à 203.½		
FLORINS.	L.	S.	D.	L.	S.	D.	L.	S.	D.	L.	S.	D.	L.	S.	D.
1000	2025		.	2027	10	.	2030		.	2031	10	.	2035		
900	1822	10	.	1824	15	.	1827		.	1829	5	.	1831	10	
800	1620		.	1622		.	1624		.	1626		.	1628		
700	1417	10	.	1419	5	.	1421		.	1422	15	.	1424	10	
600	1215		.	1216	10	.	1218		.	1219	10	.	1221		
500	1012	10	.	1013	15	.	1015		.	1016	5	.	1017	10	
400	810		.	811		.	812		.	813		.	814		
300	607	10	.	608	5	.	609		.	609	15	.	610	10	
200	405		.	405	10	.	406		.	406	10	.	407		
100	202	10	.	202	15	.	203		.	203	5	.	203	10	
90	182	5	.	182	9	6	182	14	.	182	18	6.	183	3	
80	162		.	162	4	.	162	8	.	162	12	.	162	16	
70	141	15	.	141	18	6.	142	2	.	142	5	6.	142	9	
60	121	10	.	121	13	.	121	16	.	121	19	.	122	2	
50	101	5	.	101	7	6.	101	10	.	101	12	6.	101	15	
40	81		.	81	2	.	81	4	.	81	6	.	81	8	
30	60	15	.	60	16	6.	60	18	.	60	19	6.	61	1	
20	40	10	.	40	11	.	40	12	.	40	13	.	40	14	
10	20	5	.	20	5	6.	20	6	.	20	6	6.	20	7	
9	18	4	6.	18	4	11.	18	5	4.	18	5	10.	18	6	3
8	16	4	.	16	4	4.	16	4	9.	16	5	2.	16	5	7
7	14	3	6.	14	3	10.	14	4	2.	14	4	6.	14	4	10
6	12	3	.	12	3	3.	12	3	7.	12	3	10.	12	4	2
5	10	2	6.	10	2	9.	10	3	.	10	3	3.	10	3	6
4	8	2	.	8	2	2.	8	2	4.	8	2	7.	8	2	9
3	6	1	6.	6	1	7.	6	1	9.	6	1	11.	6	2	1
2	4	1	.	4	1	1.	4	1	2.	4	1	3.	4	1	4
1	2		6.	2		6.	2		7.	2		7.	2		8
15 ʃ	1	10	4	1	10	4.	1	10	4.	1	10	4.	1	10	6
10	1		3.	1		3.	1		3.	1		3.	1		4
5		10	1.		10	1.		10	1.		10	1.		10	2
4		8	1.		8	1.		8	1.		8	1.		8	1
3		6	.		6	.		6	.		6	.		6	
2		4	.		4	.		4	.		4	.		4	
1		2	.		2	.		2	.		2	.		2	
12 d		1	6.		1	6		1	6.		1	6.		1	6
8		1	.		1	.		1	.		1	.		1	
4			6.			6.			6.			6.			6
2			3.			3.			3.			3.			3
1			1.			1.			1.			1.			1

LA ROCHELLE ou NANTES

Tirent ou negocient
SUR LA HOLLANDE

aux prix fuivans pour cent florins.

FLORINS de Banque tirez ou négociez.	Sommes à recevoir ou à payer en FRANCE lorſque le change eſt													
	à 203.¾			à 204.			à 204.¼			à 204.½			à 204.¾		
FLORINS.	L.	S.	D.	L.	S.	D.	L.	S.	D.	L.	S.	D.	L.	S.	D.
1000	2037	10		2040			2042	10		2045			1047	10	
900	1833	15		1836			1838	5		1840	10		1841	15	
800	1630			1632			1634			1636			1638		
700	1426	5		1428			1429	15		1431	10		1433	5	
600	1222	10		1224			1225	10		1227			1228	10	
500	1018	15		1020			1021	5		1022	10		1023	15	
400	815			816			817			818			819		
300	611	5		612			612	15		613	10		614	5	
200	407	10		408			408	10		409			409	10	
100	203	15		204			204	5		204	10		204	15	
90	183	7	6	183	12		183	16	6	184	1		184	5	6
80	163			163	4		163	8		163	12		163	16	
70	142	12	6	142	16		142	19	6	143	3		143	6	6
60	122	5		122	8		122	11		122	14		122	17	
50	101	17	6	102			102	2	6	102	5		102	7	6
40	81	10		81	12		81	14		81	16		81	18	
30	61	2	6	61	4		61	5	6	61	7		61	8	6
20	40	15		40	16		40	17		40	18		40	19	
10	20	7	6	20	8		20	8	6	20	9		20	9	6
9	18	6	9	18	7	2	18	7	7	18	8	1	18	8	6
8	16	6		16	6	4	16	6	9	16	7	2	16	7	7
7	14	5	3	14	5	7	14	5	11	14	6	3	14	6	7
6	12	4	6	12	4	9	12	5	1	12	5	4	12	5	8
5	10	3	9	10	4		10	4	3	10	4	6	10	4	9
4	8	3		8	3	2	8	3	4	8	3	7	8	3	9
3	6	2	3	6	2	4	6	2	6	6	2	8	6	2	10
2	4	1	6	4	1	7	4	1	8	4	1	9	4	1	10
1	2		9	2		9	2		10	2		10	2		11
15 f	1	10	6	1	10	6	1	10	7	1	10	7	1	10	7
10	1		4	1		4	1		5	1		5	1		5
5		10	2		10	2		10	2		10	2		10	2
4		8	1		8	1		8	2		8	2		8	2
3		6			6			6	1		6	1		6	1
2		4			4			4	1		4	1		4	1
1		2			2			2			2			2	
12 d		1	6		1	6		1	6		1	6		1	6
8		1			1			1			1			1	
4			6			6			6			6			6
2			3			3			3			3			3
1			1			1			1			1			1

LA ROCHELLE ou NANTES
Tirent ou negocient
SUR LA HOLLANDE
aux prix suivans pour cent florins.

FLORINS de Banque tirez ou négociez.	à 205.l.tourn.pour .100. florins.			à 205. 1/4			à 205. 1/2			à 205. 3/4			à 206.		
FLORINS	L	S	D	L	S	D	L	S	D	L	S	D	L	S	D
1000	2050			2052	10		2055			2057	10		2060		
900	1845			1847	5		1849	10		1851	15		1854		
800	1640			1642			1644			1646			1648		
700	1435			1436	15		1438	10		1440	5		1442		
600	1230			1231	10		1233			1234	10		1236		
500	1025			1026	5		1027	10		1028	15		1030		
400	820			821			822			823			824		
300	615			615	15		616	10		617	5		618		
200	410			410	10		411			411	10		412		
100	205			205	5		205	10		205	15		206		
90	184	10		184	14	6	184	19		185	3	6	185	8	
80	164			164	4		164	8		164	12		164	16	
70	143	10		143	13	6	143	7		144		6	144	4	
60	123			123	3		123	6		123	9		123	12	
50	102	10		102	12	6	102	15		102	17	6	103		
40	82			82	2		82	4		82	6		82	8	
30	61	10		61	11	6	61	13		61	14	6	61	16	
20	41			41	1		41	2		41	3		41	4	
10	20	10		20	10	6	20	11		20	11	6	20	12	
9	18	9		18	9	5	18	9	10	18	10	4	18	10	9
8	16	8		16	8	4	16	8	9	16	9	2	16	9	7
7	14	7		14	7	4	14	7	8	14	8		14	8	4
6	12	6		12	6	3	12	6	7	12	6	10	12	7	2
5	10	5		10	5	3	10	5	6	10	5	9	10	6	
4	8	4		8	4	2	8	4	4	8	4	7	8	4	9
3	6	3		6	3	1	6	3	3	6	3	5	6	3	7
2	4	2		4	2	1	4	2	2	4	2	3	4	2	4
1	2	1		2	1		2	1	1	2	1	1	2	1	2
15 ſ	1	10	9	1	10	9	1	10	9	1	10	9	1	10	10
10	1		6	1		6	1		6	1		6	1		7
5		10	3		10	3		10	3		10	3		10	3
4		8	2		8	2		8	2		8	2		8	2
3		6	1		6	1		6	1		6	1		6	1
2		4	1		4	1		4	1		4	1		4	1
1		2			2			2			2			2	
12 d		1	6		1	6		1	6		1	6		1	6
8		1			1			1			1			1	
4			6			6			6			6			6
2			3			3			3			3			3
1			1			1			1			1			1

LA ROCHELLE ou NANTES

Tirent ou negocient
SUR LA HOLLANDE
aux prix suivans pour cent florins.

FLORINS de Banque tirez ou négociez.	à 206 ¼			à 206 ½			à 206 ¾			à 207			à 207 ¼		
FLORINS	L	S	D	L	S	D	L	S	D	L	S	D	L	S	D
1000	2062	10		2065			2067	10		2070			2072	10	
900	1856	5		1858	10		1860	15		1863			1865	5	
800	1650			1652			1654			1656			1658		
700	1443	15		1445	10		1447	5		1449			1450	15	
600	1237	10		1239			1240	10		1242			1243	10	
500	1031	5		1032	10		1033	15		1035			1036	5	
400	825			826			827			828			829		
300	618	15		619	10		620	5		621			621	15	
200	412	10		413			413	10		414			414	10	
100	206	5		206	10		206	15		207			207	5	
90	185	12	6	185	17		186	1	6	186	6		186	10	6
80	165			165	4		165	8		165	12		165	16	
70	144	7	6	144	11		144	14	6	144	18		145	1	6
60	123	15		123	18		124	1		124	4		124	7	
50	103	2	6	103	5		103	7	6	103	10		103	12	6
40	82	10		82	12		82	14		82	16		82	18	
30	61	17	6	61	19		62		6	62	2		62	3	6
20	41	5		41	6		41	7		41	8		41	9	
10	20	12	6	20	13		20	13	6	20	14		20	14	6
9	18	11	3	18	11	8	18	12	1	18	12	7	18	13	
8	16	10		16	10	4	16	10	9	16	11	2	16	11	7
7	14	8	9	14	9	1	14	9	5	14	9	9	14	10	1
6	12	7	6	12	7	9	12	8	1	12	8	4	12	8	8
5	10	6	3	10	6	6	10	6	9	10	7		10	7	3
4	8	5		8	5	2	8	5	4	8	5	7	8	5	9
3	6	3	9	6	3	10	6	4		6	4	2	6	4	4
2	4	2	6	4	2	7	4	2	8	4	2	9	4	2	10
1	2	1	3	2	1	3	2	1	4	2	1	4	2	1	5
15 ſ	1	10	10	1	10	10	1	11		1	11		1	11	
10	1		7	1		7	1		8	1		8	1		8
5		10	3		10	3		10	4		10	4		10	4
4		8	3		8	3		8	3		8	3		8	3
3		6	1		6	1		6	1		6	1		6	1
2		4	1		4	1		4	1		4	1		4	1
1		2			2			2			2			2	
12 d		1	6		1	6		1	6		1	6		1	6
8		1			1			1			1			1	
4			6			6			6			6			6
2			3			3			3			3			3
1			1			1			1			1			1

LA ROCHELLE ou NANTES

Tirent ou negocient

SUR LA HOLLANDE

aux prix suivans pour cent florins.

FLORINS de Banque tirez ou négociez.	Sommes à recevoir ou à payer en FRANCE lorsque le change est														
FLORINS.	à 207 ½			à 207 ¾			à 208.			à 208 ¼			à 208 ½		
	L.	S.	D.	L.	S.	D.	L.	S.	D.	L.	S.	D.	L.	S.	D.
1000	2075			2077	10		2080			2081	10		2085		
900	1867	10		1869	15		1872			1874	5		1876	10	
800	1660			1662			1664			1666			1668		
700	1452	10		1454	5		1456			1457	15		1459	10	
600	1245			1246	10		1248			1249	10		1251		
500	1037	10		1038	15		1040			1041	5		1042	10	
400	830			831			832			833			834		
300	622	10		623	5		624			624	15		625	10	
200	415			415	10		416			416	10		417		
100	207	10		207	15		208			208	5		208	10	
90	186	15		186	19	6	187	4		187	8	6	187	13	
80	166			166	4		166	8		166	12		166	16	
70	145	5		145	8	6	145	12		145	15	6	145	19	
60	124	10		124	13		124	16		124	19		125	2	
50	103	15		103	17	6	104			104	2	6	104	5	
40	83			83	2		83	4		83	6		83	8	
30	62	5		62	6	6	62	8		62	9	6	62	11	
20	41	10		41	11		41	12		41	13		41	14	
10	20	15		20	15	6	20	16		20	16	6	20	17	
9	18	13	6	18	13	11	18	14	4	18	14	10	18	15	3
8	16	12		16	12	4	16	12	9	16	13	2	16	13	7
7	14	10	6	14	10	10	14	11	2	14	11	6	14	11	10
6	12	9		12	9	3	12	9	7	12	9	10	12	10	2
5	10	7	6	10	7	9	10	8		10	8	3	10	8	6
4	8	6		8	6	2	8	6	4	8	6	7	8	6	9
3	6	4	6	6	4	7	6	4	9	6	4	11	6	5	1
2	4	3		4	3	1	4	3	2	4	3	3	4	3	4
1	2	1	6	2	1	6	2	1	7	2	1	7	2	1	8
15 f	1	11	1	1	11	1	1	11	1	1	11	1	1	11	3
10	1		9	1		9	1		9	1		9	1		10
5		10	4		10	4		10	4		10	4		10	5
4		8	3		8	3		8	3		8	3		8	4
3		6	1		6	1		6	1		6	1		6	3
2		4	1		4	1		4	1		4	1		4	2
1		2			2			2			2			2	1
12 d		1	6		1	6		1	6		1	6		1	6
8		1			1			1			1			1	
4			6			6			6			6			6
2			3			3			3			3			3
1			1			1			1			1			1

LA ROCHELLE ou NANTES

Tirent ou negocient
SUR LA HOLLANDE
aux prix suivans pour cent florins.

FLORINS de Banque tirez ou négociez.	Sommes à recevoir ou à payer en FRANCE lorsque le change est à 208. ¾			à 209.			à 209. ¼			à 209. ½			à 209. ¾		
FLORINS.	L.	S.	D.	L.	S.	D.	L.	S.	D.	L.	S.	D.	L.	S.	D.
1000	2087	10	·	2090	·	·	2092	10	·	2095	·	·	2097	10	·
900	1878	15	·	1881	·	·	1883	5	·	1885	10	·	1887	15	·
800	1670	·	·	1672	·	·	1674	·	·	1676	·	·	1678	·	·
700	1461	5	·	1463	·	·	1464	15	·	1466	10	·	1468	5	·
600	1252	10	·	1254	·	·	1255	10	·	1257	·	·	1258	10	·
500	1043	15	·	1045	·	·	1046	5	·	1047	10	·	1048	15	·
400	835	·	·	836	·	·	837	·	·	838	·	·	839	·	·
300	626	5	·	627	·	·	627	15	·	628	10	·	629	5	·
200	417	10	·	418	·	·	418	10	·	419	·	·	419	10	·
100	208	15	·	209	·	·	209	5	·	209	10	·	209	15	·
90	187	17	6	188	2	·	188	6	6	188	11	·	188	15	6
80	167	·	·	167	4	·	167	8	·	167	12	·	167	16	·
70	146	2	6	146	6	·	146	9	6	146	13	·	146	16	6
60	125	5	·	125	8	·	125	11	·	125	14	·	125	17	·
50	104	7	6	104	10	·	104	12	6	104	15	·	104	17	6
40	83	10	·	83	12	·	83	14	·	83	16	·	83	18	·
30	62	12	6	62	14	·	62	15	6	62	17	·	62	18	6
20	41	15	·	41	16	·	41	17	·	41	18	·	41	19	·
10	20	17	6	20	18	·	20	18	6	20	19	·	20	19	6
9	18	15	9	18	16	2	18	16	7	18	17	1	18	17	6
8	16	14	·	16	14	4	16	14	9	16	15	2	16	15	7
7	14	12	3	14	12	7	14	12	11	14	13	3	14	13	7
6	12	10	6	12	10	9	12	11	1	12	11	4	12	11	8
5	10	8	9	10	9	·	10	9	3	10	9	6	10	9	9
4	8	7	·	8	7	2	8	7	4	8	7	7	8	7	9
3	6	5	3	6	5	4	6	5	6	6	5	8	6	5	10
2	4	3	6	4	3	7	4	3	8	4	3	9	4	3	10
1	2	1	9	2	1	9	2	1	10	2	1	10	2	1	11
15 ſ	1	11	3	1	11	3	1	11	4	1	11	4	1	11	4
10	1	·	10	1	·	10	1	·	11	1	·	11	1	·	11
5	·	10	5	·	10	5	·	10	5	·	10	5	·	10	5
4	·	8	4	·	8	4	·	8	4	·	8	4	·	8	4
3	·	6	3	·	6	3	·	6	3	·	6	3	·	6	3
2	·	4	2	·	4	2	·	4	1	·	4	2	·	4	2
1	·	2	1	·	2	1	·	2	1	·	2	1	·	2	1
12d	·	1	6	·	1	6	·	1	6	·	1	6	·	1	6
8	·	1	·	·	1	·	·	1	·	·	1	·	·	1	·
4	·	·	6	·	·	6	·	·	6	·	·	6	·	·	6
2	·	·	3	·	·	3	·	·	3	·	·	3	·	·	3
1	·	·	1	·	·	1	·	·	1	·	·	1	·	·	1

LES CHANGES
FAITS

De la HOLLANDE pour L'ANGLETERRE, & de L'ANGLETERRE pour la HOLLANDE ; de la HOLLANDE pour HAMBOURG, & D'HAMBOURG pour la HOLLANDE ; de L'ANGLETERRE pour HAMBOURG, & D'HAMBOURG pour L'ANGLETERRE.

AVEC CEUX

De MADRID, BILBOA & VENISE, CADIX & SEVILLE, LISBONNE & PORT A PORT, LIVORNE, GENES, & GENEVE, pour la HOLLANDE.

ET LES CHANGES

De la HOLLANDE pour toutes ces Places

LES CHANGES
de la HOLLANDE pour l'ANGLETRRE
FAITS
à divers prix de Change.

Nombre de Florins tirez sur l'Angleterre. — Valeur à Londres.

PRIX du Change d'Amsterdam pour Londres.	1000			400			200			100			10			1		
à	L	S	D	L	S	D	L	S	D	L	S	D	L	S	D	L	S	D
34 sols	98		9	39	4	3	19	12	1	9	16	1		19	7		1	11
1 d	97	15	11	39	2	4	19	11	2	9	15	7		19	6		1	11
2	97	11	2	39		5	19	10	2	9	15	1		19	6		1	11
3	97	6	5	38	18	7	19	9	3	9	14	7		19	5		1	11
4	97	1	9	38	16	8	19	8	4	9	14	2		19	5		1	11
5	96	17		38	14	9	19	7	4	9	13	8		19	4		1	11
6	96	12	4	38	12	11	19	6	5	9	13	2		19	3		1	11
7	96	7	8	38	11	1	19	5	6	9	12	9		19	3		1	11
8	96	3	1	38	9	2	19	4	7	9	12	3		19	2		1	11
9	95	18	5	38	7	4	19	3	8	9	11	10		19	2		1	11
10	95	13	10	38	5	6	19	2	9	9	11	4		19	1		1	11
11	95	9	5	38	3	8	19	1	10	9	10	11		19	1		1	10
35 sols	95	4	9	38	1	10	19		11	9	10	5		19			1	10
1	95		2	38		1	19			9	10			19			1	10
2	94	15	8	37	18	3	18	19	1	9	9	6		18	11		1	10
3	94	11	3	37	16	6	18	18	3	9	9	1		18	11		1	10
4	94	6	9	37	14	8	18	17	4	9	8	8		18	10		1	10
5	94	2	4	37	12	11	18	16	5	9	8	2		18	9		1	10
6	93	17	11	37	11	2	18	15	7	9	7	9		18	9		1	10
7	93	13	6	37	9	5	18	14	8	9	7	4		18	8		1	10
8	93	9	1	37	7	8	18	13	10	9	6	11		18	8		1	10
9	93	4	9	37	5	11	18	12	11	9	6	5		18	7		1	10
10	93		5	37	4	2	18	12	1	9	6			18	7		1	10
11	92	16	1	37	2	5	18	11	2	9	5	7		18	6		1	10
36 sols	92	11	10	37		9	18	10	4	9	5	2		18	6		1	10
1	92	7	6	36	19		18	9	6	9	4	9		18	5		1	10
2	92	3	3	36	17	3	18	8	8	9	4	4		18	5		1	10
3	91	19	1	36	15	7	18	7	9	9	3	10		18	4		1	10
4	91	14	10	36	13	11	18	6	11	9	3	5		18	4		1	10
5	91	10	7	36	12	3	18	6	1	9	3			18	3		1	10
6	91	6	5	36	10	7	18	5	3	9	2	7		18	3		1	9

INSTRUCTION. La HOLLANDE donne pour l'ANGLETERRE l'*Incertain* pour le *Certain* ; c'est-à-dire un nombre indéterminé de sols de Gros pour une livre sterlin.

La premiere colonne contient les differens prix du Change d'Amsterdam pour Londres ; les autres colonnes contiennent le nombre des Florins tirez depuis 1000. jusqu'à jusqu'à 1. & leur valeur à Londres en livres, sols & deniers sterlin.

Regle conjointe. Si 1. florin vaut 40. den. de Gros, 11. den. de Gros, 1. sol de Gros, 34. f. de Gros une livre sterlin, combien 1000. florins ? Il faut multiplier les restans par 20. & par 12.

LES CHANGES
de l'ANGLETERRE pour la HOLLANDE
FAITS
à divers prix de Change.

PRIX du Change de Londres pour Amsterdam.	Nombre de livres sterlin tirées sur la Hollande.					
	1000	400	200	100	10	1
	Valeur à Amsterdam.					
à	Fl. S.D	Fl. S.D	Fl. S.D	Fl. S.D	Fl. S.D	Fl. S.D
34 s 6 d	10350	4140	2070	1035	103 10	10 7
7 ..	10375	4150	2075	1037 10	103 15	10 7 8
8 ..	10400	4160	2080	1040	104	10 8
9 ..	10425	4170	2085	1042 10	104 5	10 8 8
10 ..	10450	4180	2090	1045	104 10	10 9
11 ..	10475	4190	2095	1047 10	104 15	10 9 8
35 s	10500	4200	2100	1050	105	10 10
1 ..	10525	4210	2105	1052 10	105 5	10 10 8
2 ..	10550	4220	2110	1055	105 10	10 11
3 ..	10575	4230	2115	1057 10	105 15	10 11 8
4 ..	10600	4240	2120	1060	106	10 12
5 ..	10625	4250	2125	1062 10	106 5	10 12 8
6 ..	10650	4260	2130	1065	106 10	10 13
7 ..	10675	4270	2135	1067 10	106 15	10 13 8
8 ..	10700	4280	2140	1070	107	10 14
9 ..	10725	4290	2145	1072 10	107 5	10 14 8
10 ..	10750	4300	2150	1075	107 10	10 15
11 ..	10775	4310	2155	1077 10	107 15	10 15 8
36 s ..	10800	4320	2160	1080	108	10 16
1 ..	10825	4330	2165	1082 10	108 5	10 16 8
2 ..	10850	4340	2170	1085	108 10	10 17
3 ..	10875	4350	2175	1087 10	108 15	10 17 8
4 ..	10900	4360	2180	1090	109	10 18
5 ..	10925	4370	2185	1092 10	109 5	10 18 8
6 ..	10950	4380	2190	1095	109 10	10 19
7 ..	10975	4390	2195	1097 10	109 15	10 19 8
8 ..	11000	4400	2200	1100	110	11
9 ..	11025	4410	2205	1102 10	110 5	11 8
10 ..	11050	4420	2210	1105	110 10	11 1
11 ..	11075	4430	2215	1107 10	110 15	11 1 8
37 s ..	11100	4440	2220	1110	111	11 2

INSTRUCTION. Londres donne pour la Hollande le *Certain* pour l'*Incertain*; c'est-à-dire, une livre sterlin pour un nombre indéterminé de sols de Gros.

La première colonne contient les differens prix du Change de Londres pour Amsterdam; les autres colonnes contiennent le nombre des livres sterlin tirées depuis 1000. jusqu'à une, & leur valeur en Hollande en Florins, Sols & Pennings.

Regle conjointe. Si une livre sterlin vaut 34. s. 6. den. de Gros, 1. s. de Gros 12. d. de Gros, 40. den. de Gros, 1. Florins, combien 1000. liv. sterlin ? Il faut multiplier les restans par 20. & par 16.

LES CHANGES
de la HOLLANDE pour HAMBOURG
FAITS
à divers prix de Change.

Nombre de Florins tirez sur Hambourg. — Valeur à Hambourg (en Dalles, sols & deniers lubs).

PRIX du Change d'Amsterdam pour Hambourg.

à	1000 Dal	S	D	400 Dal	S	D	200 Dal	S	D	100 Dal	S	D	10 Dal	S	D	1 Dal	S	D
32 ftuy	625			250			125			62	16		6	8			20	
1 feiz.	623	15		249	16	5	124	24	2	62	12	1	6	7	7		20	
1 huit	622	18	2	249	10		124	16	5	62	8	3	6	7	3		19	11
3 feiz.	621	11	6	248	17	5	124	8	8	62	4	4	6	6	10		19	11
1 quart	620	5		248	2		124	1		62		6	6	6	5		19	10
5 feiz.	618	30	7	247	18	8	123	25	4	61	28	8	6	6	1		19	10
3 huit.	617	24	4	247	3	4	123	17	8	61	24	10	6	5	8		19	9
7 feiz.	616	18	3	246	20	1	123	10	1	61	21		6	5	4		19	9
Demy	615	12	4	246	4	11	123	2	6	61	17	3	6	4	11		19	8
9 feiz.	614	6	6	245	21	10	122	26	11	61	13	5	6	4	7		19	8
5 huit.	613	10		245	6	9	122	19	4	61	9	8	6	4	2		19	7
11 feiz.	611	27	4	244	23	9	122	11	10	61	5	11	6	3	10		19	7
3 quarts	610	22		244	8	10	122	4	5	61	2	2	6	3	5		19	7
13 feiz.	609	16	9	243	25	11	121	28	11	60	30	6	6	3	1		19	6
7 huit.	608	11	8	243	11	1	121	21	6	60	26	9	6	2	8		19	6
15 feiz.	607	6	9	242	28	4	121	14	2	60	23	1	6	2	4		19	5
33 ftuy	606	1	11	242	13	7	121	6	9	60	19	5	6	1	11		19	5
1 feiz.	604	29	3	241	30	11	120	31	5	60	15	9	6	1	7		19	4
1 huit.	603	24	9	241	16	4	120	24	2	60	12	1	6	1	2		19	4
3 feiz.	602	20	4	241	1	9	120	16	10	60	8	5	6		10		19	3
1 quart	601	16	1	240	19	3	120	9	7	60	4	10	6		6		19	3
5 feiz.	600	12		240	4	10	120	2	5	60	1	2	6		1		19	3
3 huit.	599	8		239	22	5	119	27	2	59	29	7	5	31	9		19	2
7 feiz.	598	4	2	239	8	1	119	20		59	26		5	31	5		19	2
Demy	597		6	238	25	9	119	12	11	59	22	5	5	31	1		19	1
9 feiz.	595	28	11	238	11	7	119	5	9	59	18	11	5	30	8		19	1
5 huit.	594	25	5	237	29	5	118	30	8	59	15	4	5	30	4		19	
11 feiz.	593	22	2	237	15	3	118	23	8	59	11	10	5	30			19	
3 quarts	592	19		237	1	2	118	16	7	59	8	4	5	29	8		19	

INSTRUCTION. La HOLLANDE donne pour HAMBOURG l'*Incertain* pour le *Certain* ; c'est-à-dire un nombre indéterminé de sols communs pour une Dalle de deux Marcs Lubs.

La première colonne contient les differens prix du Change d'Amsterdam pour Hambourg ; les autres colonnes contiennent le nombre des Florins tirez depuis 1000. jusqu'à 1. & leur valeur à Hambourg en en Dalles, sols, & deniers lubs.

Regle conjointe. Si 1. florin vaut 40. deniers de Gros, 2. deniers, 1. s. commun, 32. sols communs, une Dalle; combien 1000. florins ? Il faut multiplier les restans par 32. & par 12.

LES CHANGES
D'HAMBOURG pour la HOLLANDE
FAITS
à divers prix de Change.

PRIX du Change d'Hambourg pour Amsterdam.	Nombre de Dalles de 2. Marcs lubs tirées sur la Hollande.																	
	1000			400			200			100			10			1		
	Valeur à Amsterdam.																	
à	Fl.	S.	D	Fl.	S.	D	Fl.	S.	D	Fl.	S.	D	Fl.	S.	D	Fl.	S.	D
32 ftuy 1 qu.	1612	10		645			322	10		161	5		16	2	8	1	12	4
5 feiz.	1615	12	8	646	5		323	2	8	161	11	4	16	3	2	1	12	5
3 huit.	1618	15		647	10		323	15		161	17	8	16	3	12	1	12	6
7 feiz.	1621	17	8	648	15		324	7	8	162	3	12	16	4	6	1	12	7
Demy	1625			650			325			162	10		16	5		1	12	8
9 feiz.	1628	2	8	651	5		325	12	8	162	16	4	16	5	10	1	12	9
5 huit.	1631	5		652	10		326	5		163	2	8	16	6	4	1	12	10
11 feiz.	1634	7	8	653	15		326	17	8	163	8	12	16	6	14	1	12	11
3 quarts	1637	10		655			327	10		163	15		16	7	8	1	12	12
13 feiz.	1640	12	8	656	5		328	2	8	164	1	4	16	8	2	1	12	13
7 huit.	1643	15		657	10		328	15		164	7	8	16	8	12	1	12	14
15 feiz.	1646	17	8	658	15		329	7	8	164	13	12	16	9	6	1	12	15
33 ftuy	1650			660			330			165			16	10		1	13	
1 feiz.	1653	2	8	651	5		330	12	8	165	6	4	16	10	10	1	13	1
1 huit.	1656	5		662	10		331	5		165	12	8	16	11	4	1	13	2
3 feiz	1659	7	8	663	15		331	17	8	165	18	12	16	11	14	1	13	3
1 quart	1662	10		665			332	10		166	5		16	12	8	1	13	4
5 feiz.	1665	12	8	666	5		333	2	8	166	11	4	16	13	2	1	13	5
3 huit.	1668	15		667	10		333	15		166	17	8	16	13	12	1	13	6
7 feiz.	1671	17	8	668	15		334	7	8	167	3	12	16	14	6	1	13	7
Demy	1675			670			335			167	10		16	15		1	13	8
9 feiz.	1678	2	8	671	5		335	12	8	167	16	4	16	15	10	1	13	9
5 huit.	1681	5		672	10		336	5		168	2	8	16	16	4	1	13	10
11 feiz.	1684	7	8	673	15		336	17	8	168	8	12	16	16	14	1	13	11
3 quarts	1687	10		675			337	10		168	15		16	17	8	1	13	12
13 feiz.	1690	12	8	676	5		338	2	8	169	1	4	16	18	2	1	13	13
7 huit.	1693	15		677	10		338	15		169	7	8	16	18	12	1	13	14
15 feiz.	1696	17	8	678	15		339	7	8	169	13	12	16	19	6	1	13	15
34 ftuy	1700			680			340			170			17			1	14	

INSTRUCTION. HAMBOURG donne pour la HOLLANDE le *Certain* pour l'*Incertain* ; c'est-à-dire une Dalle de deux Marcs Lubs pour un nombre indéterminé de fols communs.

La premiere colonne contient les differens prix du Change d'Hambourg pour Amsterdam ; les autres colonnes contiennent le nombre des Dalles, tirées depuis 1000. jufqu'à une & leur valeur à Amsterdam en Florins, fols, & pennings.

Regle conjointe. Si une Dalle vaut 32. fo s un quart commnus, 1. f. commnn, 2. deniers de Gros, 4c. deniers de Gros 1. florin, combien 1000. dalles ? Il faut multiplier les reftans par 20. & par 16.

LES CHANGES
de LONDRES pour HAMBOURG
FAITS
à divers prix de Change.

PRIX du Change de Londres pour Hambourg.	Nombre de livres sterlin tirées sur Hambourg.					
	1000	400	200	100	10	1
	Valeur à Hambourg en Marcs lubs.					
à	M.S.D	M.S.D	M.S.D	M.S.D	M.S.D	M.S.D
31 s 6 d	11812 8	4725	2362 8	1181 4	118 2	11 13
7	11843 12	4737 8	2368 12	1184 6	118 7	11 13 6
8	11875 4	4750	2375	1187 8	118 12	11 14
9	11906 4	4762 8	2381 4	1190 10	119 1	11 14 6
10	11937 8	4775	2387 8	1193 12	119 6	11 15
11	11968 12	4787 8	2393 12	1196 14	119 11	11 15 6
32 s	12000	4800	2400	1200	120	12
1	12031 4	4812 8	2406 4	1203 2	120 5	12 6
2	12062 8	4825	2412 8	1206 4	120 10	12 1
3	12093 12	4837 8	2418 12	1209 6	120 15	12 1 6
4	12125	4850	2425	1212 8	121 4	12 2
5	12156 4	4862 8	2431 4	1215 10	121 9	12 2 6
6	12187 8	4875	2437 8	1218 12	121 14	12 3
7	12218 12	4887 8	2443 12	1221 14	122 3	12 3 6
8	12250	4900	2450	1225	122 8	12 4
9	12281 4	4912 8	2456 4	1228 2	122 13	12 4 6
10	12312 8	4925	2462 8	1231 4	123 2	12 5
11	12343 12	4937 8	2468 12	1234 6	123 7	12 5 6
33 s	12375	4950	2475	1237 8	123 12	12 6
1	12406 4	4962 8	2481 4	1240 10	124 1	12 6 6
2	12437 8	4975	2487 8	1243 12	124 6	12 7
3	12468 12	4987 8	2493 12	1246 14	124 11	12 7 6
4	12500	5000	2500	1250	125	12 8
5	12531 4	5012 8	2506 4	1253 2	125 5	12 8 6
6	12562 8	5025	2512 8	1256 4	125 10	12 9
7	12593 12	5037 8	2518 12	1259 6	125 15	12 9 6
8	12625	5050	2525	1262 8	126 4	12 10
9	12656 4	5062 8	2531 4	1265 10	126 9	12 10 6
10	12687 8	5075	2537 8	1268 12	126 14	12 11
11	12718 12	5087 8	2543 12	1271 14	127 3	12 11 6
34 s	12750	5100	2550	1275	127 8	12 12

INSTRUCTION. L'ANGLETERRE donne pour HAMBOURG le *Certain* pour l'*Incertain* ; c'est-à-dire une livre sterlin pour un nombre indéterminé de sols de Gros.

La premiere colonne contient les differens prix du Change de Londres pour Hambourg ; les autres colonnes contiennent le nombre des livres sterlin tirées depuis 1000. jusqu'à une , & leur valeur à Hambourg en marcs , Sols & deniers lubs.

Regle conjointe. Si une livre sterlin vaut 31. s. 6. den. de Gros, si 1. sol de Gros vaut 6. s. lubs si 16. s. lubs valent 1. marc, combien 1000. l. sterlin ? Il faut multiplier les restans par 16. & par 12.

LES CHANGES
D'HAMBOURG pour LONDRES.
FAITS
à divers prix de Change.

Nombre de Marcs lubs tirez ſur Londres. — Valeur à Londres.

Prix du Change d'Hambourg pour Londres	1000			400			200			100			10			1		
à	L.	S.	D	L.	S.	D	L.	S.	D	L.	S.	D	L.	S.	D	L.	S.	D
32 ſols	83	6	8	33	6	8	16	13	4	8	6	8		16	8		1	8
1 d	83	2	4	33	4	11	16	12	5	8	6	2		16	7		1	7
2	82	18		33	3	2	16	11	6	8	5	9		16	6		1	7
3	82	13	8	33	1	5	16	10	8	8	5	4		16	6		1	7
4	82	9	5	32	19	9	16	9	10	8	4	11		16	5		1	7
5	82	5	2	32	18		16	9		8	4	6		16	5		1	7
6	82	1		32	16	4	16	8	2	8	4	1		16	4		1	7
7	81	16	9	32	14	8	16	7	4	8	3	8		16	4		1	7
8	81	12	7	32	13		16	6	6	8	3	3		16	3		1	7
9	81	8	5	32	11	4	16	5	8	8	2	10		16	3		1	7
10	81	4	4	32	9	8	16	4	10	8	2	5		16	2		1	7
11	81		3	32	8	1	16	4		8	2			16	2		1	7
33 ſols	80	16	1	32	6	5	16	3	2	8	1	7		16	1		1	7
1	80	12	1	32	4	10	16	2	5	8	1	2		16	1		1	7
2	80	8		32	3	2	16	1	7	8		9		16			1	7
3	80	4		32	1	7	16		9	8		4		16			1	7
4	80			32			16			8				16			1	7
5	79	16		31	18	4	15	19	2	7	19	7		15	11		1	7
6	79	12		31	16	9	15	18	4	7	19	2		15	11		1	7
7	79	8	1	31	15	2	15	17	7	7	18	9		15	10		1	7
8	79	4	1	31	13	7	15	16	9	7	18	4		15	10		1	7
9	79		2	31	12		15	16		7	18			15	9		1	6
10	78	16	4	31	10	6	15	15	3	7	17	7		15	9		1	6
11	78	12	5	31	8	11	15	14	5	7	17	2		15	8		1	6
34 ſols	78	8	7	31	7	5	15	13	8	7	16	10		15	8		1	6
1	78	4	9	31	5	10	15	12	11	7	16	5		15	7		1	6
2	78		11	31	4	4	15	12	2	7	16	1		15	7		1	6
3	77	17	2	31	2	10	15	11	5	7	15	8		15	6		1	6
4	77	13	4	31	1	4	15	10	8	7	15	4		15	6		1	6
5	77	9	7	30	19	10	15	9	11	7	14	11		15	5		1	6
6	77	5	10	30	18	4	15	9	2	7	14	7		15	5		1	6

INSTRUCTION. HAMBOURG donne pour LONDRES l'*Incertain* pour le *Certain* ; c'eſt-à-dire , un nombre indéterminé de ſols de Gros pour une livre ſterlin.

La premiere colonne contient les différens prix du Change entre Hambourg & Londres ; les autres colonnes contiennent le nombre des Marcs lubs tirez depuis 1000. juſqu'à un , & leur valeur à Londres en livres , ſols & deniers ſterlin.

Regle conjointe. Si un Marc lubs vaut 16. ſ. lubs , ſi 6. ſ. lubs ne valent qu'un ſ. de Gros , ſi 32. ſ. de Gros valent une livre ſterlin , combien 1000. marcs lubs ? Il faut multiplier les reſtans par 20. & par 12.

LES CHANGES
de MADRID, BILBOA & VENISE pour la HOLLANDE
FAITS
à divers prix de Change.

PRIX du Change de Madrid, &c pour Amsterdam.	Nombre de Ducats.					
	1000	400	200	100	10	1
	Valeur en Hollande.					
à	Fl. S. P	Fl. S. P	Pl. S. P	Fl. S. P	Fl. S. P	Fl. S. P
83 deniers	2075	830	415	207 10	20 15	2 1 8
1 huit.	2078 2 8	831 5	415 12 8	207 16 4	20 15 10	2 1 9
1 quart	2081 5	832 10	416 5	208 2 8	20 16 4	2 1 10
3 huit.	2084 7 8	833 15	416 17 8	208 8 12	20 16 14	2 1 11
Demy	2087 10	835	417 10	208 15	20 17 8	2 1 12
5 huit.	2090 12 8	836 5	418 2 8	209 1 4	20 18 2	2 1 13
3 quarts	2093 15	837 10	418 15	209 7 8	20 18 12	2 1 14
7 huit.	2096 17 8	838 15	419 7 8	209 13 12	20 19 6	2 1 15
84 deniers	2100	840	420	210	21	2 2
1 huit.	2103 2 8	841 5	420 12 8	210 6 4	21 10	2 2 1
1 quart	2106 5	842 10	421 5	210 12 8	21 1 4	2 2 2
3 huit.	2109 7 8	843 15	421 17 8	210 18 12	21 1 14	2 2 3
Demy	2112 10	845	422 10	211 5	21 2 8	2 2 4
5 huit.	2115 12 8	846 5	423 2 8	211 11 4	21 3 2	2 2 5
3 quarts	2118 15	847 10	423 15	211 17 8	21 3 12	2 2 6
7 huit.	2121 17 8	848 15	424 7 8	212 3 12	21 4 6	2 2 7
85 deniers	2125	850	425	212 10	21 5	2 2 8
1 huit.	2128 2 8	851 5	425 12 8	212 16 4	21 5 10	2 2 9
1 quart	2131 5	852 10	426 5	213 2 8	21 6 4	2 2 10
3 huit	2134 7 8	853 15	426 17 8	213 8 12	21 6 14	2 2 11
Demy	2137 10	855	427 10	213 15	21 7 8	2 2 12
5 huit.	2140 12 8	856 5	428 2 8	214 1 4	21 8 2	2 2 13
3 quarts	2143 15	857 10	428 15	214 7 8	21 8 12	2 2 14
7 huit.	2146 17 8	858 15	429 7 8	214 13 12	21 9 6	2 2 15
86 deniers	2150	860	430	215	21 10	2 3
1 huit.	2153 2 8	861 5	430 12 8	215 6 4	21 10 10	2 3 1
1 quart.	2156 5	862 10	431 5	215 12 8	21 11 4	2 3 2
3 huit.	2159 7 8	863 15	431 17 8	215 18 12	21 11 14	2 3 3
Demy.	2162 10	865	432 10	216 5	21 12 8	2 3 4

INSTRUCTION. MADRID, BILBOA, & VENISE donnent pour la Hollande le *Certain* pour l'*Incertain*; c'est-à-dire, un Ducat pour un nombre indeterminé de deniers de Gros.

La premiere colonne contient les differens prix du Change de Madrid pour Amsterdam; es autres colonnes contiennent le nombre des Ducats tirez depuis 1000. jusqu'à 1. & leur valeur en Hollande en Florins, Sols & Pennings.

Regle. Multipliez les Ducats tirez par le prix du Change, divisez le produit par 40. den. valeur du Florin; les restans doivent être multipliez par 20. & par 16.

Les Changes de la HOLLANDE pour MADRID & BILBOA FAITS à divers prix de Change.

Prix du Change d'Amsterdam pour Madrid & Bilboa. à	Nombre de Florins.										
	1000		400		200		100		10		1
	Valeur à Madrid & Bilboa.										
	Duc.	Mar.	Duc.	Mar.	Duc.	Mar.	Duc.	Mar.	Duc.	Mar.	Maravadis.
82 den. Demy	484	318	193	352	96	363	48	181	4	318	181
5 huit.	484	43	193	242	96	308	48	154	4	315	181
3 quarts	483	143	193	132	96	253	48	126	4	312	181
7 huit.	482	245	193	23	96	199	48	99	4	309	181
83 den.	481	347	192	288	96	144	48	72	4	307	181
1 huit.	481	76	192	180	96	90	48	45	4	304	181
1 quart.	480	180	192	72	96	36	48	18	4	301	181
3 huit.	479	285	191	339	95	357	47	366	4	299	179
Demy	479	15	191	231	95	303	47	339	4	296	179
5 huit.	478	122	191	123	95	249	47	312	4	293	179
3 quarts	477	229	191	16	95	195	47	285	4	291	179
7 huit.	476	337	190	284	95	142	47	258	4	288	178
84 den.	476	71	190	178	95	89	47	232	4	285	178
1 huit.	475	89	190	35	95	17	47	196	4	282	178
1 quart	474	291	189	341	94	358	47	179	4	280	178
3 huit.	474	27	189	235	94	305	47	152	4	277	177
Demy	473	139	189	130	94	252	47	126	4	275	177
5 huit.	472	252	189	25	94	200	47	100	4	272	177
3 quarts	471	366	188	296	94	148	47	74	4	269	176
7 huit.	471	105	188	192	94	96	47	48	4	267	176

INSTRUCTION. La Hollande donne pour Madrid & Bilboa l'*Incertain* pour le *Certain* ; c'est-à-dire , un nombre indéterminé de deniers de Gros pour un Ducat. La premiere colonne contient les differens prix du Change d'Amsterdam pour Madrid & Bilboa ; Les autres colonnes contiennent le nombre des Florins tirez depuis 1000. jusqu'à un, & leur valeur à Madrid en Ducats & Maravadix. *Regle conjointe.* Si un Florin vaut 40. d. de gros , si 82. d. & demi de gros valent un Ducat, combien 1000. florins. Multipliez les restans par 375.

LES CHANGES
de CADIX & SEVILLE pour la HOLLANDE
FAITS
à divers prix de Change.

PRIX du Change de Cadix, &c pour Amſterdam	Nombre de Ducats.					
	1000	400	200	100	10	1
	Valeur en Hollande.					
à	Fl. S. P	Fl. S. P	Fl. S. P	Fl. S. P	Fl. S. P	Fl. S. P
194 deniers	2600	1040	520	260	26	2 12
1 huit.	2603 2 8	1041 5	520 12 8	260 6 4	26 10	2 12 1
1 quart	2606 5	1042 10	521 5	260 12 8	26 1 4	2 12 2
3 huit.	2609 7 8	1043 15	521 17 8	260 18 12	26 1 14	2 12 3
Demy	2611 10	1045	522 10	261 5	26 2 8	2 12 4
5 huit.	2615 12 8	1046 5	523 2 8	261 11 4	26 3 2	2 12 5
3 quarts	2618 15	1047 10	523 15	261 17 8	26 3 12	2 12 6
7 huit.	2621 17 8	1048 15	524 7 8	262 3 12	26 4 6	2 12 7
105 deniers	2625	1050	525	262 10	26 5	2 12 8
1 huit.	2628 2 8	1051 5	525 12 8	262 16 4	26 5 10	2 12 9
1 quart	2631 5	1052 10	526 5	263 2 8	26 6 4	2 12 10
3 huit.	2634 7 8	1053 15	526 17 8	263 8 12	26 6 14	2 12 11
Demy	2637 10	1055	527 10	263 15	26 7 8	2 12 12
5 huit.	2640 12 8	1056 5	528 2 8	264 1 4	26 8 2	2 12 13
3 quarts	2643 15	1057 10	528 15	264 7 8	26 8 12	2 12 14
7 huit.	2646 17 8	1058 15	529 7 8	264 13 12	26 9 6	2 12 15
106 deniers	2650	1060	530	265	26 10	2 13
1 huit.	2653 2 8	1061 5	530 12 8	265 6 4	26 10 10	2 13 1
1 quart	2656 5	1062 10	531 5	265 12 8	26 11 4	2 13 2
3 huit	2659 7 8	1063 15	531 17 8	265 18 12	26 11 14	2 13 3
Demy	2662 10	1065	532 10	266 5	26 12 8	2 13 4
5 huit,	2665 12 8	1066 5	533 2 8	266 11 4	26 13 2	2 13 5
3 quarts	2668 15	1067 10	533 15	266 17 8	26 13 12	2 13 6
7 huit.	2671 17 8	1068 15	534 7 8	267 3 12	26 14 6	2 13 7
107 deniers	2675	1070	535	267 10	26 15	2 13 8
1 huit.	2678 2 8	1071 5	535 12 8	267 16 4	26 15 10	2 13 9
1 quart.	2681 5	1072 10	536 5	268 2 8	26 16 4	2 13 10
3 huit.	2684 7 8	1073 15	536 17 8	268 8 12	26 16 14	2 13 11
Demy.	2687 10	1075	537 10	268 15	26 17 8	2 13 12

INSTRUCTION. CADIX & SEVILLE donnent pour la Hollande le *Certain* pour l'*Incertain* ; c'eſt-à-dire, un Ducat pour un nombre indéterminé de deniers de Gros.

La premiere colonne contient les differens prix du Change de Cadix pour Amſterdam ; les autres colonnes contiennent le nombre des Ducats tirez depuis 1000 juſqu'à 1. & leur valeur en Hollande en Florins, Sols & Pennings.

Regle. Multipliez les Ducats tirez par le prix du Change, diviſez le produit par 40. den. valeur du Florin; les reſtans doivent être multipliez par 20. & par 16.

Les Changes de la HOLLANDE pour CADIX & SEVILLE FAITS à divers prix de Change.

Prix du Change d'Amsterdam pour Cadix & Seville.	Nombre de Florins.										
	1000		400		200		100		10		1
à	Valeur à Cadix & Seville.										
	Du.	Ma.	Du.	Ma.	Du.	Ma.	Du.	Ma.	Du.	Ma.	Maravadis.
103 den.	388	131	155	127	77	251	38	313	3	331	145
1 huit.	387	329	155	56	77	215	38	295	3	329	145
1 quarr	387	153	154	361	77	180	38	277	3	327	145
3 huit.	386	352	154	290	77	145	38	260	3	326	145
Demy	386	177	154	220	77	110	38	242	3	324	144
5 huit.	386	2	154	150	77	75	38	225	3	322	144
3 quarts	385	203	154	81	77	40	38	207	3	320	144
7 huit.	385	29	154	11	77	5	38	199	3	312	144
104 den.	384	230	153	317	76	346	38	173	3	317	144
1 huit.	384	57	153	247	76	311	38	155	3	315	144
1 quart	383	259	153	178	76	276	38	138	3	313	143
3 huit.	383	87	153	109	76	242	38	121	3	312	143
Demy	382	290	153	41	76	208	38	104	3	310	143
5 huit.	382	119	152	347	76	173	38	86	3	308	143
3 quarrs	381	323	152	279	76	139	38	69	3	306	143
7 huit.	381	152	152	210	76	105	38	52	3	305	143
105 den.	380	357	152	142	76	71	38	35	3	303	142
1 huit.	380	187	152	74	76	37	38	18	3	301	142
1 quart	380	17	152	6	76	3	38	1	3	300	142
3 huit.	379	223	151	314	75	344	37	359	3	298	142
Demy.	379	55	151	247	75	311	37	343	3	296	142

INSTRUCTION. LA HOLLANDE donne pour CADIX & SEVILLE l'*Incertain* pour le *Certain*; c'est-à-dire, un nombre indéterminé de deniers de Gros pour un Ducat. La premiere colonne contient les differens prix de Change d'Amsterdam pour Cadix & Seville ; Les autres colonnes contiennent le nombre des florins, tirez depuis 1000. jusqu'à un , & leur valeur à Cadix & Seville en Ducats & Maravadix. *Regle* conjointe. Si un florin vaut 40. deniers de Gros, si 103. den. de gros valent un Ducat, combien 1000. florins. Il faut multiplier les restans par 375. Maravadix.

LES CHANGES

de LISBONNE & PORT A PORT pour la HOLLANDE

FAITS

à divers prix de Change.

PRIX du Change de Lisbonne pour Amsterdam.	Nombre de Cruſades.																	
	1000			400			200			100			10			1		
Valeur en Hollande.																		
à	Fl.	S.	D	Fl.	S.	D	Fl.	S.	D	Fl.	S.	D	Fl.	S.	D	Fl.	S.	D
45 deniers	1125			450			225			112	10		11	5		1	2	8
1 huit.	1128	2	8	451	5		225	12	8	112	16	4	11	5	10	1	2	9
1 quart	1131	5		452	10		226	5		113	2	8	11	6	4	1	2	10
3 huit.	1134	7	8	453	15		226	17	8	113	8	12	11	6	14	1	2	11
Demy	1137	10		455			227	10		113	15		11	7	8	1	2	12
5 huit.	1140	12	8	456	5		228	2	8	114	1	4	11	8	2	1	2	13
3 quarts	1143	15		457	10		228	15		114	7	8	11	8	12	1	2	14
7 huit.	1146	17	8	458	15		229	7	8	114	13	12	11	9	6	1	2	15
46 den.	1150			460			230			115			11	10		1	3	
1 huit.	1153	2	8	461	5		230	12	8	115	6	4	11	10	10	1	3	1
1 quart	1156	5		462	10		231	5		115	12	8	11	11	4	1	3	2
3 huit.	1159	7	8	463	15		231	17	8	115	18	12	11	11	14	1	3	3
Demy	1162	10		465			232	10		116	5		11	12	8	1	3	4
5 huit.	1165	12	8	466	5		233	2	8	116	11	4	11	13	2	1	3	5
3 quarts	1168	15		467	10		233	15		116	17	8	11	13	12	1	3	6
7 huit.	1171	17	8	468	15		234	7	8	117	3	12	11	14	6	1	3	7
47 den.	1175			470			235			117	10		11	15		1	3	8
1 huit.	1178	5	8	471	5		235	12	8	117	16	4	11	15	10	1	3	9
1 quart	1181	5		472	10		236	5		118	2	8	11	16	4	1	3	10
3 huit.	1184	7	8	473	15		236	17	8	118	8	12	11	16	14	1	3	11
Demy	1187	10		475			237	10		118	15		11	17	8	1	3	12
5 huit.	1190	12	8	476	5		238	2	8	119	1	4	11	18	2	1	3	13
3 quarts	1193	15		477	10		238	15		119	7	8	11	18	12	1	3	14
7 huit.	1196	17	8	478	15		239	7	8	119	13	12	11	19	6	1	3	15
48 den.	1200			480			240			120			12			1	4	

INSTRUCTION. Lisbonne & Port a Port donnent pour la Hollande le *Certain* pour l'*Incertain*; c'eſt-à-dire une Cruſade pour un nombre indéterminé de deniers de Gros.

La premiere colonne contient les differens prix du Change de Lisbonne pour Amſterdam; les autres colonnes contiennent le nombre des Cruſades, tirées depuis 1000. juſqu'à une & leur valeur en Hollande en Florins, ſols, & pennings.

Regle. Multipliez les Cruſades tirées par le prix du Change; diviſez le produit par 40. d, valeur du Florin, les reſtans doivent être multipliez par 20. & par 16.

Les Changes de la HOLLANDE pour LISBONNE & Port à Port faits à divers prix de change.

Prix du change d'Amsterdam pour LISBONNE.	Nombre de Florins.										
	1000.		400		200		100		10		1.
à	Valeur à LISBONNE & Port à Port.										
	CRUS.	RAIX.	CRUS.	RAIX.	CRUS.	RAIX.	CRUS.	RAIX.	CRUS.	RAIX.	RAIX.
43 deniers demi	919	216..	367	326..	183	363..	91	381..	9	78..	367
5 huit	916	362..	366	304..	183	152..	91	276..	9	67..	366
3 quarts	914	114..	365	285..	182	342..	91	171..	9	57..	365
7 huit	911	272..	364	368..	182	134..	91	67..	9	46..	364
44 deniers	909	36..	363	254..	181	327..	90	363..	9	36..	363
1 huit	906	206..	362	242..	181	121..	90	260..	9	26..	362
1 quart	903	381..	361	232..	180	316..	90	158..	9	15..	361
3 huit	901	163..	360	225..	180	112..	90	56..	9	5..	360
demi	898	350..	359	220..	179	310..	89	355..	8	395..	359
5 huit	896	143..	358	217..	179	108..	89	254..	8	385..	358
3 q. arts	893	341..	357	216..	178	308..	89	154..	8	375..	357
7 huit	891	145..	356	218..	178	109..	89	54..	8	365..	356
45 deniers	888	355..	355	222..	177	311..	88	355..	8	355..	355
1 huit	886	170..	354	228..	177	114..	88	257..	8	345..	354
1 quart	883	391..	353	236..	176	318..	88	159..	8	335..	353
3 huit	881	217..	352	246..	176	123..	88	61..	8	326..	352
demi	879	48..	351	259..	175	329..	87	364..	8	316..	351
5 huit	876	284..	350	273..	175	136..	87	268..	8	306..	350
3 quarts	874	126..	349	290..	174	345..	87	172..	8	297..	349
7 huit	871	373..	348	309..	174	154..	87	77..	8	287..	348
46 deniers	869	226..	347	330..	173	365..	86	382..	8	278..	347

Instruction. La Hollande donne pour LISBONNE & Port à Port l'incertain pour le certain, c'est à-dire, un nombre indéterminé de deniers de Gros pour une Crusade. La premiere colonne contient les differens prix du change d'Amsterdam pour Lisbonne & Port à Port ; les autres colonnes contiennent le nombre des Florins tirez depuis 1000. jusqu'à 1. & leur valeur à Lisbonne & Port à Port en Crusades & en Raix. *Regle conioiste.* Si 1. Flor. vaut 40. den. de Gros, si 43. den. ½ de Gros valent une Crusade, combien 1000. Florins ; les restans par 400. Raix.

LES CHANGES

De LIVORNE pour la HOLLANDE faits

à divers prix de change.

Prix du change de LIVORNE pour Amsterdam	1000.			400.			200.			100.			10.			1.		
(Nombre de Piastres — Valeur en HOLLANDE)	F.	S.	P.	F.	S.	P.	F.	S.	P.	F.	S.	P.	F.	S.	P.	F.	S.	P.
à																		
87 deniers	2175		·	870		·	435		·	217	10	·	21	15	·	2	3	8
1 huit	2178	2	8·	871	5	·	435	12	8·	217	16	4·	21	15	10·	2	3	9
1 quart	2181	5	·	872	10	·	436	5	·	218	2	8·	21	16	4·	2	3	10
3 huit	2184	7	8·	873	15	·	436	17	8·	218	8	12·	21	16	14·	2	3	11
demi	2187	10	·	875		·	437	10	·	218	15	·	21	17	8·	2	3	12
5 huit	2190	12	8·	876	5	·	438	2	8·	219	1	4·	21	18	2·	2	3	13
3 quarts	2193	15	·	877	10	·	438	15	·	219	7	8·	21	18	12·	2	3	14
7 huit	2196	17	8·	878	15	·	439	7	8·	219	13	12·	21	19	6·	2	3	15
88 deniers	2100		·	880		·	440		·	220		·	22		·	2	4	
1 huit	2203	2	8·	881	5	·	440	12	8·	220	6	4·	22		10·	2	4	1
1 quart	2206	5	·	882	10	·	441	5	·	220	12	8·	22	1	4·	2	4	2
3 huit	2209	7	8·	883	15	·	441	17	8·	220	18	12·	22	1	14·	2	4	3
demi	2212	10	·	885		·	442	10	·	221	5	·	22	2	8·	2	4	4
5 huit	2215	12	8·	886	5	·	443	2	8·	221	11	4·	22	3	2·	2	4	5
3 quarts	2218	15	·	887	10	·	443	15	·	221	17	8·	22	3	12·	2	4	6
7 huit	1221	17	8·	888	15	·	444	7	8·	112	3	12·	22	4	6·	2	4	7
89 deniers	2225		·	890		·	445		·	222	10	·	22	5	·	2	4	8
1 huit	2228	2	8·	891	5	·	445	12	8·	222	16	4·	22	5	10·	2	4	9
1 quart	2231	5	·	892	10	·	446	5	·	223	2	8·	22	6	4·	2	4	10
3 huit	2234	7	8·	893	15	·	446	17	8·	223	8	12·	22	6	14·	2	4	11
demi	2237	10	·	895		·	447	10	·	223	15	·	22	7	8·	2	4	12
5 huit	2240	12	8·	896	5	·	448	2	8·	214	1	4·	22	8	2·	2	4	13
3 quarts	2243	15	·	897	10	·	448	15	·	224	7	8·	22	8	12·	2	4	14
7 huit	2246	17	8·	898	15	·	449	7	8·	224	13	12·	22	9	6·	2	4	15
90 deniers	2250		·	900		·	450		·	225		·	22	10	·	2	5	

Instruction. L I V O R N E donne pour la Hollande le certain pour l'incertain, c'est-à-dire, une Piastre de 6. liv. pour un nombre indéterminé de
deniers de Gros.

La premiere colonne contient les differens prix du change de Livorne
pour Amsterdam ; les autres colonnes contiennent le nombre des Piastres
tirez depuis 1000. jusqu'à 1. & leur valeur en Hollande en Florins, sols
& pennings.

Regle. Multipliez les Piastres par le prix du change, & divisez le produit
par 40. on multipliera les restans par 20. & par 16.

Les Changes de la HOLLANDE pour LIVORNE, faits à divers prix de change.

Valeur à LIVORNE.

Prix du change d'Amsterdam pour LIVORNE.	1000.				400.				200.				100.				10.				1.		
à	P.	L.	S.	D.	P.	L.	S.	D.	P.	L.	S.	D.	P.	L.	S.	D.	P.	L.	S.	D.	L.	S.	D.
86. deniers	465	0	13	11.	186	0	5	6.	93	0	2	9.	46	3	1	4.	4	3	18	1.	2	15	9
1 huit	464	2	12	11.	185	4	13	2.	92	5	6	7.	46	2	13	3.	4	3	17	3.	2	15	8
1 quart	463	4	12	2.	185	3	0	10.	92	4	10	5.	46	2	5	2.	4	3	16	6.	2	15	7
3 huit	463	0	11	7.	185	1	8	6.	92	3	14	3.	46	1	17	1.	4	3	15	8.	2	15	6
demi	462	2	11	3.	184	5	16	6.	92	2	18	3.	46	1	9	1.	4	3	14	10.	2	15	5
5 huit	461	4	11	3.	184	4	4	5.	92	2	2	2.	46	1	1	1.	4	3	12	1.	2	15	4
3 quarts	461	0	11	4.	184	2	12	6.	92	1	6	3.	46	0	13	1.	4	3	13	3.	2	15	3
7 huit	460	2	11	9.	184	1	0	8.	92	0	10	4.	46	0	5	2.	4	3	12	6.	2	15	3
87 deniers	459	4	12	4.	183	5	8	11.	91	5	14	5.	45	5	17	2.	4	3	11	8.	2	15	2
1 huit	459	0	13	3.	183	3	17	3.	91	4	18	7.	45	5	9	3.	4	3	10	11.	2	15	1
1 quart	458	2	14	3.	183	2	5	8.	91	4	2	10.	45	5	1	5.	4	3	10	1.	2	15	
3 huit	457	4	15	7.	183	0	14	2.	91	3	7	1.	45	4	13	6.	4	3	9	4.	2	14	11
demi	457	0	17	1.	182	5	2	10.	91	2	11	5.	45	4	5	8.	4	3	8	6.	2	14	10
5 huit	456	2	18	10.	182	3	11	6.	91	1	15	9.	45	3	17	10.	4	3	7	9.	2	14	9
3 quarts	455	5	0	10.	182	2	0	4.	91	1	0	2.	45	3	10	1.	4	3	7	.	2	14	8
7 huit	455	1	3	0.	182	0	9	2.	91	0	4	7.	45	3	2	3.	4	3	6	2.	2	14	7
88 deniers	454	3	5	5.	181	4	18	2.	90	5	9	1.	45	2	14	6.	4	3	5	5.	2	14	6
1 huit	453	5	8	1.	181	3	7	2.	90	4	13	7.	45	2	6	9.	4	3	4	8.	2	14	5
1 quart	453	1	10	11.	181	1	16	4.	90	3	18	2.	45	1	19	1.	4	3	3	10.	2	14	4
3 huit	452	3	14	.	181	0	5	7.	90	3	2	9.	45	1	11	4.	4	3	3	1.	2	14	3
demi	451	5	17	3.	180	4	4	8.	90	2	7	5.	45	1	3	8.	4	3	2	4.	2	14	2

Inſtruction. La Hollande donne pour LIVORNE l'incertain pour le certain, c'eſt-à-dire, un nombre indéterminé de deniers de Gros pour une Piaſtre de 6. liv. La premiere colonne contient les differens prix du change d'Amſterdam pour Livorne, les autres colonnes contiennent le nombre des Florins tirez depuis 1000. juſqu'à 1. & leur valeur à Livorne en Piaſtres, livres, ſols & den. *Regle conjointe.* Si un Florin vaut 40. den. de Gros, ſi 86. den. de Gros valent une Piaſtre, combien 1000. Fl. il faut multiplier les premiers reſtans par 6. les ſeconds par 20. & les troiſiémes par 12.

LES CHANGES

De GENES pour la HOLLANDE faits à divers prix de change.

Prix du change de GENES pour Amsterdam	Nombre de Piaſtres.																	
	1000.			400.			200.			100.			10.			1.		
à	Valeur en HOLLANDE.																	
	F.	S.	P.	F.	S.	P.	F.	S.	P.	F.	S.	P.	F.	S.	P.	F.	S.	P.
88 deniers	2200		.	880		.	440		.	220		.	22		.	2	4	.
1 huit	2203	2	8.	881	5	.	440	12	8.	220	6	4.	22		10.	2	4	1
1 quart	2206	5	.	882	10	.	441	5	.	220	12	8.	22	1	4.	2	4	2
3 huit	2209	7	8.	883	15	.	441	17	8.	220	18	12.	22	1	14.	2	4	3
demi	2212	10	.	885		.	442	10	.	221	5	.	22	2	8.	2	4	4
5 huit	2215	12	8.	886	5	.	443	2	8.	221	11	4.	22	3	2.	2	4	5
3 quarts	2218	15	.	887	10	.	443	15	.	221	17	8.	22	3	12.	2	4	6
7 huit	2221	17	8.	888	15	.	444	7	8.	222	3	12.	22	4	6.	2	4	7
89 deniers	2225		.	890		.	445		.	222	10	.	22	5	.	2	4	8
1 huit	2228	2	8.	891	5	.	445	12	8.	222	16	4.	22	5	10.	2	4	9
1 quart	2231	5	.	892	10	.	446	5	.	223	2	8.	22	6	4.	2	4	10
3 huit	2234	7	8.	893	15	.	446	17	8.	223	8	12.	22	6	14.	2	4	11
demi	2237	10	.	895		.	447	10	.	223	15	.	22	7	8.	2	4	12
5 huit	2240	12	8.	896	5	.	448	2	8.	224	1	4.	22	8	2.	2	4	13
3 quarts	2243	15	.	897	10	.	448	15	.	224	7	8.	22	8	12.	2	4	14
7 huit	2246	17	8.	898	15	.	449	7	8.	224	13	12.	22	9	6.	2	4	15
90 deniers	2250		.	900		.	450		.	225		.	22	10	.	2	5	.
1 huit	2253	2	8.	901	5	.	450	12	8.	225	6	4.	22	10	10.	2	5	1
1 quart	2256	5	.	902	10	.	451	5	.	225	12	8.	22	11	4.	2	5	2
3 huit	2259	7	8.	903	15	.	451	17	8.	225	18	12.	22	11	14.	2	5	3
demi	2262	10	.	905		.	452	10	.	226	5	.	22	12	8.	2	5	4
5 huit	2265	12	8.	906	5	.	453	2	8.	226	11	4.	22	13	2.	2	5	5
3 quarts	2268	15	.	907	10	.	453	15	.	226	17	8.	22	13	12.	2	5	6
7 huit	2271	17	8.	908	15	.	454	7	8.	227	3	12.	22	14	6.	2	5	7
91 deniers	2275		.	910		.	455		.	227	10	.	22	15	.	2	5	8

Inſtruction. GENES donne pour la Hollande le certain pour l'incertain, c'eſt-à-dire, une Piaſtre de 5. livres pour un nombre indéterminé de deniers de Gros.

La premiere colonne contient les differens prix du change de Genes pour Amſterdam ; les autres colonnes contiennent le nombre des Piaſtres tirées, & leur valeur en Hollande en Florins, ſols & pennings.

Regle. Multipliez les Piaſtres par le prix du change, & diviſez le produit par 40. on multipliera les reſtans par 20. & par 16.

Les Changes de la HOLLANDE pour GENES faits à divers prix de change.

Prix du change d'Amsterdam pour GENES.	Nombre de Florins.																						
	1000.				400				200.				100.				10.				1.		
à	Valeur à GENES.																						
	P.	L.	S.	D	P.	L.	S.	D.	P.	L.	S.	D.	P.	L.	S.	D.	P.	L.	S.	D.	L.	S.	D.
86 deniers demi	462	2	2	9.	184	4	17	1.	92	2	8	6.	46	1	4	3.	4	3	2	5.	2	6	2
5 huit	461	3	16	.	184	3	10	4.	92	1	15	2.	46	0	17	7.	4	3	1	9.	2	6	2
3 quarts	461	0	9	6.	184	2	3	9.	92	1	1	10.	46	0	10	11.	4	3	1	1.	2	6	1
7 huit	460	2	3	1.	184	0	17	2.	92	0	8	7.	46	0	4	3.	4	3	0	5.	2	6	
87 deniers	459	3	17	.	183	4	10	9.	91	4	15	4.	45	4	17	8.	4	2	19	9.	2	5	11
1 huit	459	0	11	.	183	3	4	4.	91	4	2	2.	45	4	11	1.	4	2	19	1.	2	5	10
1 quart	458	2	5	3.	183	1	18	1.	91	3	9	.	45	4	4	6.	4	2	18	5.	2	5	10
3 huit	457	3	19	8.	183	0	11	10.	91	2	15	11.	45	3	17	11.	4	2	17	9.	2	5	9
demi	457	0	14	3.	182	4	5	8.	91	2	2	10.	45	3	11	5.	4	2	17	1.	2	5	8
5 huit	456	2	9	.	182	2	19	7.	91	1	9	9.	45	3	4	10.	4	2	16	5.	2	5	7
3 quarts	455	4	4	.	182	1	13	7.	91	0	16	9.	45	2	18	4.	4	2	15	10.	2	5	7
7 huit	455	0	19	2.	182	0	7	8.	91	0	3	10.	45	2	11	11.	4	2	15	2.	2	5	6
88 deniers	454	2	14	6.	181	4	1	9.	90	4	10	10.	45	2	5	5.	4	2	14	6.	2	5	5
1 huit	453	4	10	.	181	2	16	.	90	3	18	.	45	1	19	.	4	2	13	10.	2	5	4
1 quart	453	1	5	9.	181	1	10	3.	90	3	5	1.	45	1	12	6.	4	2	13	3.	2	5	3
3 huit	452	3	1	8.	181	0	4	8.	90	2	12	4.	45	1	6	2.	4	2	12	7.	2	5	3
demi	451	4	17	8.	180	3	19	.	90	1	19	6.	45	0	19	9.	4	2	11	11.	2	5	2
5 huit	451	1	13	11.	180	2	13	6.	90	1	6	9.	45	0	13	4.	4	2	11	4.	2	5	1
3 quarts	450	3	10	5.	180	1	8	2.	90	0	14	1.	45	0	7	.	4	2	10	8.	2	5	
7 huit	450	0	7	.	180	0	2	9.	90	0	1	4.	45	0	0	8.	4	2	10	.	2	5	
89 deniers	449	2	3	9.	179	3	17	6.	89	4	8	9.	44	4	14	4.	4	2	9	5.	2	4	11

Instruction. La Hollande donne pour GENES l'incertain pour le certain, c'est-à-dire, un nombre indéterminé de deniers de Gros pour une Piaftre de 5. livres. La premiere colonne contient les differens prix du change d'Amsterdam pour Genes ; les autres colonnes contiennent le nombre des Florins tirez depuis 1000. jusqu'à 1. & leur valeur à Genes en Piaftres, livres, fols & deniers. *Regle conoirte.* Si 1. Florin vaut 40. den. de Gros, fi 86. den. ½ valent une Piaftre, combien 1000. Flor. ; il faut multiplier les premiers reftans par 5. livres, les feconds par 20 & les troifiémes par 12.

Rr

LES CHANGES

De GENEVE pour la HOLLANDE faits

à divers prix de change.

Prix du change de GENEVE pour Amsterdam	Nombre d'Ecus courans.																	
	1000.			400.			200.			100.			10.			1.		
à	F.	S.	P.	F.	S.	P.	F.	S.	P.	F.	S.	P.	F.	S.	P.	F.	S.	P.
91 deniers	2275		.	910		.	455		.	227	10	.	22	15	.	2	5	8
1 huit	2278	2	8.	911	5	.	455	12	8.	227	16	4.	22	15	10.	2	5	9
1 quart	2281	5	.	912	10	.	456	5	.	228	2	8.	22	16	4.	2	5	10
3 huit	2284	7	8.	913	15	.	456	17	8.	228	8	12.	22	16	14.	2	5	11
demi	2287	10	.	915		.	457	10	.	228	15	.	22	17	8.	2	5	12
5 huit	2290	12	8.	916	5	.	458	2	8.	229	1	4.	22	18	2.	2	5	13
3 quarts	2293	15	.	917	10	.	458	15	.	229	7	8.	22	18	12.	2	5	14
7 huit	2296	17	8.	918	15	.	459	7	8.	229	13	12.	22	19	6.	2	5	15
92 deniers	2300		.	920		.	460		.	230		.	23		.	2	6	
1 huit	2303	2	8.	921	5	.	460	12	8.	230	6	4.	23		10.	2	6	1
1 quart	2306	5	.	922	10	.	461	5	.	230	12	8.	23	1	4.	2	6	2
3 huit	2309	7	8.	923	15	.	461	17	8.	230	18	12.	23	1	14.	2	6	3
demi	2312	10	.	925		.	462	10	.	231	5	.	23	2	8.	2	6	4
5 huit	2315	12	8.	926	5	.	463	2	8.	231	11	4.	23	3	2.	2	6	5
3 quarts	2318	15	.	927	10	.	463	15	.	231	17	8.	23	3	12.	2	6	6
7 huit	2321	17	8.	928	15	.	464	7	8.	232	3	12.	23	4	6.	2	6	7
93 deniers	2325		.	930		.	465		.	232	10	.	23	5	.	2	6	8
1 huit	2328	2	8.	931	5	.	465	12	8.	232	16	4.	23	5	10.	2	6	9
1 quart	2331	5	.	932	10	.	466	5	.	233	2	8.	23	6	4.	2	6	10
3 huit	2334	7	8.	933	15	.	466	17	8.	233	8	12.	23	6	14.	2	6	11
demi	2337	10	.	935		.	467	10	.	233	15	.	23	7	8.	2	6	12
5 huit	2340	12	8.	936	5	.	468	2	8.	234	1	4.	23	8	2.	2	6	13
3 quarts	2343	15	.	937	10	.	468	15	.	234	7	8.	23	8	12.	2	6	14
7 huit	2346	17	8.	938	15	.	469	7	8.	234	7	12.	23	9	6.	2	6	15
94 deniers	2350		.	940		.	470		.	235		.	23	10	.	2	7	

Inſtruction. GENEVE donne pour la Hollande l'incertain pour le certain, c'eſt - à - dire, un Ecu courant pour un nombre indéterminé de deniers de Gros.

La premiere colonne contient les differens prix du change de Geneve pour Amſterdam ; les autres colonnes contiennent le nombre des Ecus tirez depuis 1000. juſqu'à 1. & leur valeur en Hollande en Florins, ſols & pennings.

Regle. Multipliez les Ecus par le prix du change, & diviſez le produit par 40. on multipliera les reſtans par 20. & par 16.

Les Changes de la HOLLANDE pour GENEVE faits à divers prix de change.

à (Prix du change d'Amſterdam pour GENEVE.)	1000			400			200			100			10			1	
Nombre de Florins. — Valeur à GENEVE.	ECUS	S.	D.	E.	S.	D.	E.	S.	D.	E.	S.	D.	E.	S.	S.	S.	D.
89. deniers	449	26	4.	179	46	6.	89	53	3.	44	56	8.	4	29	8.	27	
1 huit	448	48	6.	179	31	5.	89	45	8.	44	52	10.	4	29	3.	26	11
1 quart	448	10	9.	179	16	4.	89	38	2.	44	49	1.	4	28	11.	26	11
3 huit	447	33	2.	179	1	3.	89	30	7.	44	45	4.	4	28	6.	26	10
demi	446	55	8.	178	46	3.	89	23	2.	44	41	7.	4	28	2.	26	10
5 huit	446	18	3.	178	31	4.	89	15	8.	44	37	10.	4	27	9.	26	9
3 quarts	445	40	11.	178	16	5.	89	8	2.	44	34	1.	4	27	5.	26	9
7 huit	445	3	9.	178	1	6.	89		9.	44	30	5.	4	27	.	26	8
90 deniers	444	26	8.	177	46	8.	88	53	4.	44	26	8.	4	26	8.	26	8
1 huit	443	49	8.	177	31	10.	88	45	11.	44	23	.	4	26	4.	26	8
1 quart	443	12	10.	177	17	1.	88	38	7.	44	19	3.	4	25	11.	26	7
3 huit	442	36	.	177	2	5.	88	31	2.	44	15	7.	4	25	7.	26	7
demi	441	59	4.	176	47	9.	88	23	10.	44	11	11.	4	25	2.	26	6
5 huit	441	22	9.	176	33	1.	88	16	7.	44	8	3.	4	24	10.	26	6
3 quarts	440	46	3.	176	18	6.	88	9	3.	44	4	8.	4	24	5.	26	5
7 huit	440	9	11.	176	4	.	88	2	.	44	1	.	4	24	1.	26	5
91 deniers	439	33	8.	175	49	5.	87	54	9.	43	57	4.	4	23	9.	26	4
1 huit	438	57	5.	175	35	.	87	47	6.	43	53	9.	4	23	4.	26	4
1 quart	438	21	4.	175	20	7.	87	40	3.	43	50	2.	4	23	.	26	4
3 huit	437	45	5.	175	6	2.	87	33	1.	43	46	6.	4	22	8.	26	3
demi	437	9	6.	174	51	10.	87	25	11.	43	42	11.	4	22	3.	26	3

Inſtruction La Hollande donne pour GENEVE l'incertain pour le certain, c'eſt-à-dire, un nombre indéterminé de deniers de Gros pour un Ecu de 60.ſ.courans. La premiere colonne contient les differens prix du change d'Amſterdam pour Geneve, les autres colonnes contiennent le nombre des Fl. tirez & leur valeur à Geneve en Ecus, ſols & den. *Regle conjointe.* Si un Florin vaut 40. den. de Gros, ſi 89. den. de Gros valent un Ecu, combien 1000. Florins, il faut multiplier les reſtans par 60. & par 12.

Les Changes de la HOLLANDE pour VENISE faits à divers prix de change.

Prix du change d'Amsterdam pour VENISE	Nombre de Florins.																	
	1000.			400.			200.			100.			10.			1.		
à	Valeur à VENISE.																	
	DUC.	S.	D.	D.	S	D.	D.	S.	D.	D.	S.	D.	D.	S.	D.		S.	D.
81 deniers	493	16	6	197	10	7	98	15	3	49	7	7	4	18	9		9	10
1 huit	493	1	3	197	4	6	98	12	3	49	6	1	4	18	7		9	10
1 quart	492	6	1	196	18	5	98	9	2	49	4	7	4	18	5		9	10
3 huit	491	11		196	12	4	98	6	2	49	3	1	4	18	3		9	9
demi	490	15	11	196	6	4	98	3	2	49	1	7	4	18	1		9	9
5 huit	490		11	196		4	98		2	49		1	4	18			9	9
3 quarts	489	5	11	195	14	4	97	17	2	48	18	1	4	17	9		9	9
7 huit	488	10	11	195	8	4	97	14	2	48	17	1	4	17	8		9	9
82 deniers	487	16	1	195	2	5	97	11	2	48	15	7	4	17	6		9	8
1 huit	487	1	2	194	16	5	97	8	2	48	14	1	4	17	4		9	8
1 quart	486	6	5	194	10	6	97	5	3	48	12	7	4	17	3		9	8
3 huit	485	11	8	194	4	8	97	2	4	48	11	2	4	17	1		9	8
demi	484	16	11	193	18	9	96	19	4	48	9	8	4	16	11		9	8
5 huit	484	2	3	193	12	10	96	16	5	48	8	2	4	16	9		9	8
3 quarts	483	7	8	193	7		96	13	6	48	6	9	4	16	8		9	8
7 huit	482	13	1	193	1	2	96	10	7	48	5	3	4	16	6		9	7
83 deniers	481	18	6	192	15	4	96	7	8	48	3	10	4	16	4		9	7
1 huit	481	4		192	9	7	96	4	9	48	2	4	4	16	2		9	7
1 quart	480	9	7	192	3	10	96	1	11	48		11	4	16	1		9	7
3 huit	479	15	2	191	18		95	19		47	19	6	4	15	11		9	7
demi	479		10	191	12	4	95	16	2	47	18	1	4	15	9		9	6

Instruction. La Hollande donne pour VENISE l'incertain pour le certain, c'est-à-dire, un nombre indéterminé de deniers de Gros pour un Ducat. La premiere colonne contient les differens prix du change d'Amsterdam pour Venise ; les autres colonnes contiennen- le nombre des Florins tirez depuis 1000. jusqu'à 1. & leur valeur à Venise en Ducats, sols & deniers. *Regle conjointe.* Si 1. Florin vaut 40. deniers de Gros, 81. den. de Gros un Ducat, combien 1000. Flor. il faut multiplier les restans par 20. & par 12.

TROIS TABLES

CONTENANT

LES ARBITRAGES DE LA FRANCE

FAITS

Pour Genes, Livorne Madrid, & Bilboa Cadix & Seville,

SUIVANT LE COURS D'AMSTERDAM.

La Premiere sert à connoître par les differens prix du Change d'Amsterdam pour Paris, & d'Amsterdam pour Genes & pour Livorne, le prix d'égalité de Paris pour Genes & pour Livorne.

La Seconde sert à connoître par les differens prix du Change d'Amsterdam pour Paris, & d'Amsterdam pour Madrid & Bilboa, le prix d'égalité de Paris pour Madrid &c.

La Troisieme sert à connoître par les differens prix du Change d'Amsterdam pour Paris, & d'Amsterdam pour Cadix & Seville le prix d'égalité de Paris pour Cadix &c.

Ces Tables sont divisées en deux parties contenuës en une même page.

MANIERE DE FAIRE LES OPERATIONS PAR REGLE.

Pour la premiere Table. *Regle conjointe.* Si une Piastre vaut 86. den. & demi de Gros, 57. den. de Gros 3. liv. combien une Piastre ? Il faut multiplier les restans par 20. & par 12.

Pour la seconde Table. *Regle conjointe.* Si 375. Maravadix dont le Ducat est composé valent 82. den. de Gros, si 57. den de Gros valent 3. liv. combien 1360. Maravadix valeur de la Pistole. Il faut multiplier les restans par 20. & par 12.

Pour la troisiéme Table. *Regle conjointe.* Si 375. Maravadix valent 103. den. de Gros, si 57. den de Gros valent 3. liv. combien 1088. Maravadix. Il faut multiplier les restans par 20. & par 12.

160 PREMIERE TABLE ſervant à connoître par les differens prix du Change d'AMSTERDAM pour PARIS, & d'AMSTERDAM pour GENES & pour LIVORNE, le prix d'égalité de PARIS pour GENES & pour LIVORNE.

Premiere Partie. — Changes d'Amſterdam pour Paris.

CHANGES d'Amſterdam pour Genes & Livorne.

Prix d'égalité de Paris pour Genes & Livorne.

Each cell below is given as L S D.

à	57 d.	57 d.⅛	57 d.¼	57 d.⅜	57 d.½	57 d.⅝	57 d.¾	57 d.⅞
86 d Demy	4 11 ·	4 10 10·	4 10 7·	4 10 5·	4 10 3·	4 10 ·	4 9 10·	4 9 8
5 huit	4 11 2·	4 10 11·	4 10 9·	4 10 7·	4 10 4·	4 10 2·	4 10 ·	4 9 9
3 quarts	4 11 3·	4 11 1·	4 10 11·	4 10 8·	4 10 6·	4 10 3·	4 10 1·	4 9 11
7 huit.	4 11 5·	4 11 2·	4 11 ·	4 10 10·	4 10 7·	4 10 5·	4 10 3·	4 10 ·
87 deniers.	4 11 6·	4 11 4·	4 11 2·	4 10 11·	4 10 9·	4 10 7·	4 10 4·	4 10 2
1 huit.	4 11 8·	4 11 6·	4 11 3·	4 11 1·	4 10 10·	4 10 8·	4 10 6·	4 10 3
1 quart.	4 11 10·	4 11 7·	4 11 5·	4 11 2·	4 11 ·	4 10 10·	4 10 7·	4 10 5
3 huit.	4 11 11·	4 11 9·	4 11 6·	4 11 4·	4 11 2·	4 10 11·	4 10 9·	4 10 6
Demy	4 12 1·	4 11 10	4 11 8·	4 11 6·	4 11 3·	4 11 1·	4 10 10·	4 10 8
5 huit.	4 12 2·	4 12 ·	4 11 10·	4 11 7·	4 11 5·	4 11 2·	4 11 ·	4 10 10
3 quarts	4 12 4·	4 12 1·	4 11 11·	4 11 9·	4 11 6·	4 11 4·	4 11 2·	4 10 11
7 huit.	4 12 6·	4 12 3·	4 12 1·	4 11 10·	4 11 8·	4 11 5·	4 11 3·	4 11 1
88 deniers.	4 12 7·	4 12 5·	4 12 2·	4 12 ·	4 11 9·	4 11 7·	4 11 5·	4 11 2
91 d·Demy	4 16 3·	4 16 1·	4 15 10·	4 15 8·	4 15 5·	4 15 3·	4 15 ·	4 14 10
5 huit.	4 16 5·	4 16 2·	4 16 ·	4 15 9·	4 15 7·	4 15 4·	4 15 2·	4 14 11
3 quarts	4 16 6·	4 16 4·	4 16 1·	4 15 11·	4 15 8·	4 15 6·	4 15 3·	4 15 1
7 huit.	4 16 8·	4 16 5·	4 16 3·	4 16 ·	4 15 10·	4 15 7·	4 15 5·	4 15 2
92 deniers.	4 16 10·	4 16 7·	4 16 5·	4 16 2·	4 16 ·	4 15 9·	4 15 7·	4 15 4
1 huit.	4 16 11·	4 16 9·	4 16 6·	4 16 4·	4 16 1·	4 15 11	4 15 8·	4 15 6
1 quart	4 17 1·	4 16 10·	4 16 8·	4 16 5·	4 16 3·	4 16 ·	4 15 10·	4 15 7
3 huit.	4 17 2·	4 17 ·	4 16 9·	4 16 7·	4 16 4·	4 16 2·	4 15 11·	4 15 9
Demy	4 17 4·	4 17 1·	4 16 11·	4 16 8·	4 16 6·	4 16 3·	4 16 1·	4 15 10
5 huit.	4 17 6·	4 17 3·	4 17 ·	4 16 10·	4 16 7·	4 16 5·	4 16 2·	4 16 ·
3 quarts	4 17 8·	4 17 5·	4 17 2·	4 16 11·	4 16 9·	4 16 6·	4 16 4·	4 16 1
7 huit.	4 17 10·	4 17 6·	4 17 4·	4 17 3·	4 16 10·	4 16 8·	4 16 5·	4 16 3

Seconde Partie. — Changes d'Amſterdam pour Paris.

CHANGES d'Amſterdam pour Genes & Livorne.

Prix d'égalité de Paris pour Genes & Livorne.

à	58 den	58 d.⅛	58 d.¼	58 d.⅜	58 d.½	58 d.⅝	58 d.¾	58 d.⅞
86 d Demy	4 9 5·	4 9 3·	4 9 1·	4 8 10·	4 8 8·	4 8 6·	4 8 4·	4 8 11
5 huit.	4 9 7·	4 9 5·	4 9 2·	4 9 ·	4 8 10·	4 8 7·	4 8 5·	4 8 3
3 quarts	4 9 8·	4 9 6·	4 9 4·	4 9 1·	4 8 11·	4 8 9·	4 8 7·	4 8 4
7 huit.	4 9 10·	4 9 8·	4 9 5·	4 9 3·	4 9 1·	4 8 10·	4 8 8·	4 8 6
87 deniers.	4 10 ·	4 9 9·	4 9 7·	4 9 5·	4 9 2·	4 9 ·	4 8 10·	4 8 7
1 huit.	4 10 1·	4 9 11·	4 9 8·	4 9 6·	4 9 4·	4 9 2·	4 8 11·	4 8 9
1 quart	4 10 3·	4 10 ·	4 9 10·	4 9 8·	4 9 5·	4 9 3·	4 9 1·	4 8 11
3 huit.	4 10 4·	4 10 2·	4 10 ·	4 9 9·	4 9 7·	4 9 5·	4 9 2·	4 9 ·
Demy	4 10 6·	4 10 3·	4 10 1·	4 9 11·	4 9 8·	4 9 6·	4 9 4·	4 9 1
5 huit.	4 10 7·	4 10 5·	4 10 3·	4 10 ·	4 9 10·	4 9 8·	4 9 5·	4 9 3
3 quarts	4 10 9·	4 10 6·	4 10 4·	4 10 2·	4 10 ·	4 9 9·	4 9 7·	4 9 5
7 huit.	4 10 10·	4 10 8·	4 10 6·	4 10 3·	4 10 1·	4 9 11·	4 9 8·	4 9 6
88 deniers.	4 11 ·	4 10 10·	4 10 7·	4 10 5·	4 10 3·	4 10 ·	4 9 10·	4 9 8
91 d Demy	4 14 7·	4 14 5·	4 14 2·	4 14 ·	4 13 10·	4 13 7·	4 13 5·	4 13 2
5 huit.	4 14 9·	4 14 6·	4 14 4·	4 14 2·	4 13 11·	4 13 9·	4 13 6·	4 13 4
3 quarts	4 14 10·	4 14 8·	4 14 6·	4 14 3·	4 14 1·	4 13 10·	4 13 8·	4 13 6
7 huit.	4 15 ·	4 14 10·	4 14 7·	4 14 5·	4 14 2·	4 14 ·	4 13 9·	4 13 7
92 deniers.	4 15 2·	4 14 11·	4 14 9·	4 14 6·	4 14 4·	4 14 1·	4 13 11·	4 13 9
1 huit.	4 15 3·	4 15 1·	4 14 10·	4 14 8·	4 14 5·	4 14 3·	4 14 1·	4 13 10
1 quart	4 15 5·	4 15 2·	4 15 ·	4 14 9·	4 14 7·	4 14 4·	4 14 2·	4 14 ·
3 huit	4 15 6·	4 15 4·	4 15 1·	4 14 11·	4 14 8·	4 14 6·	4 14 4·	4 14 1
Demy	4 15 8·	4 15 5·	4 15 3·	4 15 ·	4 14 10·	4 14 8·	4 14 5·	4 14 3
5 huit	4 15 9·	4 15 7·	4 15 4·	4 15 2·	4 15 ·	4 14 9·	4 14 7·	4 14 4
3 quarts	4 15 11·	4 15 8·	4 15 6·	4 15 3·	4 15 1·	4 14 11·	4 14 8·	4 14 6
huit.	4 16 ·	4 15 10·	4 15 7·	4 15 5·	4 15 3·	4 15 ·	4 14 10·	4 14 7

CHANGES d'Amsterdam pour MADRID. — *Premiere Partie.* — Changes d'Amsterdam pour Paris.

Prix d'égalité de Paris pour Madrid &c.

à	57 den.			57 d. 1/8			57 d. 1/4			57 d. 3/8			57 d. 1/2			57 d. 5/8			57 d. 3/4			57 d. 7/8		
	L	S	D	L	S	D	L	S	D	L	S	D	L	S	D	L	S	D	L	S	D	L	S	D
82 deniers	15	13		15	12	4	15	11	8	15	10	11	15	10	3	15	9	7	15	8	11	15	8	3
1 huit	15	13	6	15	12	9	15	12	1	15	11	5	15	10	9	15	10	1	15	9	5	15	8	9
1 quart	15	13	11	15	13	3	15	12	7	15	11	11	15	11	3	15	10	7	15	9	10	15	9	2
3 huit	15	14	5	15	13	9	15	13	1	15	12	4	15	11	8	15	11		15	10	4	15	9	8
Demy	15	14	11	15	14	3	15	13	6	15	12	10	15	12	2	15	11	6	15	10	10	15	10	2
5 huit	15	15	5	15	14	9	15	14		15	13	4	15	12	8	15	12		15	11	3	15	10	7
3 quarts	15	15	10	15	15	2	15	14	6	15	13	10	15	13	1	15	12	5	15	11	9	15	11	1
7 huit	15	16	4	15	15	8	15	14	11	15	14	3	15	13	7	15	12	11	15	12	3	15	11	7
83 deniers	15	16	10	15	16	1	15	15	5	15	14	9	15	14	1	15	13	5	15	12	8	15	12	
1 huit	15	17	4	15	16	7	15	15	11	15	15	3	15	14	6	15	13	10	15	13	2	15	12	6
1 quart	15	17	9	15	17	1	15	16	5	15	15	8	15	15		15	14	4	15	13	8	15	13	
3 huit	15	18	3	15	17	7	15	16	10	15	16	2	15	15	6	15	14	10	15	14	1	15	13	5
Demy	15	18	9	15	18		15	17	4	15	16	8	15	15	11	15	15	3	15	14	7	15	13	11
5 huit	15	19	2	15	18	6	15	17	10	15	17	1	15	16	5	15	15	9	15	15	1	15	14	4
3 quarts	15	19	8	15	19		15	18	3	15	17	7	15	16	11	15	16	3	15	15	6	15	14	10
7 huit	16		2	15	19	5	15	18	9	15	18	1	15	17	4	15	16	8	15	16		15	15	4
84 deniers	16		8	15	19	11	15	19	3	15	18	6	15	17	10	15	17	2	15	16	6	15	15	9
1 huit	16	1	1	16		5	15	19	8	15	19		15	18	4	15	17	8	15	16	11	15	16	3
1 quart	16	1	7	16		11	16		2	15	19	6	15	18	9	15	18	1	15	17	5	15	16	9
3 huit	16	2	1	16	1	4	16		8	16			15	19	3	15	18	7	15	17	11	15	17	2
Demy	16	2	6	16	1	10	16	1	2	16		6	15	19	9	15	19	1	15	18	4	15	17	8

CHANGES d'Amsterdam pour MADRID. — *Seconde Partie.* — Changes d'Amsterdam pour Paris.

Prix d'égalité de Paris pour Madrid &c.

à	58 den.			58 d. 1/8			58 d. 1/4			58 d. 3/8			58 d. 1/2			58 d. 5/8			58 d. 3/4			58 d. 7/8		
	L	S	D	L	S	D	L	S	D	L	S	D	L	S	D	L	S	D	L	S	D	L	S	D
82 deniers	15	7	7	15	6	11	15	6	3	15	5	7	15	5		15	4	4	15	3	8	15	3	
1 huit	15	8	1	15	7	5	15	6	9	15	6	1	15	5	5	15	4	9	15	4	2	15	3	6
1 quart	15	8	6	15	7	10	15	7	3	15	6	7	15	5	11	15	5	3	15	4	7	15	3	11
3 huit	15	9		15	8	4	15	7	8	15	7		15	6	4	15	5	9	15	5	1	15	4	5
Demy	15	9	6	15	8	10	15	8	2	15	7	6	15	6	10	15	6	2	15	5	6	15	4	11
5 huit	15	9	11	15	9	3	15	8	7	15	7	11	15	7	4	15	6	8	15	6		16	5	4
3 quarts	15	10	5	15	9	9	15	9	1	15	8	5	15	7	9	15	7	1	15	6	5	15	5	10
7 huit	15	10	11	15	10	3	15	9	7	15	8	11	15	8	3	15	7	7	15	6	11	15	6	3
83 deniers	15	11	4	15	10	8	15	10		15	9	4	15	8	8	15	8		15	7	5	15	6	9
1 huit	15	11	10	15	11	2	15	10	6	15	9	10	15	9	2	15	8	6	15	7	10	15	7	2
1 quart	15	12	3	15	11	7	15	10	11	15	10	3	15	9	8	15	9		15	8	4	15	7	8
3 huit	15	12	9	15	12	1	15	11	5	15	10	9	15	10	1	15	9	5	15	8	9	15	8	1
Demy	15	13	3	15	12	7	15	11	11	15	11	3	15	10	7	15	9	11	15	9	3	15	8	7
5 huit	15	13	8	15	13		15	12	4	15	11	8	15	11		15	10	4	15	9	8	15	9	
3 quarts	15	14	2	15	13	6	15	12	10	15	12	2	15	11	6	15	10	10	15	10	2	15	9	6
7 huit	15	14	8	15	13	11	15	13	3	15	12	7	15	11	11	15	11	3	15	10	7	15	9	11
84 deniers	15	15	1	15	14	5	15	13	9	15	13	1	15	12	5	15	11	9	15	11	1	15	10	5
1 huit	15	15	7	15	14	11	15	14	3	15	13	7	15	12	10	15	12	2	15	11	7	15	10	11
1 quart	15	16		15	15	4	15	14	8	15	14		15	13	4	15	12	8	15	12		15	11	4
3 huit	15	16	6	15	15	10	15	15	2	15	14	6	15	13	10	15	13	2	15	12	6	15	11	10
Demy	15	17		15	16	4	15	15	7	15	14	11	15	14	3	15	13	7	15	12	11	15	12	3

 TROISIEME TABLE servant à connoître par les differens prix du Change d'AMSTERDAM pour PARIS, & d'AMSTERDAM pour CADIX & SEVILLE, le prix d'égalité de PARIS pour CADIX &c.

CHANGES d'Amsterdam pour CADIX. — *Première Partie* — **Changes d'Amsterdam pour Paris.**

Prix d'égalité de Paris pour Cadix.

à	57 den.			57 d. 1/8			57 d. 1/4			57 d. 3/8			57 d. 1/2			57 d. 5/8			57 d. 3/4			57 d. 7/8		
	L	S	D	L	S	D	L	S	D	L	S	D	L	S	D	L	S	D	L	S	D	L	S	D
103 deniers	15	14	6	15	13	10	15	13	2	15	12	9	15	11	9	15	11	1	15	10	5	15	10	
1 huit.	15	14	11	15	14	3	15	13	6	15	13	1	15	12	2	15	11	6	15	10	10	15	10	5
1 quart	15	15	3	15	14	7	15	13	11	15	13	6	15	12	7	15	11	10	15	11	2	15	10	9
3 huit.	15	15	8	15	15		15	14	3	15	13	11	15	12	11	15	12	3	15	11	7	15	11	2
Demy	15	16	1	15	15	4	15	14	8	15	14	3	15	13	4	15	12	7	15	11	11	15	11	6
5 huit.	15	16	5	15	15	9	15	15	1	15	14	8	15	13	8	15	13		15	12	4	15	11	11
3 quarts	15	16	10	15	16	1	15	15	5	15	15		15	14	1	15	13	5	15	12	8	15	12	4
7 huit.	15	17	2	15	16	6	15	15	10	15	15	5	15	14	5	15	13	9	15	13	1	15	12	8
104 deniers	15	17	7	15	16	11	15	16	2	15	15	9	15	14	10	15	14	2	15	13	5	15	13	2
1 huit.	15	18		15	17	3	15	16	7	15	16	2	15	15	2	15	14	6	15	13	10	15	13	5
1 quart	15	18	4	15	17	8	15	16	11	15	16	6	15	15	7	15	14	11	15	14	2	15	13	10
3 huit.	15	18	9	15	18		15	17	4	15	16	11	15	15	11	15	15	3	15	14	7	15	14	2
Demy	15	19	1	15	18	5	15	17	9	15	17	4	15	16	4	15	15	8	15	15		15	14	7
5 huit.	15	19	6	15	18	9	15	18	1	15	17	8	15	16	8	15	16		15	15	4	15	14	11
3 quarts	15	19	10	15	19	2	15	18	5	15	18	1	15	17	1	15	16	5	15	15	9	15	15	4
7 huit.	16		3	15	19	7	15	18	10	15	18	5	15	17	5	15	16	9	15	16	1	15	15	8
105 deniers	16		8	15	19	11	15	19	3	15	18	10	15	17	9	15	17	2	15	16	6	15	16	1
1 huit.	16	1		16		4	15	19	8	15	19	2	15	18	2	15	17	6	15	16	10	15	16	5
1 quart	16	1	5	16		8	16			15	19	7	15	18	6	15	17	11	15	17	3	15	16	10
3 huit.	16	1	9	16	1	1	16		4	16			15	18	11	15	18	3	15	17	7	15	17	2
Demy	16	2	2	16	1	5	16		9	16		4	15	19	3	15	18	8	15	18		15	17	7

CHANGES d'Amsterdam pour CADIX. — *Seconde Partie.* — **Changes d'Amsterdam pour Paris.**

Prix d'égalité de Paris pour Cadix.

à	58 den.			58 d. 1/8			58 d. 1/4			58 d. 3/8			58 d. 1/2			58 d. 5/8			58 d. 3/4			58 d. 7/8		
	L	S	D	L	S	D	L	S	D	L	S	D	L	S	D	L	S	D	L	S	D	L	S	D
103 deniers	15	9	1	15	8	5	15	7	9	15	7	1	15	6	5	15	5	10	15	5	2	15	4	9
1 huit.	15	9	6	15	8	10	15	8	2	15	7	6	15	6	10	15	6	2	15	5	6	15	5	2
1 quart	15	9	10	15	9	2	15	8	6	15	7	10	15	7	2	15	6	7	15	5	11	15	5	6
3 huit.	15	10	3	15	9	7	15	8	11	15	8	3	15	7	7	15	6	11	15	6	3	15	5	10
Demy	15	10	7	15	9	11	15	9	3	15	8	7	15	7	11	15	7	3	15	6	8	15	6	3
5 huit.	15	11		15	10	4	15	9	8	15	9		15	8	4	15	7	8	15	7		15	6	7
3 quarts	15	11	4	15	10	8	15	10		15	9	4	15	8	8	15	8		15	7	5	15	7	
7 huit.	15	11	9	15	11	1	15	10	5	15	9	9	15	9	1	15	8	5	15	7	9	15	7	4
104 deniers	15	12	1	15	11	5	15	10	9	15	10	1	15	9	5	15	8	9	15	8	1	15	7	9
1 huit.	15	12	6	15	11	10	15	11	2	15	10	6	15	9	10	15	9	2	15	8	6	15	8	1
1 quart	15	12	10	15	12	2	15	11	6	15	10	10	15	10	2	15	9	6	15	8	10	15	8	6
3 huit.	15	13	3	15	12	7	15	11	11	15	11	3	15	10	7	15	9	11	15	9	3	15	8	10
Demy	15	13	7	15	12	11	15	12	3	15	11	7	15	10	11	15	10	3	15	9	7	15	9	2
5 huit.	15	14		15	13	4	15	12	8	15	12		15	11	4	15	10	8	15	10		15	9	7
3 quarts	15	14	4	15	13	8	15	13		15	12	4	15	11	8	15	11		15	10	4	15	9	11
7 huit.	15	14	9	15	14		15	13	5	15	12	8	15	12		15	11	4	15	10	9	15	10	4
105 deniers	15	15	1	15	14	5	15	13	9	15	13	1	15	12	5	15	11	9	15	11	1	15	10	8
1 huit.	15	15	6	15	14	10	15	14	1	15	13	5	15	12	9	15	12	1	15	11	5	15	11	1
1 quart	15	15	10	15	15	2	15	14	6	15	13	10	15	13	2	15	12	6	15	11	10	15	11	5
3 huit.	15	16	3	15	15	7	15	14	10	15	14	2	15	13	6	15	12	10	15	12	2	15	11	10
Demy	15	16	7	15	15	11	15	15	3	15	14	7	15	13	11	15	13	3	15	12	7	15	12	2

LES ORDRES ET COMMISSIONS EN BANQUE
FAITS.

PARIS reçoit ordre de tirer sur AMSTERDAM & de prendre sur LONDRES.

Ordonnez pour tirer.	Ordonnez pour prendre.	Prix — Trouvez à la reception de l'ordre.	d'Egalité.
à	à		
58 den.	33 d.	58 d. 1 h..	33 d. 1 se..
		58 d. 1 q..	33 d. 1 h..
		58 d. 3 h..	33 d. 3 se..
		58 d. D...	33 d. 1 q..
58 d. 1/8	33 d. 1/16	58 d. 1 q..	33 d. 1 h..
		58 d. 3 h..	33 d. 3 se..
		58 d. D...	33 d. 1 q..
		58 d. 5 h..	33 d. 5 se..
58 d. 1/4	33 d. 1/8	58 d. 3 h..	33 d. 3 se..
		58 d. D...	33 d. 1 q..
		58 d. 5 h..	33 d. 5 se..
		58 d. 3 q..	33 d. 3 h..
58 d. 3/8	32 d. 3/16	58 d. D...	33 d. 1 q..
		58 d. 5 h..	33 d. 5 se..
		58 d. 3 q..	33 d. 3 h..
		58 d. 7 h..	33 d. 7 se..
58 d. 1/2	33 d. 1/4	58 d. 5 h..	33 d. 5 se..
		58 d. 3 q..	33 d. 3 h..
		58 d. 7 h..	33 d. 7 se..
		59 d.	33 d. demi.
58 d. 5/8	33 d. 5/10	58 d. 3 q..	33 d. 3 h..
		58 d. 7 h..	33 d. 7 se..
		59 d.	33 d. demi.
		59 d. 1 h..	33 d. 9 se..
58 d. 3/4	33 d. 3/8	58 d. 7 h..	33 d. 7 se..
		59 d.	33 d. demi.
		59 d. 1 h..	33 d. 9 se..
		59 d. 1 q..	33 d. 5 h..
58 d. 7/8	33 d. 7/16	59 d.	33 d. demi.
		59 d. 1 h..	33 d. 9 se..
		59 d. 1 q..	33 d. 5 h..
		59 d. 3 h..	33 d. 11 se.
59 den.	33 d. 1/2	59 d. 1 h..	33 d. 9 se..
		59 d. 1 q..	33 d. 5 h..
		59 d. 3 h..	33 d. 11 se.
		59 d. D...	33 d. 3 q..

PARIS reçoit ordre de tirer sur AMSTERDAM & de prendre sur HAMBOURG.

Ordonnez pour tirer.	Ordonnez pour prendre.	Prix — Trouvez à la reception de l'ordre.	d'Egalité. L. S. D.
à	à		
58 den.	166 p 0/0	58 d. 1 h..	165 · 12 · 10·
		58 d. 1 q..	165 · 5 · 9·
		58 d. 3 h..	164 · 18 · 8·
		58 d. demi.	164 · 11 · 7·
58 d. 1/8	165 3/4	58 d. 1 q..	165 · 7 · 10·
		58 d. 3 h..	165 · · 9·
		58 d. demi.	164 · 13 · 9·
		58 d. 5 h..	164 · 6 · 9·
58 d. 1/4	165 1/2	58 d. 3 h..	165 · 2 · 10·
		58 d. demi.	164 · 15 · 10·
		58 d. 5 h..	164 · 8 · 9·
		58 d. 3 q..	164 · 1 · 9·
58 d. 3/8	165 1/4	58 d. demi.	164 · 17 · 11·
		58 d. 5 h..	164 · 10 · 10·
		58 d. 3 q..	164 · 3 · 10·
		58 d. 7 h..	163 · 16 · 11·
58 d. 1/2	165. 0/0	58 d. 5 h..	164 · 12 · 11·
		58 d. 3 q..	164 · 5 · 11·
		58 d. 7 h..	163 · 18 · 11·
		59 d. · ·	163 · 12 · ·
58 d. 5/8	164 3/4	58 d. 3 q..	164 · 7 · 11·
		58 d. 7 h..	164 · 1 · ·
		59 d. · ·	163 · 14 · ·
		59 d. 1 h..	163 · 7 · 1·
58 d. 3/4	164 1/2	58 d. 7 h..	164 · 3 · ·
		59 d. · ·	163 · 16 · ·
		59 d. 1 h..	163 · 9 · 1·
		59 d. 1 q..	163 · 2 · 2·
58 d. 7/8	164 1/4	59 d. · ·	163 · 18 · ·
		59 d. 1 h..	163 · 11 · 1·
		59 d. 1 q..	163 · 4 · 2·
		59 d. 3 h..	162 · 17 · 4·
59 den.	164. p 0/0	59 d. 1 h..	163 · 13 · ·
		59 d. 1 q..	163 · 6 · 1·
		59 d. 3 h..	162 · 19 · 3·
		59 d. demi.	162 · 12 · 5·

INSTRUCTION. Un Banquier de Paris reçoit ordre de tirer sur Amsterdam à 58 den. de gros, & de prendre sur Londres à 33 d. à la reception de l'ordre. Le change pour Amsterdam se trouve à 58 den. un huitiéme. On demande à quel prix il doit prendre pour Londres. Voyez ci-dessus la colonne d'égalité, vous trouverez 33 den. un seiziéme.

L'operation par Regle de trois droite ; si 58 deniers étoient supposez égaux à 33 den. à combien le seront 58 den. un huit ; multipliés les restans par seize.

INSTRUCTION. Un Banquier de Paris reçoit ordre de tirer sur Amsterdam à 58 d. de gros, & de prendre sur Hambourg à 166 p 0/0, à la reception de l'ordre; le change pour Amsterdam se trouve à 58 d. 1 h. On demande à quel prix il doit prendre pour Hambourg. Voyez ci-dessus la Colonne d'égalité, vous trouverez 165. 12. 10.

L'operation par regle de trois inverse si 58 d. étoient supposez égaux à 166. à combien le seront 58 d. 1 h. multipliez les restans par 20 d. p 12.

Les Ordres & Commissions en Banque faits.

PARIS reçoit ordre de tirer sur LONDRES, & de prendre sur AMSTERDAM.

Prix

Ordonnez pour tirer.	Ordonnez pour prendre.	Trouvez à la reception de l'ordre.	d'Egalité.
à	à		
32 d. $\frac{3}{4}$	58 d. $\frac{1}{2}$	32 d. 13 se.	58 d. 9 se.
		32 d. 7 h.	58 d. 11 se.
		32 d. 15 se.	58 d. 13 se.
		33 d. . .	58 d. 15 se.
32 d. $\frac{13}{16}$	58 d. $\frac{5}{8}$	32 d. 7 h.	58 d. 11 se.
		32 d. 15 se.	58 d. 13 se.
		33 d. . .	58 d. 15 se.
		33 d. 1 se.	59 d. 1 se.
32 d. $\frac{7}{8}$	58 d. $\frac{3}{4}$	32 d. 15 se.	58 d. 13 se.
		33 d. . .	58 d. 15 se.
		33 d. 1 se.	59 d. 1 se.
		33 d. 1 h.	59 d. 3 se.
32 d. $\frac{15}{16}$	58 d. $\frac{7}{8}$	33 d. . .	58 d. 15 se.
		33 d. 1 se.	59 d. 1 se.
		33 d. 1 h.	59 d. 3 se.
		33 d. 3 se.	59 d. 5 se.
33 d. .	59 d. .	33 d. 1 se.	59 d. 1 se.
		33 d. 1 h.	59 d. 3 se.
		33 d. 3 se.	59 d. 5 se.
		33 d. 1 q.	59 d. 7 se.
33 d. $\frac{1}{16}$	59 d. $\frac{1}{8}$	33 d. 1 h.	59 d. 3 se.
		33 d. 3 se.	59 d. 5 se.
		33 d. 1 q.	59 d. 7 se.
		33 d. 5 se.	59 d. 9 se.
33 d. $\frac{1}{8}$	59 d. $\frac{1}{4}$	33 d. 3 se.	59 d. 5 se.
		33 d. 1 q.	59 d. 7 se.
		33 d. 5 se.	59 d. 9 se.
		33 d. 3 h.	59 d. 11 se.
33 d. $\frac{3}{16}$	59 d. $\frac{3}{8}$	33 d. 1 q.	59 d. 7 se.
		33 d. 5 se.	59 d. 9 se.
		33 d. 3 h.	59 d. 11 se.
		33 d. 7 se.	59 d. 13 se.
33 d. $\frac{1}{4}$	59 d. $\frac{1}{2}$	33 d. 5 se.	59 d. 9 se.
		33 d. 3 h.	59 d. 11 se.
		33 d. 7 se.	59 d. 13 se.
		33 d. demi.	59 d. 15 se.

L'INSTRUCTION, la question, la maniere de la trouver faite, & celle de la faire par regle, est la même qu'on voit au bas de la premiere Table des Ordres & Commissions en Banque, page 163.

PARIS reçoit ordre de tirer sur LONDRES, & de prendre sur HAMBOURG.

Prix

Ordonnez pour tirer.	Ordonnez pour prendre.	Trouvez à la reception de l'ordre.	d'Egalité. L. S. D.
à	à		
32 d. $\frac{3}{4}$	166 p. o/o	32 d. 13 se.	165 · 13 · 8 ·
		32 d. 7 h.	165 · 7 · 4 ·
		32 d. 15 se.	165 · 1 · 1 ·
		33 d. . .	164 · 14 · 10 ·
32 d. $\frac{13}{16}$	165. $\frac{3}{4}$	32 d. 7 h.	165 · 8 · 8 ·
		32 d. 15 se.	165 · 2 · 5 ·
		33 d. . .	164 · 16 · 1 ·
		33 d. 1 se.	164 · 9 · 11 ·
32 d. $\frac{7}{8}$	165. $\frac{1}{2}$	32 d. 15 se.	165 · 3 · 8
		33 d. . .	164 · 17 · 5 ·
		33 d. 1 se.	164 · 11 · 2 ·
		33 d. 1 h.	164 · 5 · ·
32 d. $\frac{15}{16}$	165. $\frac{1}{4}$	33 d. . .	164 · 18 · 8 ·
		33 d. 1 se.	164 · 12 · 6 ·
		33 d. 1 h.	164 · 6 · 3 ·
		33 d. 3 se.	164 · · 1 ·
33 d. . .	165. p. o/o	33 d. 1 se.	164 · 13 · 9 ·
		33 d. 1 h.	164 · 7 · 6 ·
		33 d. 3 se.	164 · 1 · 4 ·
		33 d. 1 q.	163 · 15 · 2 ·
33 d. $\frac{1}{16}$	164. $\frac{3}{4}$	33 d. 1 h.	164 · 8 · 9 ·
		33 d. 3 se.	164 · 2 · 7 ·
		33 d. 1 q.	163 · 16 · 5 ·
		33 d. 5 se.	163 · 10 · 3 ·
33 d. $\frac{1}{8}$	164. $\frac{1}{2}$	33 d. 3 se.	164 · 13 · 2 ·
		33 d. 1 q.	164 · 7 · ·
		33 d. 5 se.	164 · · 10 ·
		33 d. 3 h.	163 · 14 · 8 ·
33 d. $\frac{3}{16}$	164. $\frac{1}{4}$	33 d. 1 q.	164 · 8 · 2 ·
		33 d. 5 se.	164 · 2 · ·
		33 d. 3 h.	163 · 15 · 10 ·
		33 d. 7 se.	163 · 9 · 9 ·
33 d. $\frac{1}{4}$	164. p. o/o	33 d. 5 se.	163 · 13 · 10 ·
		33 d. 3 h.	163 · 7 · 8 ·
		33 d. 7 se.	163 · 1 · 7 ·
		33 d. demi.	161 · 15 · 6 ·

L'INSTRUCTION, la question, la maniere de la trouver faite, & celle de la faire par regle ; est la même qu'on voit au bas de la deuxiéme Table des Ordres & Commissions en Banque, page 163.

Les Ordres & Commissions en Banque faits.

PARIS reçoit ordre de tirer sur HAMBOURG & de prendre sur AMSTERDAM.

Ordonnez pour tirer.	Ordonnez pour prendre.	Trouvez à la reception de l'ordre.	d'Egalité.
à	à		
166 p. o/o	58 d. $\frac14$	165. 3 q.	58 d. 9 se.
		165. demi.	58 d. 5 h.
		165. 1 q.	58 d. 3 q.
		165. · ·	58 d. 13 se.
166. $\frac14$	58 d. $\frac58$	166. · ·	58 d. 11 se.
		165. 3 q.	58 d. 3 q.
		165. demi.	58 d. 7 h.
		165. 1 q.	58 d. 15 se.
166. $\frac12$	58 d. $\frac34$	166. 1 q.	58 d. 13 se.
		166. · ·	58 d. 7 h.
		165. 3 q.	59 d. · ·
		165. demi.	59 d. 1 se.
166. $\frac34$	58 d. $\frac78$	166. demi.	58 d. 15 se.
		166. 1 q.	59 d. · ·
		166. · ·	59 d. 1 h.
		165. 3 q.	59 d. 3 se.
167. p. o/o	59 d. · ·	166. 3 q.	59 d. 1 se.
		166. demi.	59 d. 1 h.
		166. 1 q.	59 d. 1 q.
		166. · ·	59 d. 5 se.
167. $\frac14$	59 d. $\frac18$	167. · ·	59 d. 3 se.
		166. 3 q.	59 d. 1 q.
		166. demi.	59 d. 3 h.
		166. 1 q.	59 d. 7 se.
167. $\frac12$	59 d. $\frac14$	167. 1 q.	59 d. 5 se.
		167. · ·	59 d. 3 h.
		166. 3 q.	59 d. demi.
		166. demi.	59 d. 9 se.
167. $\frac34$	59 d. $\frac38$	167. demi.	59 d. 7 se.
		167. 1 q.	59 d. demi.
		167. · ·	59 d. 5 h.
		166. 3 q.	59 d. 11 se.
168. p. o/o	59 d. $\frac12$	167. 3 q.	59 d. 9 se.
		167. demi.	59 d. 5 h.
		167. 1 q.	59 d. 3 q.
		167. · ·	59 d. 13 se.

PARIS reçoit ordre de tirer sur HAMBOURG & de prendre sur LONDRES.

Ordonnez pour tirer.	Ordonnez pour prendre.	Trouvez à la reception de l'ordre.	d'Egalité.
166 p. o/o	33 d. $\frac14$	165. 3 q.	33 d. 1 q.
		165. demi.	33 d. 5 se.
		165. 1 q.	33 d. 3 h.
		165. · ·	33 d. 7 se.
166. $\frac14$	33 d. $\frac{5}{16}$	166. · ·	33 d. 5 se.
		165. 3 q.	33 d. 3 h.
		165. demi.	33 d. 7 se.
		165. 1 q.	33. demi.
166. $\frac12$	33 d. $\frac38$	166. 1 q.	33 d. 3 h.
		166. · ·	33 d. 7 se.
		165. 3 q.	33 d. demi.
		165. demi.	33 d. 9 se.
166. $\frac34$	33 d. $\frac{7}{16}$	166. demi.	33 d. 7 se.
		166. 1 q.	33 d. demi.
		166. · ·	33 d. 9 se.
		165. 3 q.	33 d. 5 h.
167. p. o/o	33 d. $\frac12$	166. 3 q.	33 d. demi.
		166. demi.	33 d. 9 se.
		166. 1 q.	33 d. 5 h.
		166. · ·	33 d. 11 se.
167. $\frac14$	33 d. $\frac{9}{16}$	167. · ·	33 d. 9 se.
		166. 3 q.	33 d. 5 h.
		166. demi.	33 d. 11 se.
		166. 1 q.	33 d. 3 q.
167. $\frac12$	33 d. $\frac58$	167. 1 q.	33 d. 5 h.
		167. · ·	33 d. 11 se.
		166. 3 q.	33 d. 3 q.
		166. demi.	33. 13 se.
167. $\frac34$	33 d. $\frac{11}{16}$	167. demi.	33 d. 11 se.
		167. 1 q.	33 d. 3 q.
		167. · ·	33 d. 13 se.
		166. 3 q.	33 d. 7 h.
168. p. o/o	33 d. $\frac34$	167. 3 q.	33 d. 3 q.
		167. demi.	33 d. 13 se.
		167. 1 q.	33 d. 7 h.
		167. · ·	33 d. 15 se.

INSTRUCTION. Un Banquier de Paris reçoit ordre de tirer sur Hambourg à 166 p. o/o, & de prendre sur Amsterdam à 58 d. & demi, à la reception de l'ordre; le change pour Hambourg se trouve à 165. trois quarts. On demande à quel prix il doit prendre pour Amsterdam. Voyez cy-dessus la Colonne d'égalité, vous trouverez 58 den. 9 seiz.

L'operation par regle de trois, inverse si 166. étoient supposez égaux à 58 d. & demi, à combien le seront 165. 3. quarts. multipliez les restans par 16.

L'INSTRUCTION, la question, la maniere de la trouver faite, & celle de la faire par regle, est la même qu'on voit cy à côté.

TARIF, servant à connoître la valeur de l'*Ecu* de change en Hollande, en Angleterre & à Hambourg; de même que la valeur en France du *Florin*, de *la Livre Sterlin & du Marc Lubs*, à divers prix de change.

LA HOLLANDE.			L'ANGLETERRE.			HAMBOURG.			
Changes d'Amsterdam pour Paris, & de Paris pour Amsterdam.	Valeur de l'Ecu de change en Hollande.	Valeur du Florin d'Hollande en France.	Changes de Londres pour Paris, & de Paris pour Londres.	Valeur de l'Ecu de change à Londres.	Valeur de la Livre sterlin en France.	Changes d'Hambourg pour Paris, change à Hambourg.	Valeur de l'Ecu de change à Hambourg.	Changes de Paris pour Hambourg.	Valeur du Marc Lubs en France.
à	Fl. S. P.	L. S. D.	à	S. D.	L. S. D.	à	M. S. D.	à	L. S. D.
56 deniers	1 · 8 · ·	2 · 2 · 10	32 d. 3 q.	2 · 8 · 3 q	21 · 19 · 8	26 sols	1 · 10 · ·	165 p. 0/3	1 · 13 · ·
1 huit	1 · 8 · 1	2 · 2 · 9	13 se	2 · 8 · 13 se	21 · 16 · 10	1 huit	1 · 10 · 1	1 huit	1 · 13 · ·
1 qua	1 · 8 · 2	2 · 2 · 8	7 h	2 · 8 · 7 h	21 · 18 · ·	1 qua	1 · 10 · 3	1 qua	1 · 13 · ·
3 huit	1 · 8 · 3	2 · 2 · 6	15 se	2 · 8 · 15 se	21 · 17 · 2	3 huit	1 · 10 · 4	3 huit	1 · 13 · ·
demi	1 · 8 · 4	2 · 2 · 5	33 deniers	2 · 9 · ·	21 · 16 · 4	demi	1 · 10 · 6	demi	1 · 13 · 1
5 huit	1 · 8 · 5	2 · 2 · 4	1 se	2 · 9 · 1 se	21 · 15 · 6	5 huit	1 · 10 · 7	5 huit	1 · 13 · 1
3 qua	1 · 8 · 6	2 · 2 · 3	1 h	2 · 9 · 1 h	21 · 14 · 8	3 qua	1 · 10 · 9	3 qua	1 · 13 · 1
7 huit	1 · 8 · 7	2 · 2 · 2	3 se	2 · 9 · 3 se	21 · 13 · 10	7 huit	1 · 10 · 10	7 huit	1 · 13 · 2
57 deniers	1 · 8 · 8	2 · 2 · 1	1 q	2 · 9 · 1 q	21 · 13 · ·	27 sols	1 · 11 · ·	166 p. 2/3	1 · 13 · 2
1 huit	1 · 8 · 9	2 · 2 · ·	5 se	2 · 9 · 5 se	21 · 12 · 3	1 huit	1 · 11 · 1	1 huit	1 · 13 · 2
1 qua	1 · 8 · 10	2 · 1 · 11	3 h	2 · 9 · 3 h	21 · 11 · 5	1 qua	1 · 11 · 3	1 qua	1 · 13 · 3
3 huit	1 · 8 · 11	2 · 1 · 9	7 se	2 · 9 · 7 se	21 · 10 · 7	3 huit	1 · 11 · 4	3 huit	1 · 13 · 3
demi	1 · 8 · 12	2 · 1 · 8	Demi	2 · 9 · dem	21 · 9 · 10	dem	1 · 11 · 6	demi	1 · 13 · 3
5 huit	1 · 8 · 13	2 · 1 · 7	9 se	2 · 9 · 9 se	21 · 9 · ·	5 huit	1 · 11 · 7	5 huit	1 · 13 · 3
3 qua	1 · 8 · 14	2 · 1 · 6	5 h	2 · 9 · 5 h	21 · 8 · 3	3 qua	1 · 11 · 9	3 qua	1 · 13 · 4
7 huit	1 · 8 · 15	2 · 1 · 5	11 se	2 · 9 · 11 se	21 · 7 · 5	7 huit	1 · 11 · 10	7 huit	2 · 13 · 4
58 deniers	1 · 9 · ·	2 · 1 · 4	3 q	2 · 9 · 3 q	21 · 6 · 8	28 sols	1 · 12 · ·	167 p. 2/3	1 · 13 · 4
1 huit	1 · 9 · 1	2 · 1 · 3	13 se	2 · 9 · 13 se	21 · 5 · 10	1 huit	1 · 12 · 1	1 huit	1 · 13 · 5
1 qua	1 · 9 · 2	2 · 1 · 2	7 h	2 · 9 · 7 h	21 · 5 · 1	1 qua	1 · 12 · 3	1 qua	1 · 13 · 5
3 huit	1 · 9 · 3	2 · 1 · 1	15 se	2 · 9 · 15 se	21 · 4 · 3	3 huit	1 · 12 · 4	3 huit	1 · 13 · 6
demi	1 · 9 · 4	2 · 1 · ·	34 deniers	2 · 10 · ·	21 · 3 · 6	demi	1 · 12 · 6	demi	1 · 13 · 6
5 huit	1 · 9 · 5	2 · · 11	1 se	2 · 10 · 1 se	21 · 2 · 9	5 huit	1 · 12 · 7	5 huit	1 · 13 · 6
3 qua	1 · 9 · 6	2 · · 10	1 h	2 · 10 · 1 h	21 · 1 · 11	3 qua	1 · 12 · 9	3 qua	1 · 13 · 7
7 huit	1 · 9 · 7	2 · · 9	3 se	2 · 10 · 3 se	21 · 1 · 2	7 huit	1 · 12 · 10	7 huit	1 · 13 · 7
59 deniers	1 · 9 · 8	2 · · 8	1 q	2 · 10 · 1 q	21 · · 5	29 sols	1 · 13 · ·	168 p. 0/3	1 · 13 · 7

F I N.